工业机器人技术认知

主　编　谢彩云　江艳华　杨晓华
副主编　刘家旭

西南交通大学出版社
·成　都·

图书在版编目（CIP）数据

工业机器人技术认知 / 谢彩云，江艳华，杨晓华主编. —成都：西南交通大学出版社，2020.8
ISBN 978-7-5643-7603-1

Ⅰ. ①工… Ⅱ. ①谢… ②江… ③杨… Ⅲ. ①工业机器人 Ⅳ. ①TP242.2

中国版本图书馆 CIP 数据核字（2020）第 166764 号

Gongye Jiqiren Jishu Renzhi

工业机器人技术认知

主　编 / 谢彩云　江艳华　杨晓华
责任编辑 / 何明飞
封面设计 / 吴　兵

西南交通大学出版社出版发行
（四川省成都市金牛区二环路北一段 111 号西南交通大学创新大厦 21 楼　610031）
发行部电话：028-87600564　028-87600533
网址：http://www.xnjdcbs.com
印刷：成都中永印务有限责任公司

成品尺寸　185 mm × 260 mm
印张　14.75　　字数　379 千
版次　2020 年 8 月第 1 版　　印次　2020 年 8 月第 1 次

书号　ISBN 978-7-5643-7603-1
定价　39.00 元

课件咨询电话：028-81435775

前言

科技发展日新月异，云计算、物联网、大数据等新一代信息技术不断涌现，促使现代制造业的自动化程度越来越高。这其中，工业机器人的重要性不言而喻。在“中国制造2025”战略规划中，提出以工业机器人为代表的智能制造更是为我国工业机器人的发展指明了思路和出路。

为了积极响应国家职业教育改革的号召，我校借鉴德国职业教育理念，结合我国职业教育特色，打破传统学科课程体系，以十三个工业机器人学习领域重构了工业机器人专业课程体系。本书为这十三个学习领域中的第一个学习领域——“工业机器人及自动化系统认知”课程内容的相关配套教材。

本书以职业院校培养应用型高技能人才的目标为宗旨，以企业应用需求为依据，参照行业最新标准，引入有关工业机器人的最新资料和信息，结合职业院校的特点和培养方向编撰而成。在编写时，结合实际，选择了必需且够用的知识点，做到简单易懂、图文并茂，本书最大的亮点是引入了乐高机器人作为工业机器人半实物仿真，可以降低学习工业机器人技术的难度，提升初学者的兴趣。

本书共分七个学习情境，具体内容如下：

学习情境一介绍工业机器人的发展、分类与应用等，阐述工业机器人的系统组成，并对乐高EV3机器人系统做入门介绍。

学习情境二介绍工业机器人的本体基本结构、传动及行走结构，引入工业机器人半实物仿真中的机械臂相关知识。

学习情境三围绕工业机器人的运动与轨迹展开，主要介绍工业机器人运动学及动力学的基本知识，以及工业机器人的轨迹规划，同时以乐高EV3机器人的动作模块作为工业机器人半实物仿真内容。

学习情境四主要介绍工业机器人中以触觉传感器和位移传感器为代表的传感器相关知识，同时以乐高 EV3 机器人的传感器模块为半实物仿真拓展内容。

学习情境五着重介绍了工业机器人控制系统的组成及控制方式，并对工业机器人示教编程的分类、特点，示教再现的内容、编程语言等进行了阐述，同时对乐高 EV3 机器人的流程模块进行了说明。

学习情境六介绍工业机器人工作站的组成及搭建，并引入乐高 EV3 驱动小车机器人作为工业机器人半实物仿真内容。

学习情境七主要介绍工业机器人的自动线管理以及维护保养技术，同时进行了乐高 EV3 机器人创意设计相关知识的阐述。

本书由成都市技师学院谢彩云、江艳华、杨晓华担任主编，刘家旭担任副主编。谢彩云负责前言及学习情境一、学习情境四前两个模块、学习情境七第一个模块的编写，江艳华负责学习情境二前两个模块、学习情境六前两个模块、学习情境七第二个模块及参考文献的编写，杨晓华负责学习情境三前两个模块、学习情境五前两个模块的编写，刘家旭负责学习情境二至七乐高模块的编写。由于编者水平和实践经验有限，书中难免会有缺点和不足之处，敬请专家、同行和读者批评指正。在编写中，编者参考了许多同行专家的论著文献及一些网络资源，在此一并表示真诚的谢意。

编　者

2020 年 6 月

目录

学习情境一

工业机器人基本认知

模块一　机器人的历史与发展、分类与应用

学习目标

1. 了解机器人的历史与发展。
2. 了解机器人的分类与应用。

知识导入

机器人是一种高度复杂的自动化装置，综合运用了机械、电子电气、计算机、检测、通信、自动控制、语音和图形图像处理等技术，一般由程序控制，具有人或生物的某些功能。智能机器人可以通过传感器了解外部环境或自身状态的变化，可以做出自己的逻辑推理、判断与决策。

如图 1-1 所示，机器人系统由四部分组成，包括机械系统、驱动系统、控制系统和感知系统。计算机是机器人的大脑，传感器是机器人的感觉器官，输入/输出设备是人与机器人的交互工具（常用的有显示器、键盘、示教盒、打印机、网络接口等）。

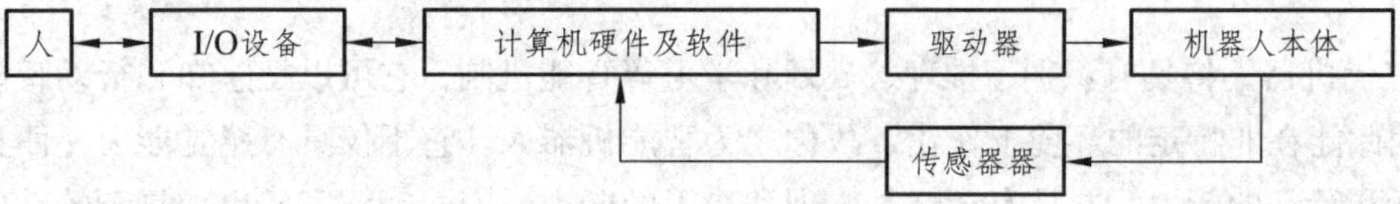

图 1-1　机器人控制系统的基本构成

机器人的诞生和机器人学的建立及发展，是 20 世纪自动控制领域最具影响力的成就，是 20 世纪人类科学技术进步的重大成果。现在全世界已经有超过 100 万台机器人，销售额每年增加 20% 及以上。机器人技术和工业得到了前所未有的发展。机器人技术是现代科学与技术交叉和综合的体现，先进机器人的发展代表着国家综合科技实力和水平，因此目前许多国家都已经把机器

人技术列入本国 21 世纪高科技发展计划。随着机器人应用领域的不断扩大，机器人已从传统的制造业进入人类的工作和生活领域。另外，随着需求范围的扩大，机器人结构和形态的发展呈现出多样化的趋势。高端系统具有明显的仿生和智能特征，其性能不断提高，功能不断扩展和完善，各种机器人系统逐步向具有更高智能和更密切与人类社会融合的方向发展。

知识讲解

一、机器人的历史与发展

1920 年，捷克斯洛伐克剧作家卡雷尔·恰佩克在他的科幻情节剧《罗萨姆的万能机器人》中，第一次提出了“机器人”（Robot）这个名词。剧中机器人“Robot”这个词的本义是苦力，即剧作家笔下的一个具有人的外表、特征和功能的机器，是一种人造的劳力，被当成了机器人一词的起源。

1950 年，美国著名科学幻想小说家阿西莫夫在他的小说《我是机器人》中，首先使用了机器人学（Robotics）这个词来描述与机器人有关的科学，并提出了著名的“机器人三守则”：

（1）机器人必须不危害人类，也不允许他眼看人将受害而袖手旁观；

（2）机器人必须绝对服从于人类，除非这种服从有害于人类；

（3）机器人必须保护自身不受伤害，除非为了保护人类或者是人类命令它做出牺牲。

这三条原则，给机器人社会赋以新的伦理性，并使机器人概念通俗化，更易于为人类社会所接受。后来的科研人员在进行研究时，均会将这三条准则作为基本设计原则。

从机器人产生以来，通常可划分为三个阶段。

第一代是可编程机器人。这类机器人一般可以根据操作员所编制的程序，完成一些简单的重复性操作，属于示教再现型，即人手把着机械手，把应当完成的任务做一遍，或者人用“示教控制盒”发出指令，让机器人的机械手臂运动，一步步完成它应当完成的各个动作。

第二代是感知机器人，即自适应机器人，它是在第一代机器人的基础上发展起来的，它们对外界环境有一定感知能力，并具有听觉、视觉、触觉等。机器人工作时，根据感觉器官（传感器）获得的信息，灵活调整自己的工作状态，保证在适应环境的情况下完成工作。例如，有触觉的机械手可轻松自如地抓取鸡蛋，具有嗅觉的机器人能分辨出不同饮料和酒类。这类机器人在工业界已有应用。

第三代机器人将具有识别、推理、规划和学习等智能机制，它可以把感知和行动智能化结合起来，因此能在非特定的环境下作业，故称之为智能机器人。它不仅具有感觉能力，而且还具有独立判断和行动的能力，并具有记忆、推理和决策的能力，因而能够完成更加复杂的动作。中央计算机控制手臂和行走装置，使机器人的手完成作业，脚完成移动，机器人能够用自然语言与人对话。智能机器人在发生故障时，通过自我诊断装置能自我诊断出故障部位，并能自我修复。

从 20 世纪 40 年代后期开始，橡树岭和阿尔贡国家实验室就已开始研制遥控式机械手，用于搬运放射性材料。这些系统是“主从”型的，用于准确地“模仿”操作员手和臂的动作。主机械手由使用者进行导引做一连串动作，而从机械手尽可能准确地模仿主机械手的动作，后来用机械耦合主从机械手的动作加入力的反馈，使操作员能够感觉到从机械手及其环境之间产生的力。

20 世纪 50 年代中期，机械手中的机械耦合被液压装置所取代，如通用电气公司的“巧手人”机器人和通用制造厂的“怪物”I 型机器人。1954 年，G.C.Devol 提出了“通用重复操作机器人”的方案，并在 1961 年获得了专利。同一时期诞生了利用肌肉生物电流控制的上臂假肢。

1958 年，被誉为“工业机器人之父”的 Joseph F.Engel Berger 创建了世界上第一个机器人公司——万能自动公司（Univeral Automation，Unimation），并参与设计了第一台尤尼梅特（Unimate）机器人。这是一台用于压铸的五轴液压驱动机器人，手臂的控制由一台计算机完成。它采用了分离式固体数控元件，并装有存储信息的磁鼓，能够记忆完成 180 个工作步骤。与此同时，另一家美国公司——美国机床铸造公司（AMF）也开始研制工业机器人，即 Versatran（Versatile Transfer）机器人。它主要用于机器之间的物料运输、采用液压驱动。该机器人的手臂可以绕底座回转，沿垂直方向升降，也可以沿半径方向伸缩。一般认为 Unimate 和 Versatran 机器人是世界上最早的工业机器人。

可以说，20 世纪 60 年代和 70 年代是机器人发展最快、最好的时期，这期间的各项研究发明有效地推动了机器人技术的发展和推广。

在此期间，智能机器人的研究也有进展。1961 年，美国麻省理工学院研制出有触觉的 MH-1 型机器人，在计算机控制下用来处理放射性材料。1968 年，美国斯坦福大学研制出名为 SHAKEY 的智能移动机器人。从 20 世纪 60 年代后期起，喷漆、弧焊机器人相继在工业生产中被应用，由加工中心和工业机器人组成的柔性加工单元标志着单件小批生产方式的一个新的高度。几个工业化国家竞相开展了具有视觉、触觉、多手、多足，能超越障碍、钻洞、爬墙、水下移动的各种智能机器人的研究工作，并开始在海洋开发、空间探索和核工业中试用。整个 20 世纪 60 年代，机器人技术虽然取得了如上列举的许多进展，建立了产业并生产了多种机器人商品，但是在这一阶段多数工业部门对应用机器人还持观望态度，机器人在工业应用方面的进展并不快。

在 20 世纪 70 年代，大量研究工作的重点被放在使用外部传感器来改善机械手的操作。1973 年，博尔斯和保罗在斯坦福使用视觉和力反馈，演示了与 PDP-10 计算机相连并由它控制的“斯坦福”机械手，用于装配自动水泵。几乎同时，IBM 公司的威尔和格罗斯曼在 1975 年研制了一个带有触觉和力觉传感器的计算机控制的机械手，用于完成 20 个零件的打字机机械装配工作。1974 年，麻省理工学院人工智能实验室的井上对力反馈的人工智能做了研究。在精密装配作业中，用一种着陆导航搜索技术进行初始定位。内文斯等人于 1974 年在德雷珀实验室研究了基于依从性的传感技术。这项研究发展为一种被动柔顺（称为间接中心柔顺，RCC）装置，它与机械手最后一个关节的安装板相连，用于紧配合装配。同年，贝杰茨在喷气推进实验室为空间开发计划用的扩展性“斯坦福”机械手提供了一种基于计算机的力矩控制技术。从那以后相继提出了多种不同的用于机械手伺候的控制方法。

1979 年 Unimation 公司推出了 PUMA 系列工业机器人，它是全电动驱动、关节式结构、多 CPU 二级微机控制，采用 VAL 专用语言，可配置视觉、触觉的力觉感受器的，技术较为先进的机器人。同年日本山梨大学的牧野洋研制出具有平面关节的 SCARA 型机器人。在 20 世纪 70 年代，出现了更多的机器人商品，并在工业生产中逐步推广应用。随着计算机科学技术、控制技术和人工智能的发展，机器人的研究开发，无论水平和规模都得到迅速发展。据统计，到 1980 年全世界约有 2 万余台机器人在工业中被应用。

进入 20 世纪 80 年代，机器人生产继续保持 20 世纪 70 年代后期的发展势头。到 80 年代中期机器人制造业成为发展最快和最好的经济部门之一。机器人在工业中开始普及应用，工业化国家的机器人产值近几年以年均 20% ~ 40% 的增长率上升。1984 年全世界机器人使用总台数是 1980 年的四倍，到 1985 年底，这一数字已达到 14 万台，1990 年达到 30 万台左右。其中，高性能的机器人所占比例不断增加，特别是各种装配机器人的产量增长较快，和机器人配套使用的机器视觉技术和装置正在迅速发展。1985 年前后，FANUC 和 GMF 公司又先后推出交流伺候驱动的工业机器人产品。

这时，世界上其他国家（特别是日本）也开始认识到工业机器人的潜力。早在 1968 年，日本川崎重工业公司与 Unimation 公司谈判，购买了其机器人专利。1969 年，机器人出现了不寻常的新发展，通用电气公司为美国陆军研制了一种试验性步行车。同年，研制出了“波士顿”机械手，次年又研制出了“斯坦福”机械手，后者装有摄像机和计算机控制器。1974 年 Cincinnati Milacron 公司推出了第一台计算机控制的工业机器人，被命名为“The Tomorrow Tool”。它能举起重达 444.53 N 的物体，并能跟踪装配线上的各种移动物体。

到 20 世纪 80 年代后期，由于传统的工业机器人市场已经饱和，从而造成工业机器人产品的积压，不少机器人厂家倒闭或被兼并，使国际机器人学研究和机器人产业出现不景气。到 20 世纪 90 年代初，机器人产业出现复苏和继续发展迹象。但是，好景不长，1993 ~ 1994 年又陷入低谷。1995 年后，世界机器人数量逐年增加，增长率也较高。1998 年丹麦乐高公司推出了机器人套件，让机器人的制造变得像搭积木一样相对简单又能任意拼装，从而使机器人开始走入个人世界。

在这样的背景下，机器人学以较好的发展势头进入 21 世纪。2002 年丹麦 iRobot 公司推出了吸尘器机器人 Roomba，它能避开障碍，自动设计行进路线，还能在电量不足时，自动驶向充电座，这是目前世界上销量最大、最商业化的家用机器人。近年来，全球机器人行业发展迅速，2007 年全球机器人行业总销售量比 2006 年增长 10%。人性化、重型化、智能化已经成为未来机器人产业的主要发展趋势。现在，全世界服役的工业机器人总数在 100 万台以上。此外，还有数百万服务机器人在运行。

在过去几十年间，机器人学和机器人技术获得引人注目的发展，具体体现在：

（1）机器人产业在全世界迅速发展。

（2）机器人的应用范围遍及工业、科技和国防的各个领域。

（3）形成了新的学科——机器人学。

（4）机器人向智能化方向发展。

（5）服务机器人成为机器人的新秀而迅猛发展。

展望未来，机器人向着智能化、拟人化方向发展的道路，是没有止境的。从近几年世界机器人推出的产品来看，工业机器人技术正在向智能化、模块化和系统化的方向发展，其主要发展趋势如下：

（1）工业机器人性能不断提高（高速度、高精度、高可靠性、便于操作和维修），而单机价格不断下降。

（2）机械结构向模块化、可重构化方向发展。例如，关节模块中的伺服电机、减速机、检测系统三位一体化；有关节模块、连杆模块用重组方式构造机器人。

（3）工业机器人控制系统向基于 PC 机的开放型控制器方向发展，便于标准化，网络化；器件集成度提高，控制柜日渐小巧，采用模块化结构，大大提高了系统的可靠性、易操作性和可维修性。

（4）机器人中的传感器作用日益重要，除采用传统的位置、速度、加速度等传感器外，视觉、力觉、声觉、触觉等多传感器的融合技术在产品化系统中已有成熟应用。

（5）机器人化机械开始兴起。从 1994 年美国开发出"虚拟轴机床"以来这种新型装置已成为国际研究的热点之一，纷纷探索开拓其实际应用的领域。

总之，未来机器人的总体发展趋势是，从狭义的机器人概念向广义的机器人技术概念转移，从工业机器人产业向解决方案业务的机器人技术产业发展。机器人技术的内涵已变为灵活应用机器人技术的、具有实际动作功能的智能化系统。机器人结构越来越灵巧，控制系统越来越小，其智能也越来越高，并正朝着一体化方向发展。未来工业机器人技术发展的重点有：

（1）危险、恶劣环境作业机器人：主要有防爆、高压带电清扫、星球检测、油气管道等机器人；

（2）医用机器人：主要有脑外科手术辅助机器人，遥控操作辅助正骨等；

（3）仿生机器人：主要有移动机器人，网络遥控操作机器人等。其发展趋势是智能化、低成本、高可靠性和易于集成。

二、机器人的分类与应用

研制机器人的最初目的是帮助人们摆脱繁重劳动或简单的重复劳动，以及替代人到有辐射等危险环境中进行作业，因此机器人最早在汽车制造业和核工业领域得以应用。随着机器人技术的不断发展，工业领域的焊接、喷漆、搬运、装配、铸造等场合，已经开始大量使用机器人。另外在军事、海洋探测、航天、医疗、农业、林业甚至服务娱乐行业，也都开始使用机器人。

按机器人的用途可以分为两大类：军用机器人和民用机器人。

军用机器人主要用于军事上代替或辅助军队进行作战、侦察、探险等工作。根据不同的作战空间可分为地面军用机器人、空中军用机器人（即无人飞行机）、水下军用机器人和空间军用机器人等。军用机器人的控制方式一般有自主操控式、半自主操控式、遥控式等多种方式。

在民用机器人中，各种生产制造领域中的工业机器人在数量上占绝对多数，成为机器人家族中的主力军；其他各种种类的机器人也开始在不同的领域得到研究开发和应用。总体看来，若按用途分，民用机器人可以分为以下几个主要类别：

1. 工业机器人

制造工业部门应用机器人（见图 1-2）的主要目的在于削减人员编制和提高产品质量，与传统的机器相比，它具有两个主要优点：

（1）生产过程的几乎完全自动化。

（2）生产设备的高度适应能力。

图 1-2　各种工业机器人

现在工业机器人主要用于汽车工业、机电工业（包括电信工业）、通用机械工业、建筑业、金属加工、铸造以及其他重型工业和轻工业部门。

机器人的工业应用分为 4 个方面，即材料加工、零件制造、产品检验和装配。其中，材料加工往往是最简单的。零件制造包括锻造、点焊、捣碎和铸造等。检验包括显式检验（在加工过程中或加工后检验产品表面图像和几何形状、零件和尺寸的完整性）和隐式检验（在加工中检验零件质量上或表面上的完整性）两种。装配是最复杂的应用领域，因为它可能包含材料加工、在线检验、零件供给、配套、挤压和紧固等工序。在农业方面，机器人已用于水果和蔬菜嫁接、收获、检验与分类，剪羊毛和挤牛奶等。

2．服务机器人

目前国际上对服务机器人还没有普遍承认的严格定义，它的定义是由操作型工业机器人引申而来的。根据国际机器人联合会（IFR）采用的初步定义，所谓服务机器人是一种半自主或全自主工作的机器人，它完成的是有益于人类健康的服务工作，但不包括那些从事生产的设备。另一种定义把服务机器人看作一种可自由编程的移动装置，它至少有三个运动轴，可以部分地或全自动地完成服务工作。这些服务工作为个人或单位完成的，不指工业生产服务。根据这个定义，如果它们装备在非制造业的话，操作型工业机器人也可以看作是服务机器人。

在一些科幻影片、电视片或影碟中，很多具有外形的机器人常被用来协助或代替人去执行人不乐意做或危险和困难的任务。今天在现实生活中能够看到的最接近于人类的机器人可能要算家用机器人了。家用机器人能够代替人完成清扫、洗刷、守卫、煮饭、照料小孩、接待、接电话、打印文件等事务，不过它的价格目前还较高，影响到推广应用。随着家用机器人造价的大幅度降低，它将获得日益广泛的应用。

日益完善的医用机器人不仅能够取代护士的工作，还是医科教学中不可替代的助手，甚至能够在水下、外太空和战场大显身手。医用机器人分为诊断机器人、护理机器人，伤残瘫痪康复机器人，医疗手术机器人等。医用机器人极大地改善了伤残疾病人员的状态，以及改善了瘫痪者（包括下肢及四肢瘫痪者）和被截肢者的生活条件。

除了上述服务机器人外，还有娱乐机器人、送信机器人、导游机器人、加油机器人、清洁机器人、老年及残疾人护理机器人、办公及后勤服务机器人、建筑机器人、救灾机器人、酒店售货及餐厅服务机器人等。

智能化是服务机器人发展的主要方向，最先进的智能化技术已经可以让机器人在综合智能方面达到人类 3 岁婴儿左右的智力水平，某些单项智能则可以接近甚至超过人类，但是要进一步提高综合智能水平却仍然是一个巨大的挑战。

知识拓展

我国机器人发展现状

我国从 20 世纪 70 年代后期开始研制工业机器人。1986 年，我国开展了“七五”机器人攻关计划，1987 年，我国的“863”高技术计划将机器人方面的研究开发列入其中。目前，我国从事机器人研究和应用开发的主要是高校及有关科研院所等。最初，我国在机器人技术方面研究的主要目标是跟踪国际先进的机器人技术。随后，我国在机器人技术及应用方面取得了很大的成就，主要研究成果有哈尔滨工业大学研制的两足步行机器人，北京自动化研究所 1993 年研制的喷涂机器人；1995 年完成的高压水切割机器人，沈阳自动化研究所研制完成的有缆深潜 300 m 机器人、无缆深潜机器人、遥控移动作业机器人等。

我国在仿人形机器人方面也取得了很大进展。例如，国防科技大学于 2000 年成功地研制出我国第一个仿人形机器人——“先行者”，其身高 140 cm，体重 20 kg。它有与人类似的躯体、头部、眼睛、双臂和双足，可以行走，也有一定的语音功能。它每秒走一步到两步，但行走质量较高：既可在平地上稳步向前，还可自如地转弯、上坡；既可以在已知的环境中行走，还可以在小偏差、不确定的环境中行走。

虽然我国在某些机器人关键技术上有所突破，但还缺乏整体核心技术的突破，具有中国知识产权的工业机器人相对较少。我国目前取得较大进展的机器人技术有数控机床关键技术与装备、隧道掘进机器人相关技术、工程机械智能化机器人相关技术、装配自动化机器人相关技术。现已开发出金属焊接、喷涂、浇铸装配、搬运、包装、激光加工、检验、真空、自动导引车等的工业机器人产品，主要应用于汽车、摩托车、工程机械、家电等行业。

我国机器人技术主题发展的战略目标是根据 21 世纪初我国国民经济对先进制造及自动化技术的需求，瞄准国际前沿高技术发展方向创新性地研究和开发工业机器人技术领域的基础技术、产品技术和系统技术。

我国作为亚洲第三大的工业机器人需求国，市场发展稳定，汽车及其零部件制造仍然是工业机器人的主要应用领域。目前，国内工业机器人市场份额大部分被国外工业机器人企业占据着。随着我国经济的快速发展，我国工业机器人的市场还将不断扩大，世界各大机器人公司纷纷登陆中国市场。在国际强手面前，国内的工业机器人企业面临着相当大的竞争压力。如今，我国正从一个“制造大国”向“制造强国”转变，中国制造业面临着与国际接轨、参与国际分工的巨大挑战，对我国工业自动化的提高迫在眉睫，政府势必会加大对机器人的资金投入和政策支持，将会给工业机器人产业发展注入新的动力。

巩固练习

（1）机器人的发展经历了哪三个阶段？

（2）机器人未来的发展趋势有哪几个方向？

模块二 工业机器人的历史与发展、分类与应用

学习目标

（1）了解工业机器人的历史与发展。

（2）了解工业机器人的分类与应用。

知识导入

生产力在不断进步，推动着科技的进步与革新，以建立更加合理的生产关系。自工业革命以来，人力劳动已经逐渐被机械所取代，而这种变革为人类社会创造出巨大的财富，极大地推动了人类社会的进步。时至今日，机电一体化、机械智能化等技术应运而生并已经成为时代的主旋律。人类充分发挥主观能动性，进一步增强对机械的利用效率，使之为我们创造出更加巨大的生产力，并在一定程度上维护了社会的和谐。

工业机器人的出现是人类在利用机械进行社会生产史上的一个里程碑。在发达国家中，工业机器人自动化生产线成套设备已成为自动化装备的主流及未来的发展方向。国外汽车行业、电子电器行业、工程机械等行业已经大量使用工业机器人自动化生产线，以保证产品质量，提高生产效率，同时避免了大量的工伤事故。全球诸多国家近半个世纪的工业机器人的使用实践表明，工业机器人的普及是实现自动化生产，提高社会生产效率，推动企业和社会生产力发展的有效手段。

知识讲解

一、工业机器人的历史与发展

1959 年，乔治 · 德沃尔和约瑟 · 英格柏格发明了世界上第一台工业机器人（见图 1-3），命名为 Unimate（尤尼梅特），意思是“万能自动”。英格伯格负责设计机器人的“手”“脚”“身体”，

即机器人的机械部分和完成操作部分；由德沃尔设计机器人的“头脑”“神经系统”“肌肉系统”，即机器人的控制装置和驱动装置。Unimate 体重达 2 t，通过磁鼓上的一个程序来控制。它采用液压执行机构驱动，基座上有一个大机械臂，大臂可绕轴在基座上转动，大臂上又伸出一个小机械臂，它相对大臂可以伸出或缩回。小臂顶端有一个腕状结构，可绕小臂转动，进行俯仰和侧摇。腕部前方是手，即操作器。这个机器人的功能和人手臂功能相似，精确率可达 1/10 000 英寸（1 英寸 = 25.4 毫米）。

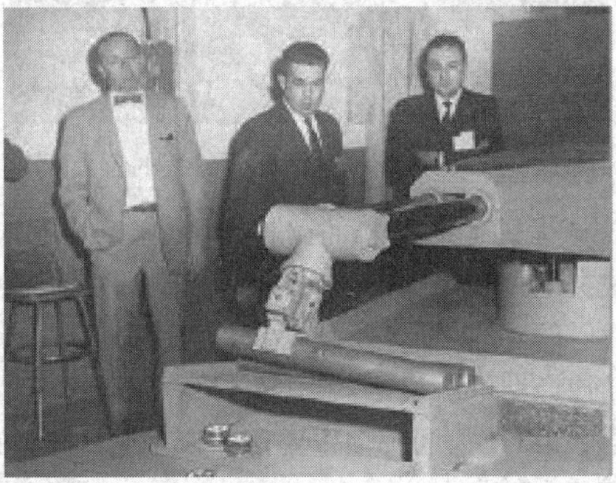

图 1-3　世界上第一台工业机器人 Unimate

1961 年，Unimation 公司生产的世界上第一台工业机器人在美国特伦顿（新泽西州首府）的通用汽车公司安装运行。这台工业机器人用于生产汽车的门、车窗把柄、换挡旋钮、灯具固定架，以及汽车内部的其他硬件等。遵照磁鼓上的程序指令，Unimate 机器人 4 000 磅（18 kN）重的手臂可以按次序堆叠热压铸金属件。

1962 年，美国机床与铸造公司制造出世界上第一台圆柱坐标型工业机器人（见图 1-4），命名为 Verstran（沃尔萨特兰），意思是“万能搬动”。1962 年，AMF 制造的 6 台 Verstran 机器人应用于美国坎顿（Canton）的福特汽车生产厂。

图 1-4　世界上第一台圆柱坐标型工业机器人 Verstran

1969 年，通用汽车公司在其洛兹敦（Lordstown）装配厂安装了首台点焊机器人（见图 1-5）。Unimata 机器人大大提高了生产率，90% 以上的车身焊接作业可通过机器人来自动完成，只有 20%～40% 的传统生产厂的焊接工作由人工完成。

图 1-5　洛兹敦（Lordstown）装配厂安装的首台点焊机器人

1969 年，挪威 Trallfa 公司提供了第一个商业化应用的喷漆机器人。在 1967 年挪威劳动力短缺期间曾使用机器人来喷涂独轮手推车（wheelbarrows），第一款商用喷漆机器人就由此发展而来。

1969 年，Unimation 公司的工业机器人进入日本市场。Unimation 公司与日本川崎重工（Kawasaki Heavy Industries）签订许可协议，生产 Unimate 机器人专供亚洲市场销售。川崎把开发和生产能节省劳动力的机器人和系统作为一项重要任务来完成，成为日本在工业机器人领域的先驱。1969 年，川崎重工公司成功开发了 Kawasaki-Unimate 2000 机器人，这是日本生产的第一台工业机器人。

1973 年，德国库卡公司（KUKA）将其使用的 Unimate 机器人研发改造成其第一台产业机器人，命名为 Famulus，这是世界上第一台机电驱动的 6 轴机器人（见图 1-6）。

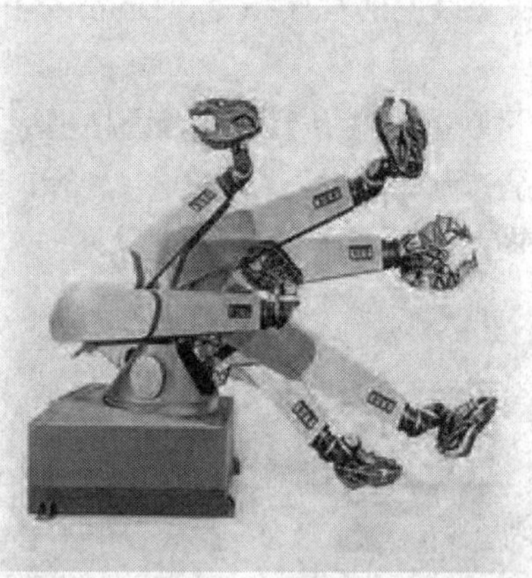

图 1-6　第一台机电驱动的 6 轴机器人 Famulus

1973 年，日本日立公司（Hitachi）开发出为混凝土桩行业使用的自动螺栓连接机器人。这是第一台安装有动态视觉传感器的工业机器人。它在移动的同时能够认识浇铸模具上螺栓的位置，并且和浇铸模具的移动同步，完成螺栓拧紧和拧松工作。

1974 年，第一台小型计算机控制的工业机器人走向市场。美国辛辛那提米拉克龙（Cincinnati Milacron）公司的理查德·霍恩（Richard Hohn）开发出第一台由小型计算机控制的工业机器人（见图 1-7），命名为 T3，即“The Tomorrow Tool”。这是世界上第一次将机器人和小型计算机融合在一起。

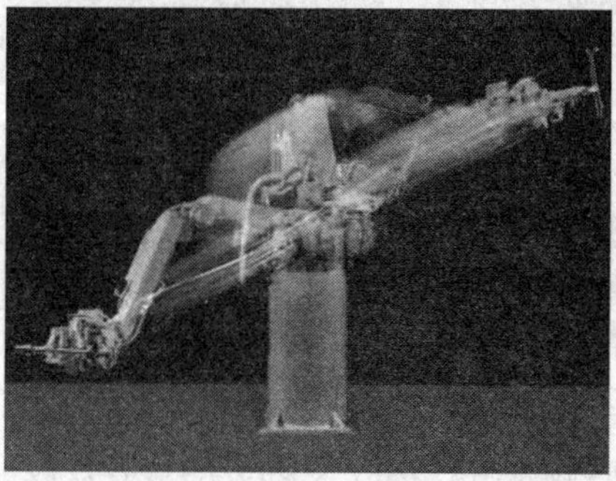

图 1-7　第一台小型计算机控制的工业机器人 T3

1974 年，第一台弧焊机器人在日本投入运行。日本川崎重工公司将用于制造川崎摩托车框架的 Unimate 点焊机器人改造成弧焊机器人。同年，川崎还开发了世界上首款带精密插入控制功能的机器人（见图 1-8），命名为“Hi-T-Hand”，该机器人还具备触摸和力学感应功能。这款机器人手腕灵活并带有力反馈控制系统，因此它可以插入一个约 10 μm 间隙的机械零件。

图 1-8　世界上首款带精密插入控制功能的机器人 Hi-T-Hand

1974 年，瑞典通用电机公司（ASEA，ABB 公司的前身）开发出世界上第一台全电力驱动、由微处理器控制的工业机器人 IRB 6（见图 1-9）。IRB 6 主要应用于工件的取放和物料的搬运，首台 IRB 6 运行于瑞典南部的一家小型机械工程公司。IRB 6 采用仿人化设计，其手臂动作模仿人类的手臂，能负载 58.8 N，5 轴。IRB 6 的 S1 控制器是第一个使用英特尔 8 位微处理器，内存容量为 16 kB。控制器有 16 个数字 I/O 接口，通过 16 个按键编程，并具有四位数的 LED 显示屏。

图 1-9　世界上第一台全电力驱动、由微处理器控制的工业机器人 IRB 6

1975 年，Olivetti 公司开发出直角坐标机器人“西格玛（SIGMA）”，它是一个应用于组装领域的工业机器人，在意大利的一家组装厂安装运行。

1978 年，美国 Unimation 公司推出通用工业机器人（Programmable Universal Machine for Assembly，PUMA），应用于通用汽车装配线，这标志着工业机器人技术已经完全成熟。

1978 年，日本山梨大学（University of Yamanashi）的牧野洋（Hiroshi Makino）发明了选择顺应性装配机器手臂（Selective Compliance Assembly Robot Arm，SCARA）。SCARA 机器人（见图 1-10）具有四个轴和四个运动自由度（包括 X、Y、Z 方向的平动自由度和绕 Z 轴的转动自由度）。SCARA 系统在 x、y 方向上具有顺从性，而在 Z 轴方向具有良好的刚度，此特性特别适合于装配工作。SCARA 的另一个特点是其串接的两杆结构，类似人的手臂，可以伸进有限空间中作业然后收回，适合于搬动和取放物件，如集成电路板等。

图 1-10　选择顺应性装配机器手臂 SCARA

1978 年，德国徕斯（Reis）机器人公司开发了首款拥有独立控制系统的六轴机器人 RE15（见图 1-11）。RE15 机器人首次在德国杜塞尔多夫（Duesseldorf）举办的国际铸造贸易博览会（GIFA）上进行了展示。

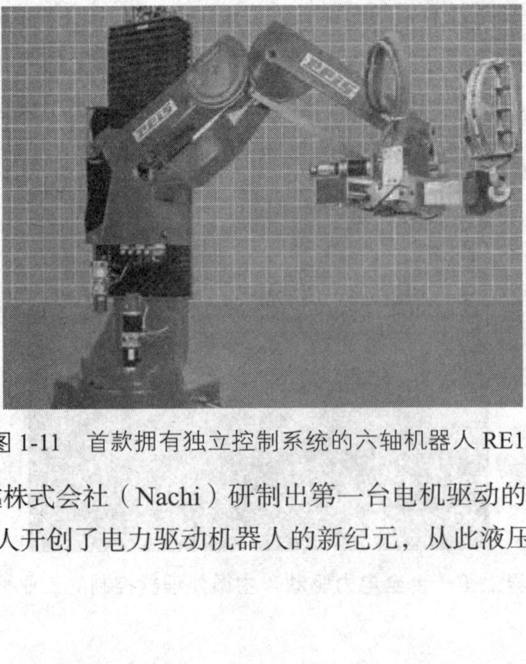

图 1-11　首款拥有独立控制系统的六轴机器人 RE15

1979 年，日本不二越株式会社（Nachi）研制出第一台电机驱动的工业机器人（见图 1-12）。这台电机驱动的点焊机器人开创了电力驱动机器人的新纪元，从此液压驱动机器人将逐步退出历史舞台。

图 1-12　第一台电机驱动的工业机器人

1981 年，美国卡内基——梅隆大学的 Takeo Kanade 设计开发出世界上第一个直接驱动机器人手臂（Direct Drive Robotic Arms）（见图 1-13）。直接驱动机器人手臂在当时是设计最好的机械臂，因为它免去了电机和负荷之间的传输机械机构，因而不会出现由于使用减速器和铰链而产生的不平滑运动，机械手臂可以自由、平稳地移动，满足机器人完成高速精密的动作。

图 1-13　世界上第一个直接驱动机器人手臂

1981 年，美国 PaR Systems 公司推出第一台龙门式工业机器人。龙门式机器人的运动范围比基座机器人（pedestal robots）大很多，可取代多台机器人。

1984 年，美国 Adept Technology 公司开发出第一台直接驱动的选择顺应性装配机器手臂（SCARA），命名为 AdeptOne。直接驱动是 AdeptOne 机器人的最主要特点，AdeptOne 的电力驱动马达和机器手臂直接连接，省去了中间齿轮或链条系统。由于消除了存在于传统间接驱动方式中的机械间隙摩擦及低刚度等不利因素，从而简化精练了控制模型，提高了伺服刚度及响应速度，因此，AdeptOne 机器人能显著提高机器人合成速度及定位精度。

1985 年，德国库卡公司（KUKA）开发出一款新的 Z 形机器人手臂（见图 1-14），它的设计摒弃了传统的平行四边形造型。该 Z 形机器人手臂可实现 3 个平移运动和 3 个旋转运动共 6 个自由度的运动维度，可大大节省制造工厂的场地空间。

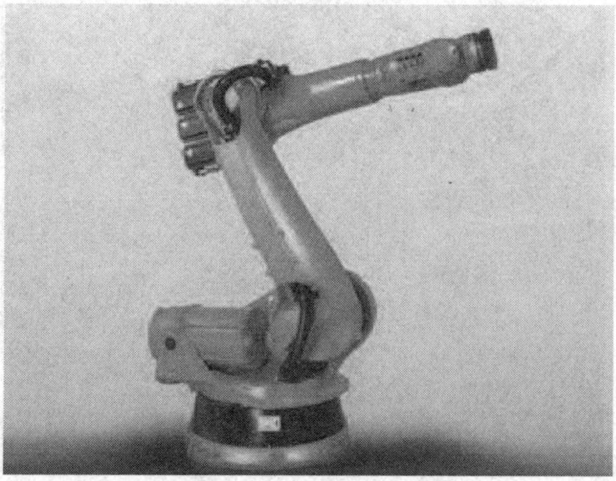

图 1-14　第一款 Z 形机器人手臂

1992 年，瑞士的 Demaurex 公司出售其第一台应用于包装领域的三角洲机器人（Delta robot）给罗兰公司（Roland）。三角洲机器人是一个并联的手臂机器人，由洛桑联邦理工学院（洛桑联邦理工大学）（Federal Institute of Technology of Lausanne，EPFL）的 Reymond Clavel 教授发明的。三角洲机器人的基座安装在工作平台上，从基座延伸出 3 个互相连接的机器人手臂。这些机器人手臂的两端连接到一个小三角平台上，机器人手臂将沿 X，Y 或 Z 方向的三角平台移动。最初，瑞士 Demaurex 公司购买三角洲机器人许可证并生产，主要应用于包装行业，目前三角洲机器人广泛应用于包装工业、医疗和制药行业等。

1998 年，瑞典 ABB 公司开发出灵手（FlexPicke）机器人，它是当时世界上速度最快的采摘机器人。灵手（FlexPicke）是在洛桑联邦理工学院（EPFL）Reymond Clavel 教授发明的三角洲机器人的基础上开发出来的。利用图像技术，灵手（FlexPicke）每分钟能采摘 120 样物件，能以 10 m/s 的速度释放物件。

1999 年，德国徕斯（Reis）机器人公司在机器人手臂内引入集成激光束指导系统。徕斯（Reis）机器人公司在机器人手臂内安装获得专利的集成激光束指导系统并开发出 RV6L-CO2 激光机器人原型。该技术取代了需要外部的光束引导装置，从而使机器人能够使用激光在高动态工况下没有碰撞地完成操作。

2004 年，日本安川（Motoman）机器人公司开发了改进的机器人控制系统（NX100），它能够同步控制 4 台机器人，可达 38 轴。NX100 机器人控制系统的示教编程有触摸屏显示并采用基于 WindowsCE 的操作系统。

2006 年，意大利柯马公司（Comau）推出了第一款无线示教器（Wireless Teach Pendant，WiTP），如图 1-15 所示。WiTP 是在工业机器人无线技术的第一大应用。柯马的无线示教器中的所有传统数据交互和机器人编程能由线缆连接到控制柜无限制地执行，同时保证绝对安全。

2006 年，德国库卡公司（KUKA）开发出第一台轻量级机器人（见图 1-16）。库卡轻量级机器人由库卡公司与德国宇航中心（DLR）机器人及机电一体化研究所共同合作开发，该机器人的外部结构全部由铝制成。它的有效载荷能力是 70 N。由于机器人安装了集成传感器，因此其是高度敏感的，这使得它非常适合于处理和装配任务。由于该轻量级机器人的质量只有 16 kg，因此它有良好的便携性，可以执行多种不同的任务。

图 1-15　第一款无线示教器

图 1-16　第一台轻量级机器人

2010 年，日本发那科（FANUC）公司推出“学习控制机器人（Learning Control Robot）”。发那科新型的振动控制功能实质上减少了机器人在运动的过程的振动。利用这个功能，机器人可以快速地加速和减速，与原来的模式相比，大约减少了 5% 的循环时间。

我国的工业机器人研制虽然起步晚，但是有着广大的市场潜力，有着众多的人才和资源基础。在十三五规划纲要等国家政策的鼓励支持下，在市场经济和国际竞争愈演愈烈的未来，我们一定能够完全自主制造出自己的工业机器人，并且将工业机器人推广应用到制作与非制造等广大的行业中，降低我国劳动力成本，提高我国企业的生产效率和国际竞争力，从整体上提高我国社会生产的安全高效，为实现祖国伟大的复兴贡献力量。

二、工业机器人的分类与应用

（一）工业机器人的分类

1．按臂部的运动形式分类

（1）直角坐标型机器人的臂部可沿三个直角坐标移动。

（2）圆柱坐标型机器人的臂部可作升降、回转和伸缩动作。

（3）球坐标型机器人的臂部能回转、俯仰和伸缩。

（4）关节型机器人的臂部有多个转动关节。

2．按执行机构运动的控制机能分类

（1）点位型机器人只控制执行机构由一点到另一点的准确定位，适用于机床上下料、点焊和一般搬运、装卸等作业。

（2）连续轨迹型机器人可控制执行机构按给定轨迹运动，适用于连续焊接和涂装等作业。

3．按程序输入方式分类

（1）编程输入型：将计算机上已编好的作业程序文件，通过 RS232 串口或者以太网等通信方式传送到机器人控制柜。

（2）示教输入型。这种类型的示教方法有两种：一种是由操作者用手动控制器（示教操纵盒），将指令信号传给驱动系统，使执行机构按要求的动作顺序和运动轨迹操演一遍；另一种是由操作者直接领动执行机构，按要求的动作顺序和运动轨迹操演一遍。在示教过程的同时，工作程序的信息即自动存入程序存储器中。在机器人自动工作时，控制系统从程序存储器中检出相应信息，将指令信号传给驱动机构，使执行机构再现示教的各种动作。示教输入程序的工业机器人称为示教再现型工业机器人。

（二）工业机器人的应用

工业机器人的出现将人类从繁重单一的劳动中解放出来，它最早被应用于汽车制造工业，常用于焊接、喷漆、上下料和搬运。工业机器人延伸和扩展了人的手足和大脑功能，它可代替人从事危险、有害、有毒、低温和高热等恶劣环境中的工作，代替人完成繁重、单调的重复劳动，提高劳动生产率，保证产品质量。工业机器人与数控加工中心、自动搬运小车以及自动检测系统可组成柔性制造系统（FMS）和计算机集成制造系统（CIMS），实现生产自动化。随着世界生产力的发展，必然促进相应科学技术的发展。工业机器人能够极大地提高生产效率，已经广泛地应用在人们的生活生产领域。

（1）提高自动化生产效率和自动化程度：通过大量的调查后发现，在生产过程中，机器人在机床或其他设备上做上下料工作，以及在设备之间做短途搬运工作所花费的时间占了整个生产时间的80%以上，搬运费占了加工费的30%～40%，而且有85%的生产事故发生在搬运上，因此工业机器人的使用解决了很多难题。

（2）直接从事广泛的生产劳动：如喷漆、焊接、热处理、冶炼、电镀，以及冲压、注塑成型、砂型铸造、锻造等。

（3）进行严谨的物品装配：通过图纸识别零件并加以组装，首先取得成功的是美国加利福尼亚的斯坦福大学。此外还有日本日立制作的Hivip，列宁格勒的“变压器装配小组”。

（4）仓库管理自动化：最早出现在法国，现已遍及世界各地，如芬兰的汉基亚公司。

（5）从事特殊环境下的劳动：机器人可在核辐射、有毒气体、强噪声、超低温或高温环境等不合适人类工作，甚至超越人能力范围的环境下工作。比如，用于发现输油管裂缝的机器人、日本生产的一种用于救火的“神奈川”机器人。

（6）从事教育卫生等服务：例如，美国Centurion公司生产的“机器人教师”已成功为学生开设了“逻辑学”“概率论”等课程，美国得克萨斯仪表公司制造的微型翻译机器人，日本早稻田大学研究出的“乳腺检诊机器人”。

知识拓展

典型工业机器人

一、移动机器人（AGV）

移动机器人是工业机器人的一种类型，它由计算机控制，具有移动、自动导航、多传感器控制、网络交互等功能，它可广泛应用于机械、电子、纺织、卷烟、医疗、食品、造纸等行业，从事柔性搬运、传输等工作，也用于自动化立体仓库、柔性加工系统、柔性装配系统（以 AGV 作为活动装配平台），还可在车站、机场、邮局的物品分拣中作为运输工具。

国际物流技术发展的新趋势是精细化、柔性化、信息化，缩短物流流程，降低物料损耗，减少占地面积，降低建设投资等。而移动机器人是其中的核心技术和设备，它用现代物流技术配合、支撑、改造、提升传统生产线，实现点对点自动存取的高架箱储、作业和搬运相结合。

二、点焊机器人

焊接机器人具有性能稳定、工作空间大、运动速度快和负荷能力强等特点，焊接质量明显优于人工焊接，大大提高了点焊作业的生产率。

点焊机器人主要用于汽车整车的焊接工作，生产过程由各大汽车主机厂负责完成。国际工业机器人企业凭借与各大汽车企业的长期合作关系，向各大型汽车生产企业提供各类点焊机器人单元产品并以焊接机器人与整车生产线配套形式进入中国，在该领域占据市场主导地位。

随着汽车工业的发展，焊接生产线要求焊钳一体化，质量越来越大，165 kg 点焊机器人是当前汽车焊接中最常用的一种机器人。2008 年 9 月，哈尔滨工业大学研制完成国内首台 165 kg 级点焊机器人，并成功应用于奇瑞汽车焊接车间。2009 年 9 月，经过优化和性能提升的第二台机器人完成并顺利通过验收，该机器人整体技术指标已经达到国际同类机器人水平。

三、弧焊机器人

弧焊机器人主要应用于各类汽车零部件的焊接生产。在该领域，国际大型工业机器人生产企业主要以向成套装备供应商提供单元产品为主。关键技术包括：

（1）弧焊机器人系统优化集成技术：弧焊机器人采用交流伺服驱动技术以及高精度、高刚性的 RV 减速机和谐波减速器，具有良好的低速稳定性和高速动态响应，并可实现免维护功能。

（2）协调控制技术：控制多机器人及变位机协调运动，既能保持焊枪和工件的相对姿态以满足焊接工艺的要求，又能避免焊枪和工件的碰撞。

（3）精确焊缝轨迹跟踪技术：结合激光传感器和视觉传感器离线工作方式的优点，采用激光传感器实现焊接过程中的焊缝跟踪，提升焊接机器人对复杂工件进行焊接的柔性和适应性；结合视觉传感器离线观察获得焊缝跟踪的残余偏差，基于偏差统计获得补偿数据并进行机器人运动轨迹修正，在各种工况下都能获得最佳的焊接质量。

四、激光加工机器人

激光加工机器人是将机器人技术应用于激光加工中，通过高精度工业机器人实现更加柔性的激光加工作业。本系统通过示教盒进行在线操作，也可通过离线方式进行编程。该系统通过对加工工件的自动检测，产生加工件的模型，继而生成加工曲线，也可以利用 CAD 数据直接加工。这类机器人可用于工件的激光表面处理、打孔、焊接和模具修复等。其关键技术包括：

（1）激光加工机器人结构优化设计技术：采用大范围框架式本体结构，在增大作业范围的同时，保证机器人精度；

（2）机器人系统的误差补偿技术：针对一体化加工机器人工作空间大，精度高等要求，并结合其结构特点，采取非模型方法与基于模型方法相结合的混合机器人补偿方法，完成了几何参数误差和非几何参数误差的补偿。

（3）高精度机器人检测技术：将三坐标测量技术和机器人技术结合，实现机器人高精度在线测量。

（4）激光加工机器人专用语言实现技术：根据激光加工及机器人作业特点，完成激光加工机器人专用语言。

（5）网络通信和离线编程技术：具有串口、CAN等网络通信功能，实现对机器人生产线的监控和管理，并实现上位机对机器人的离线编程控制。

五、真空机器人

真空机器人是一种在真空环境下工作的机器人，主要应用于半导体工业中，实现晶圆在真空腔室内的传输。真空机械手难进口、受限制、用量大、通用性强，它是制约半导体装备整机研发进度和整机产品竞争力的关键部件，归属于禁运产品目录。真空机械手已成为严重制约我国半导体设备整机装备制造的“卡脖子”问题。其关键技术包括：

（1）真空机器人新构型设计技术：通过结构分析和优化设计，避开国际专利，设计新构型满足真空机器人对刚度和伸缩比的要求。

（2）大间隙真空直驱电机技术：涉及大间隙真空直接驱动电机和高洁净直驱电机开展电机理论分析、结构设计、制作工艺、电机材料表面处理、低速大转矩控制、小型多轴驱动器等方面。

（3）真空环境下的多轴精密轴系的设计。采用轴在轴中的设计方法，减小轴之间的不同心以及惯量不对称的问题。

（4）动态轨迹修正技术：通过传感器信息和机器人运动信息的融合，检测出晶圆与手指之间基准位置之间的偏移，通过动态修正运动轨迹，保证机器人准确地将晶圆从真空腔室中的一个工位传送到另一个工位。

（5）符合国际半导体产业协会（SEMI）标准的真空机器人语言：根据真空机器人搬运要求、机器人作业特点及SEMI标准，完成真空机器人专用语言。

（6）可靠性系统工程技术：在IC制造中，设备故障会带来巨大的损失。根据半导体设备对平均无故障次数（MCBF）的高要求，对各个部件的可靠性进行测试、评价和控制，提高机械手各个部件的可靠性，从而保证机械手满足IC制造的高要求。

六、洁净机器人

洁净机器人是一种在洁净环境中使用的工业机器人。随着生产技术水平不断提高，很多现代工业产品生产都要求在洁净环境进行，洁净机器人是洁净环境下生产需要的关键设备。其关键技术包括：

（1）洁净润滑技术：通过采用负压抑尘结构和非挥发性润滑脂，实现对环境无颗粒污染，满足洁净要求。

（2）高速平稳控制技术：通过轨迹优化和提高关节伺服性能，实现洁净搬运的平稳性。

（3）控制器的小型化技术：洁净室建造和运营成本高，通过控制器小型化技术减小洁净机器人的占用空间，以降低成本。

（4）晶圆检测技术：通过光学传感器，能够通过机器人的扫描，获得卡匣中晶圆有无缺片、倾斜等信息。

机器人的运用范围越来越广泛，即使在很多的传统工业领域中人们也在努力使机器人代替人类工作，如食品工业。人们已经开发出的食品工业机器人有包装罐头机器人、自动午餐机器人和切割牛肉机器人等，机器人在食品加工领域应用如鱼得水。

巩固练习

（1）工业机器人有哪些分类方式？分别是怎样分的？

（2）工业机器人主要应用在哪些方面？

模块三　工业机器人的组成及机构

学习目标

（1）掌握工业机器人的基本组成。

（2）掌握工业机器人的机构。

知识导入

随着科技的进步，工业机器人（见图 1-17）越来越多地被应用到工业生产中，而工业机器人的可靠运行成为自动化生产线的重要因素之一。因此，作为工业机器人的维保人员，必须对工业机器人的组成及机构有更明确的认识。

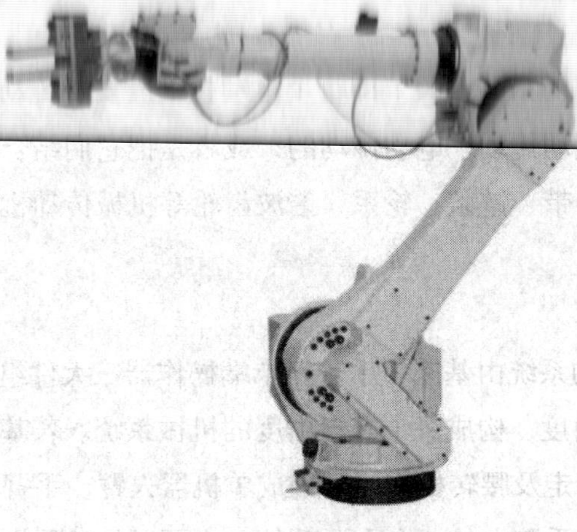

图 1-17　工业机器人

知识讲解

一、工业机器人的基本组成

工业机器人由三大部分六个子系统组成。三大部分是机械部分、传感部分和控制部分。六个子系统是驱动系统、机械结构系统、感受系统、机器人-环境交互系统、人机交互系统和控制系统，如图 1-18 所示。

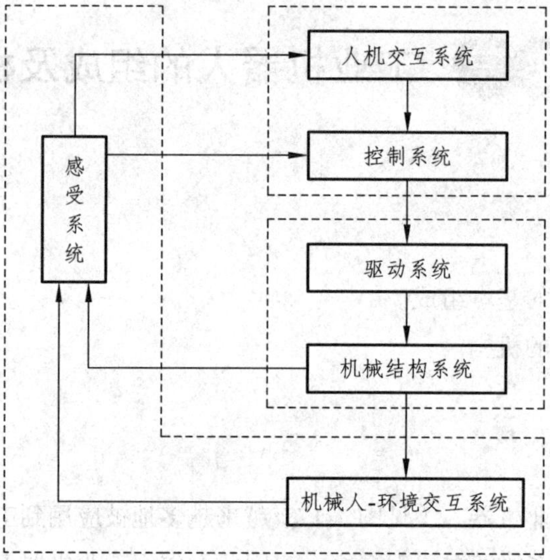

图 1-18 工业机器人的基本组成

1. 驱动系统

要使机器人运行起来，需给各个关节即每个运动自由度安装传动装置，这就是驱动系统。驱动系统可以是液压传动、气动传动、电动传动的，或者是把它们结合起来应用的综合系统；可以是直接驱动的或者通过同步带、链条、轮系、谐波齿轮等机械传动机构进行间接驱动。

2. 机械结构系统

工业机器人的机械结构系统由基座、手臂、末端操作器三大件组成，如图 1-19 所示。

每一大件都有若干自由度，构成一个多自由度的机械系统。若基座具备行走机构，则构成行走机器人；若基座不具备行走及腰转机构，则构成单机器人臂。手臂一般由上臂、下臂和手腕组成。末端操作器是直接装在手腕上的一个重要部件，它可以是二手指或多手指的手爪，也可以是喷漆枪、焊具等作业工具。

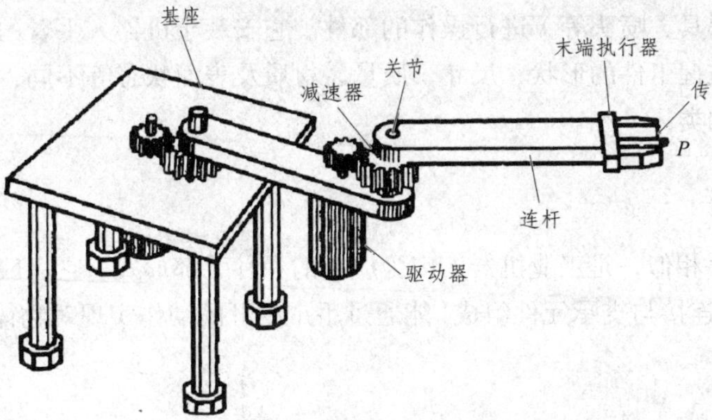

图 1-19　工业机器人的机械结构系统

3．感受系统

感受系统由内部传感器模块和外部传感器模块组成，用以获取内部和外部环境状态中有意义的信息。智能传感器的使用提高了机器人的机动性、适应性和智能化的水平。人类的感受系统对感知外部世界信息是极其灵巧的，然而，对于一些特殊的信息，传感器比人类的感受系统更有效。

4．机器人-环境交互系统

机器人-环境交互系统是实现工业机器人与外部环境中的设备相互联系和协调的系统。工业机器人与外部设备集成为一个功能单元，如加工制造单元、焊接单元、装配单元等。当然，也可以是多台机器人、多台机床或设备、多个零件存储装置等集成为一个去执行复杂任务的功能单元。

5．人机交互系统

人机交互系统是使操作人员参与机器人控制并与机器人进行联系的装置。例如，计算机的标准终端、指令控制台、信息显示板、危险信号报警器等。该系统归纳起来分为两大类：指令给定装置和信息显示装置。

6．控制系统

控制系统的任务是根据机器人的作业指令程序以及从传感器反馈回来的信号，支配机器人的执行机构去完成规定的运动和功能。假如工业机器人不具备信息反馈特征，则为开环控制系统；若具备信息反馈特征，则为闭环控制系统。根据控制原理，控制系统可分为程序控制系统、适应性控制系统和人工智能控制系统。根据控制运动的形式，控制系统可分为点位控制和轨迹控制。

二、工业机器人机构

（一）工业机器人末端操作器

我们一般称工业机器人的手为末端操作器，它是机器人直接用于抓取和握紧（吸附）专用工具（如喷枪、扳手、焊具、喷头等）进行操作的部件。它安装于机器人手臂的前端，具有模仿人手动作的功能。由于被握工件的形状、尺寸、质量、材质及表面状态等不同，工业机器人末端操作器大致可分为以下四类：

1．夹钳式取料手

夹钳式手部与人手相似，是工业机器人广为应用的一种手部形式。它一般由手指（手爪）和驱动机构、传动机构及连接与支承元件组成，能通过手爪的开闭动作实现对物体的夹持，如图 1-20 所示。

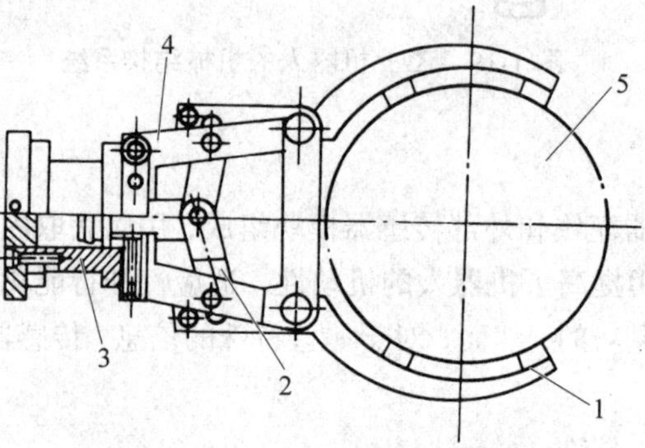

1—手指；2—传动机构；3—驱动装置；
4—支架；5—工件。

图 1-20　夹钳式手部的组成

（1）手指。

手指是直接与工件接触的部件。手部松开和夹紧工件，就是通过手指的张开与闭合来实现的。机器人的手部一般有两根手指，也有三根或多根手指，其结构形式常取决于被夹持工件的形状和特性。

指端的形状通常有两类：V 形指和平面指。V 形指一般用于夹持圆柱形工件。平面指一般用于夹持方形工件（具有两个平行平面），如板形或细小棒料。另外，尖指和薄、长指一般用于夹持小型或柔性工件。其中，薄指一般用于夹持位于狭窄工作场地的细小工件，以避免和周围障碍物相碰；长指一般用于夹持炽热的工件，以免热辐射影响手部传动机构。

（2）传动机构。

传动机构是向手指传递运动和动力，以实现夹紧和松开动作的机构。该机构根据手指开合的动作特点分为回转型和平移型，回转型又分为一支点回转和多支点回转。根据手爪夹紧是摆动还是平动，又可分为摆动回转型和平动回转型。

① 回转型传动机构：夹钳式手部中较多的是回转型手部，其手指就是一对杠杆，一般再同斜楔、滑槽、连杆、齿轮、蜗轮蜗杆或螺杆等机构组成复合式杠杆传动机构，用以改变传动比和运动方向等。

② 平移型传动机构：平移型夹钳式手部是通过手指的指面做直线往复运动或平面移动来实现张开或闭合动作的，常用于夹持具有平行平面的工件（如冰箱等）。平移型传动机构的结构较复杂，不如回转型手部应用广泛。

2．吸附式取料手

（1）气吸附式取料手。

气吸附式取料手是利用吸盘内的压力和大气压之间的压力差而工作的。按形成压力差的方法，可分为真空吸附、气流负压气吸、挤压排气负压气吸式等几种。气吸式取料手与夹钳式取料手相比，具有结构简单、质量小、吸附力分布均匀等优点，对于薄片状物体的搬运更有其优越性（如纸张、玻璃等），广泛应用于非金属材料或不可有剩磁材料的吸附，但要求物体表面较平整光滑，无孔无凹槽。

（2）磁吸附式取料手。

磁吸附式取料手是利用电磁铁通电后产生的电磁吸力取料，因此只能对铁磁物体起作用；另外，对某些不允许有剩磁的零件要禁止使用。所以，磁吸附式取料手的使用有一定的局限性。

3．专用操作器及转换器

（1）专用末端操作器。

机器人是一种通用性很强的自动化设备，可根据作业要求完成各种动作，再配上各种专用的末端操作器后，就能完成各种动作。例如，在通用机器人上安装焊枪就成为一台焊接机器人，安装拧螺母机则成为一台装配机器人。目前有许多由专用电动、气动工具改型而成的操作器，有拧螺母机、焊枪、电磨头、电铣头、抛光头、激光切割机等，如图 1-21 所示。这样形成一整套可供用户选用的专用末端操作器，使机器人能胜任各种工作。

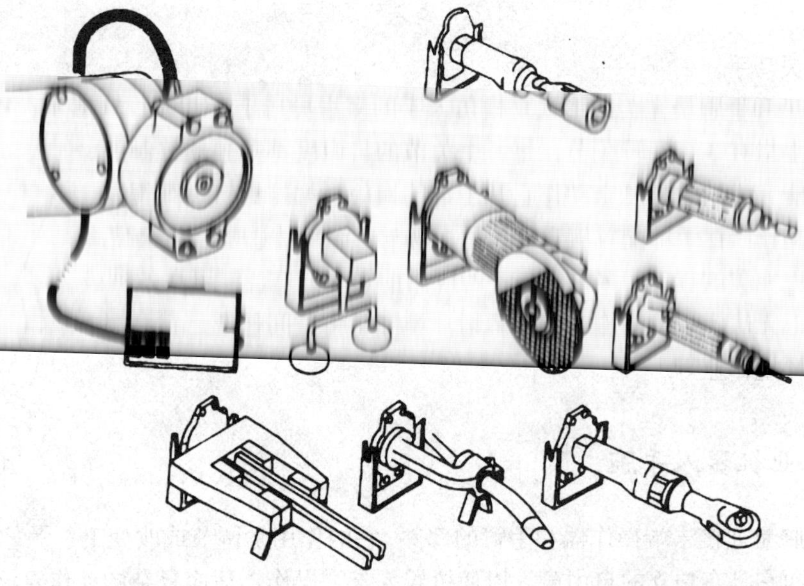

图 1-21　各种专用末端操作器和电磁吸盘式换接器

（2）换接器或自动手爪更换装置。

使用一台通用机器人，要在作业时能自动更换不同的末端操作器，就需要配置具有快速装卸功能的换接器。换接器由两部分组成：换接器插座和换接器插头，分别装在机器腕部和末端操作器上，能够实现对机器人末端操作器的快速自动更换。

专用末端操作器换接器的要求主要有同时具备气源、电源及信号的快速连接与切换；能承受末端操作器的工作载荷；在失电、失气情况下，机器人停止工作时不会自行脱离；具有一定的换接精度等。

4．仿生多指灵巧手

（1）柔性手。

为了能对不同外形的物体实施抓取，并使物体表面受力均匀，因此研制出了柔性手。图 1-22 所示为多关节柔性手腕，每根手指由多个关节串联而成。手指传动部分由牵引钢丝绳及摩擦滚轮组成，每根手指由两根钢丝绳牵引，一侧为握紧，另一侧为放松。驱动源可采用电机驱动或液压、气动元件驱动。柔性手腕可抓取外形凹凸不平的物体并使物体受力较为均匀。

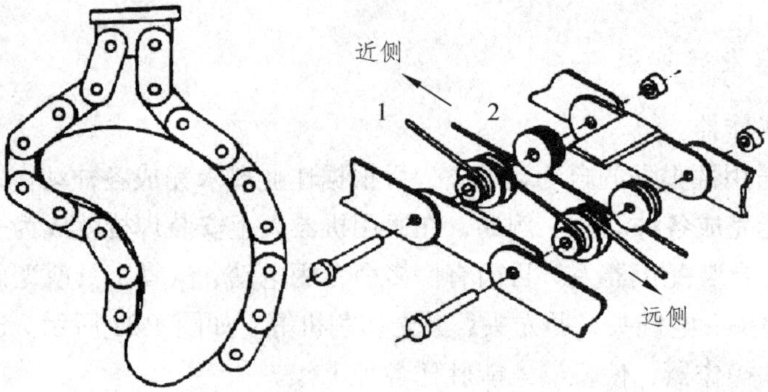

图 1-22　多关节柔性手腕

（2）多指灵巧手。

机器人手爪和手腕最完美的形式是模仿人手的多指灵巧手。如图 1-23 所示，多指灵巧手有多根手指，每根手指有 3 个回转关节，每一个关节的自由度都是独立控制的。因此，人手指能完成的各种复杂动作它几乎都能模仿，如拧螺钉、弹钢琴、做礼仪手势等动作。在手部配置触觉、力觉、视觉、温度传感器，将会使多指灵巧手达到更完美的程度。多指灵巧手的应用前景十分广泛，可在各种极限环境下完成人无法实现的操作，如核辐射环境和宇宙空间作业，在高温、高压、高真空环境作业等。

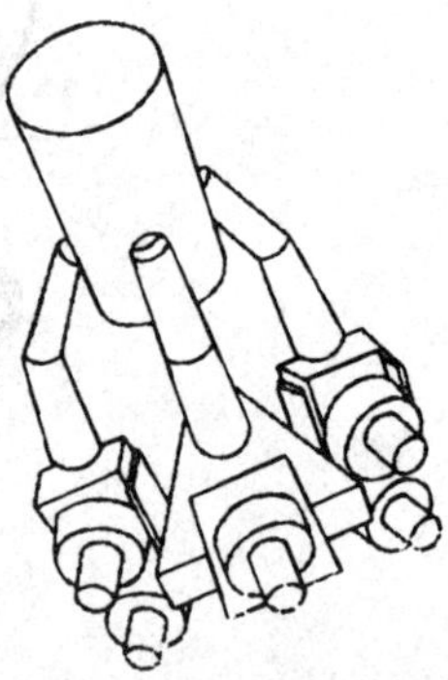

图 1-23　多指灵巧手

（二）工业机器人手腕

机器人手腕是连接末端操作器和手臂的部件，它的作用是调节或改变工件的方位，因而它具有独立的自由度，以使机器人末端操作器适应复杂的动作要求。

工业机器人一般需要 6 个自由度才能使手部达到目标位置并处于期望的姿态。为了使手部能处于空间任意方向，要求腕部能实现对空间三个坐标轴 X、Y、Z 的转动，即具有翻转、俯仰和偏转三个自由度，如图 1-24 所示。通常也把手腕的翻转叫作 Roll，用 R 表示；把手腕的俯仰叫作 Pitch，用 P 表示；把手腕的偏转叫作 Yaw，用 Y 表示。

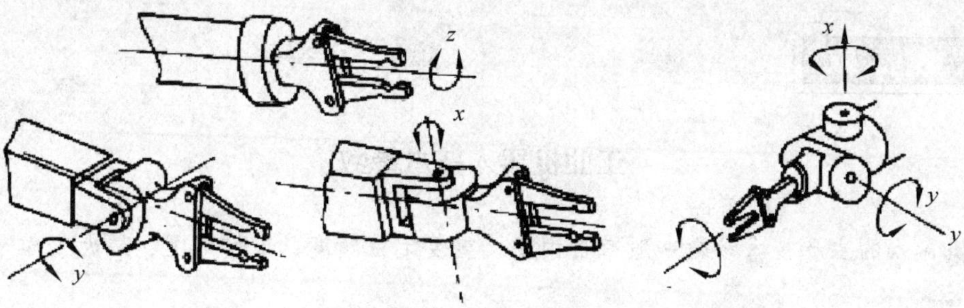

图 1-24　手腕的自由度

（三）工业机器人手臂

手臂是机器人执行机构中重要的部件，它的作用是将被抓取的工件运送到指定的位置上。因而，一般机器人手臂有 3 个自由度，即手臂的伸缩、左右回转和升降（或俯仰）运动。手臂回转和升降运动是通过机座的立柱实现的，立柱的横向移动即为手臂的横移。手臂的各种运动通常由驱动机构和各种传动机构来实现。因此，它不仅仅承受被抓取工件的重力，而且承受末端执行器、手腕和手臂自身的重力。手臂的结构、工作范围、灵活性、抓重大小（即臂力）和定位精度都直接影响机器人的工作性能。

按手臂的结构形式来分，手臂有单臂式 [见图 1-25（a）、（b）]、双臂式 [见图 1-25（c）] 及悬挂式 [见图 1-25（d）]。

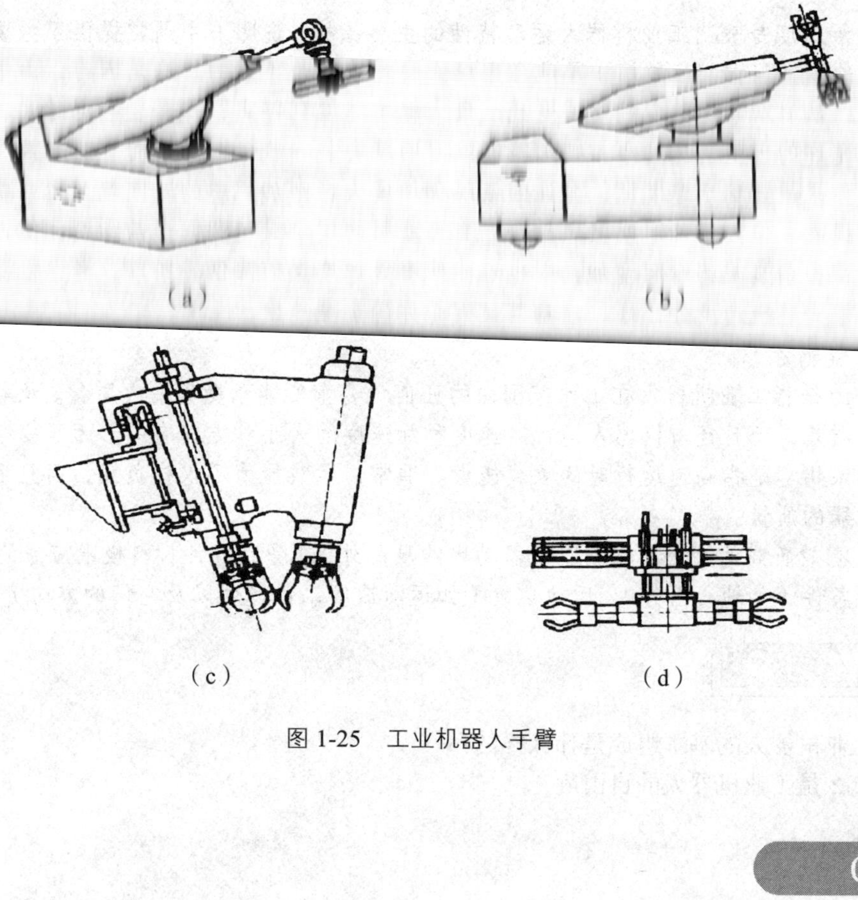

（a）　（b）　（c）　（d）

图 1-25　工业机器人手臂

知识拓展

工业机器人技术参数

工业机器人的主要技术参数一般有自由度、重复定位精度、工作范围、最大工作速度和承载能力等。

一、自由度

自由度是指工业机器人所具有的独立坐标轴运动的数目，不应包括手爪（末端操作器）的开合自由度。在三维空间中描述一个物体的位置和姿态（简称位姿）需要6个自由度。但是，工业机器人的自由度是根据其用途而设计的，可能小于6个自由度，也可能大于六个自由度。

二、精　度

工业机器人精度是指定位精度和重复定位精度。定位精度是指机器人手部实际到达位置与目标位置之间的差异。重复定位精度是指机器人重复定位其手部于同一目标位置的能力，可以用标准偏差这个统计量来表示，它能衡量一系列误差值的密集度（即重复度）。

三、工作范围

工作范围是指机器人手臂末端或手腕中心所能到达的所有点的集合，也叫工作区域。因为末端操作器的尺寸和形状是多种多样的，为了真实反映机器人的特征参数，所以这里是指不安装末端操作器时的工作区域。工作范围的形状和大小是十分重要的，机器人在执行作业时可能会因为存在手部不能到达的作业死区而不能完成任务。

四、速　度

速度和加速度是表明工业机器人运动特性的主要指标。说明书中通常提供了主要运动自由度的最大稳定速度，但在实际应用中单纯考虑最大稳定速度是不够的。这是因为，由于驱动器输出功率的限制，从启动到达最大稳定速度或从最大稳定速度到停止，都需要一定时间。如果最大稳定速度高，允许的极限加速度小，则加减速的时间就会长一些，对应用而言的有效速度就要低一些；反之，如果最大稳定速度低，允许的极限加速度大，则加减速的时间就会短一些，这有利于有效速度的提高。但如果加速或减速过快，有可能引起定位时超调或振荡加剧，使得到达目标位置后需要等待振荡衰减的时间增加，则也可能使有效速度反而降低。所以，考虑机器人运动特性时，除注意最大稳定速度外，还应注意其最大允许的加减速度。

五、承载能力

承载能力是指工业机器人在工作范围内的任何位姿上所能承受的最大质量。承载能力不仅决定于负载的质量，而且还与机器人运行的速度和加速度的大小和方向有关。为了安全起见，承载能力这一技术指标是指高速运行时的承载能力。通常，承载能力不仅指负载，而且还包括了机器人末端操作器的质量。

机器人有效负载的大小除受到驱动器功率的限制外，还受到杆件材料极限应力的限制，因而，它又和环境条件（如地心引力）、运动参数（如运动速度、加速度以及它们的方向）有关。

巩固练习

（1）工业机器人的基本组成是什么样的?

（2）什么是工业机器人的自由度?

模块四 工业机器人半实物仿真——乐高 EV3 机器人系统认知

学习目标

（1）熟悉 EV3 机器人的零件。

（2）掌握 EV3 机器人搭建技巧。

知识导入

乐高 EV3 是 2013 年 LEGO（乐高）公司开发的第三代 MINDSTORMS 机器人，其最大特点是无须使用计算机就可进行编程。EV3 配备了一块“智能砖头”，用户可以使用它来对自己的机器人编辑各种指令。它的按钮可以发光，根据光的颜色可看出 EV3 的状态。EV3 配备了分辨率更高的黑白显示器，内置扬声器，USB 端口，1 个迷你 SD 读卡器，4 个输入端口和 4 个输出端口，支持 USB2.0、蓝牙和 Wi-Fi 与电脑通信，还有一个编程接口用于编程和数据日志上传和下载，与移动设备兼容，由 5 号电池或 EV3 充电直流电池供电。

知识讲解

一、EV3 零件认识

正如盖房子需要用到钢筋、石材、木材等材料，搭建 EV3 机器人时也需要用到零件来支撑起其结构。EV3 机器人主要用到了以下零件：

1．机器人控制核心

作为 EV3 机器人的“大脑”和“心脏”，控制核心（见图 1-26）可以存储并运行程序为机器人提供指令，控制机器人其他设备的运行。可以采用充电电池为控制核心供电。

图 1-26　控制核心

2．输入设备

传感器（见图 1-27）是 EV3 机器人的输入设备，通过传感器，机器人可以接收到外界的信息，实现“视觉”“触觉”等功能。

（a）颜色传感器　（b）触碰传感器　（c）陀螺仪传感器　（d）超声波传感器

图 1-27　传感器

3．梁

梁是制作机器人最常用的零件之一，多用于搭建 EV3 机器人的主体结构。通过梁的搭建和连接，可以组成具有各种功能的结构。

同时，梁也可作为零件的测量工具。在梁上面有一些圆孔，每一个圆孔就是一个单位。在机器人的设计过程中，会用到多种零件，每个零件旁边都有一个数字标注用以区分。如图 1-28 所示，标注了“15”单位的梁，“15”表示的就是这个梁的长度。有些不易读取长度的零件（比如轴），就可以用梁来作为对比，孔的数量就是该零件的长度。

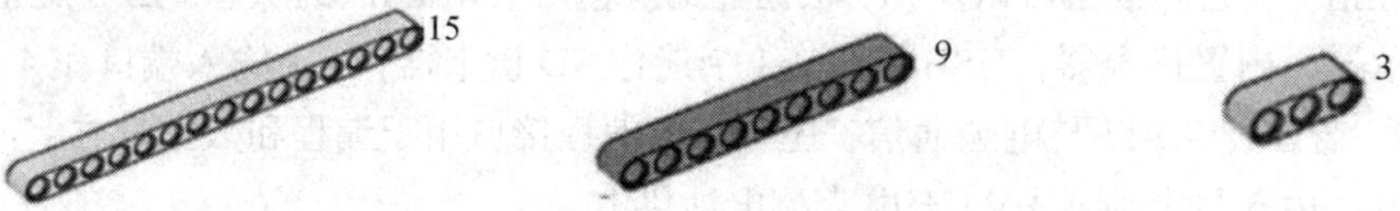

图 1-28　EV3 机器人的梁

4．轴

轴在生活中很常见，无论是工厂里的传送带，还是人们出行的交通工具等都需要用到轴。在 EV3 机器人中，轴的横截面为十字形，多用于转动结构中，可以与圆孔、十字形孔相连接，如图 1-29 所示。

图 1-29　EV3 机器人的轴

5．轴　套

轴套用于将零件固定在轴上，与实际生活中所用的垫片或螺母的功能相似。如图 1-30 所示，（a）为“1/2 单位轴套”，（b）是“1 单位轴套”。

（a）　（b）

图 1-30　EV3 机器人的轴套

6．连接销

在 EV3 机器人的设计中，连接销多用于梁或其他零件的连接和固定。连接销的种类有很多，有带摩擦的连接销、带轮轴的连接销、带套管的连接销等，图 1-31 给出了 EV3 机器人的部分连接销。

图 1-31　EV3 机器人的连接销

7．车　轮

车轮由轮毂和轮胎组成，用于组件机器人的驱动部分。

8．输出设备

电机是 EV3 机器人的常用输出设备，其功能是驱动机器人完成行走等动作。EV3 里有大型电机和中型电机两种，如图 1-32 所示。

（a）中型电机

（b）大型电机

图 1-32　EV3 机器人的电机

9．控制系统

控制系统的任务是根据机器人的作业指令程序以及从传感器反馈回来的信号支配机器人的执行机构去完成规定的运动和功能。假如工业机器人不具备信息反馈特征，则为开环控制系统；若具备信息反馈特征，则为闭环控制系统。根据控制原理，控制系统可分为程序控制系统、适应性控制系统和人工智能控制系统。根据控制运动的形式，控制系统可分为点位控制和轨迹控制。

二、EV3 机器人移动基座的搭建

搭建移动基座需要两个大型电机，大型电机为 EV3 机器人提供动力，有一个内置角度传感器，分辨率为 1°，可实现精确控制，可以通过使用软件中的“移动转向”或“移动槽”编程模块使机器人进行移动，两个大型电机可以一起工作。同时，采用轮毂和轮胎相结合，构成机器人的主动轮。可以选用宽而扁平的低轮胎，增加与地面接触的面积，加大摩擦力，从而提升机器人的抓地力。

搭建 EV3 机器人移动基座的可参考如下步骤（见图 1-33）。

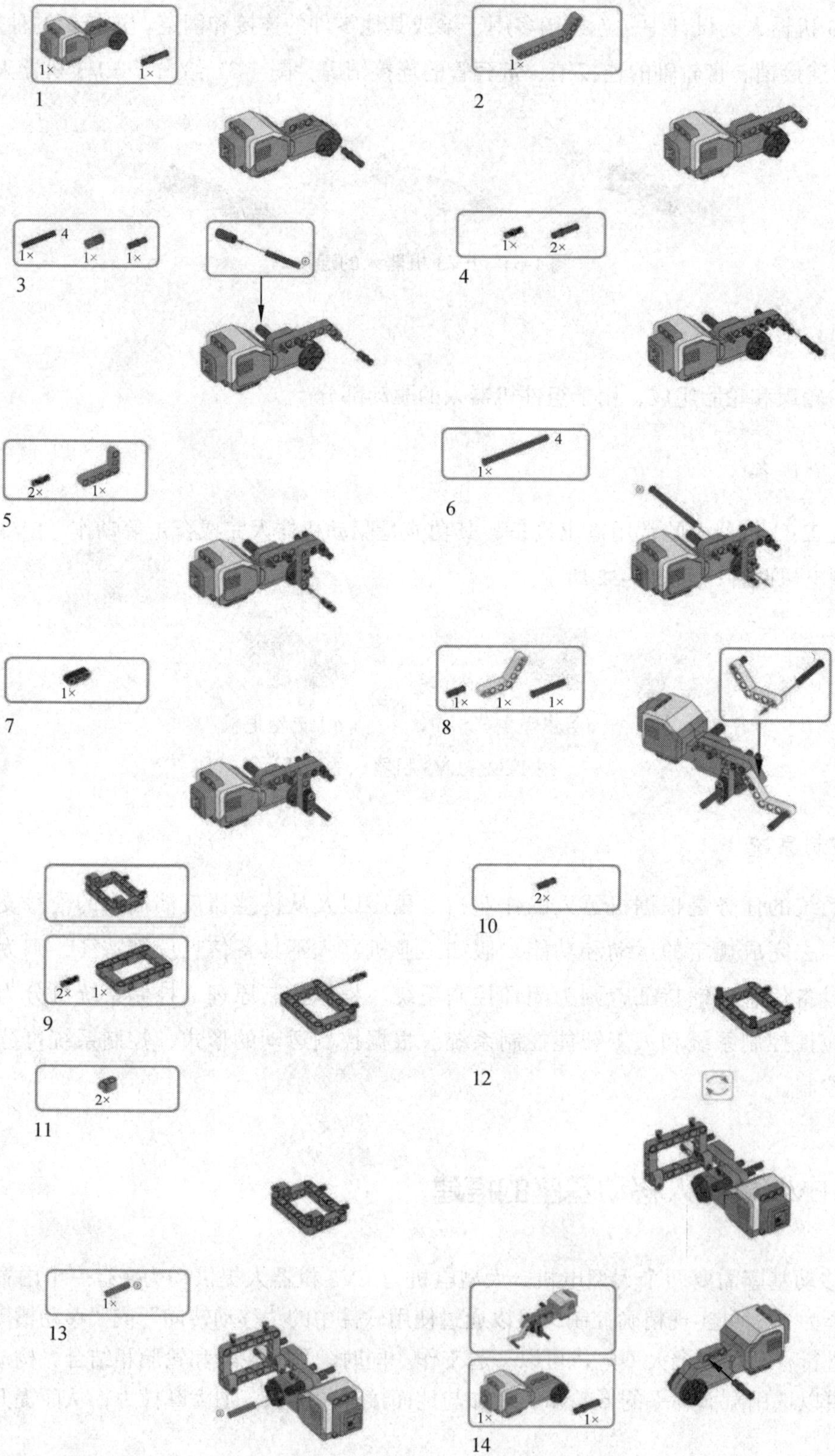

15

16

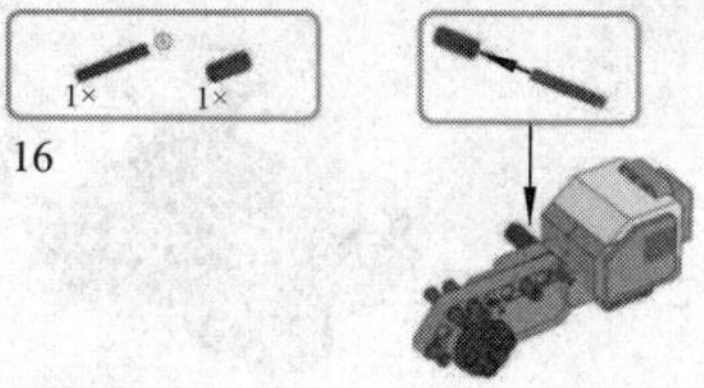

17

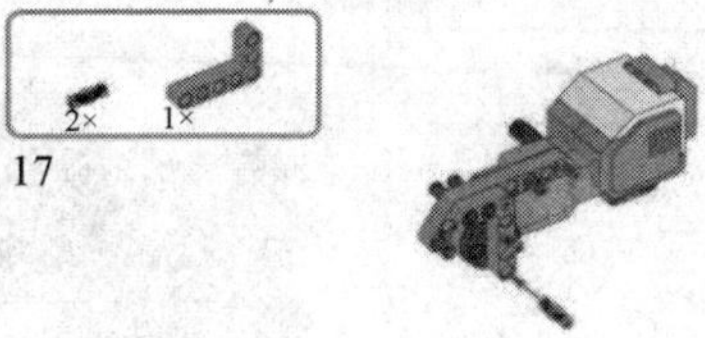

18

19

20

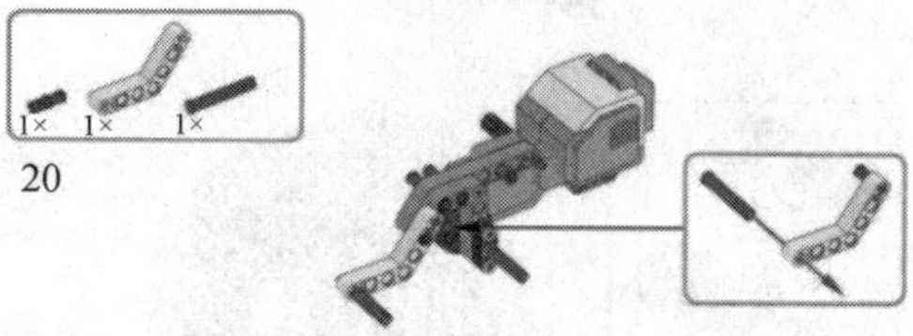

21

22

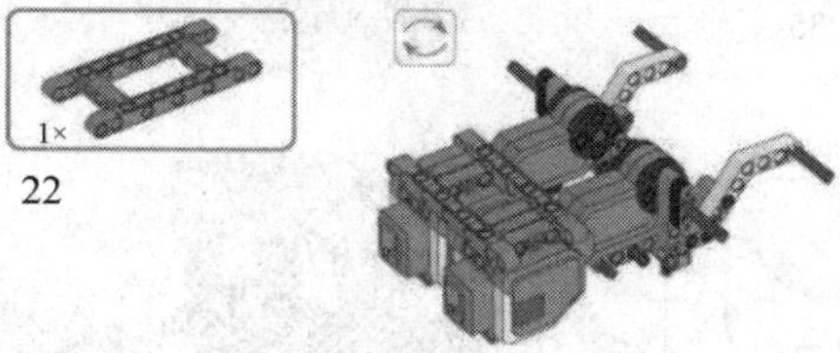

23

24

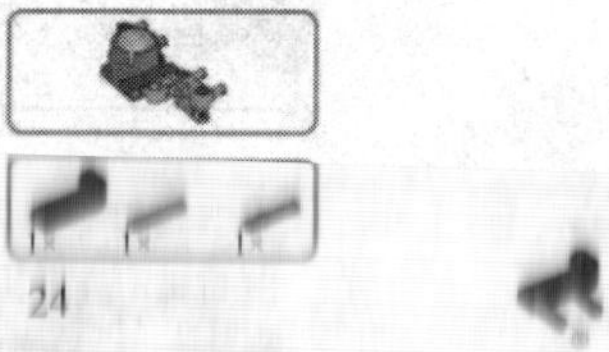

25

26

27

28

29

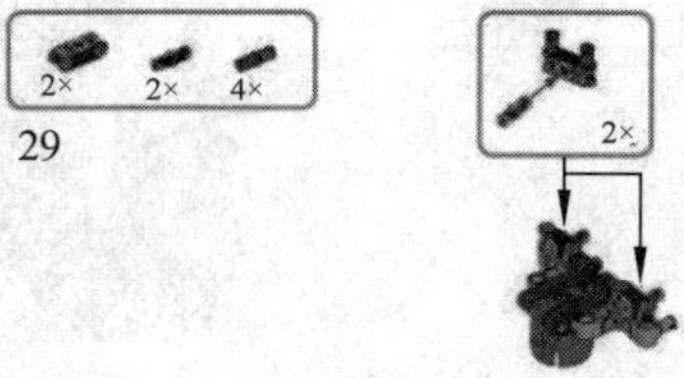

30

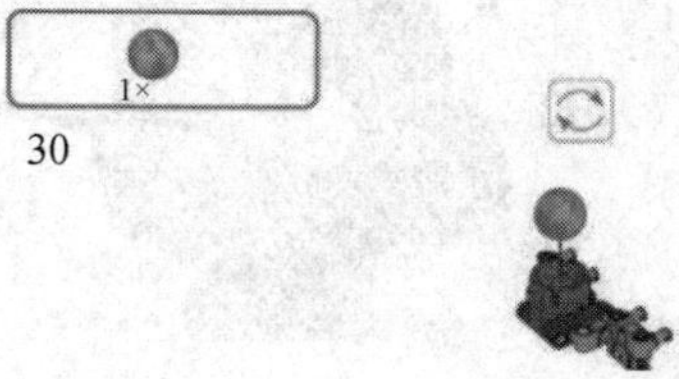

31

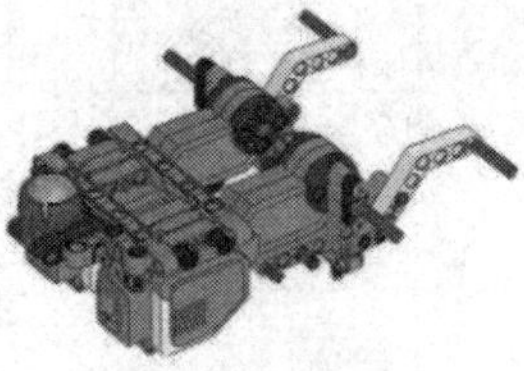

32

33

34

35

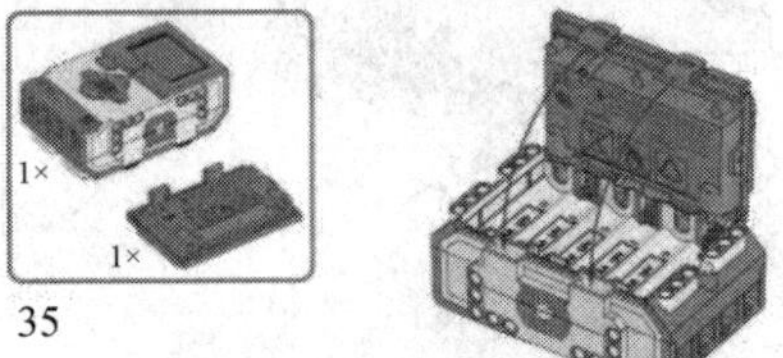

36

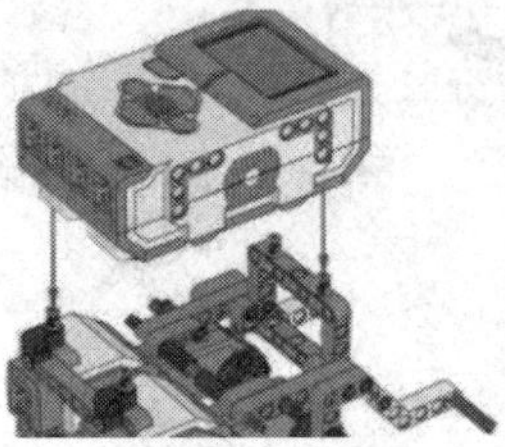

37

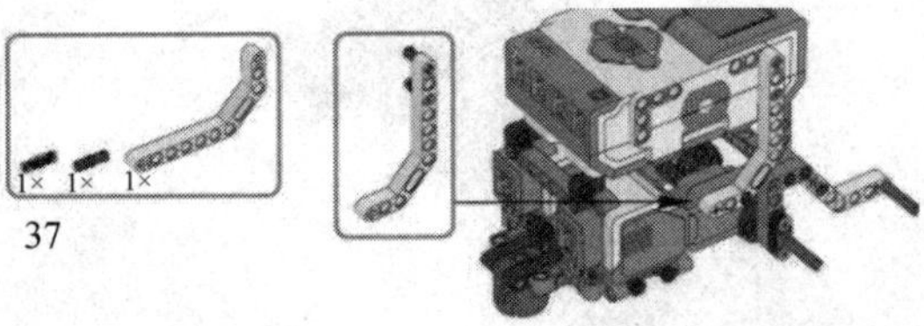

38

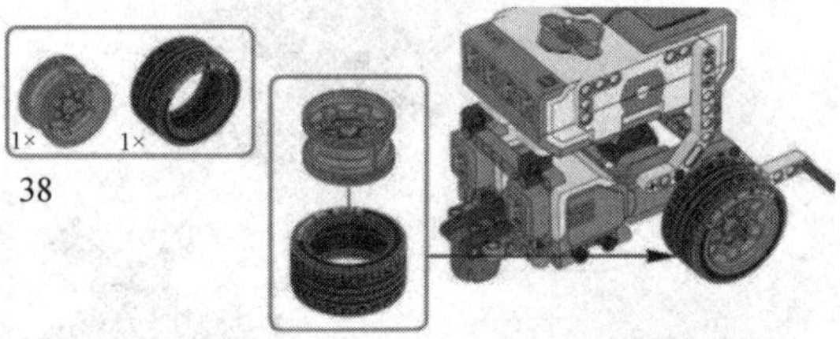

39

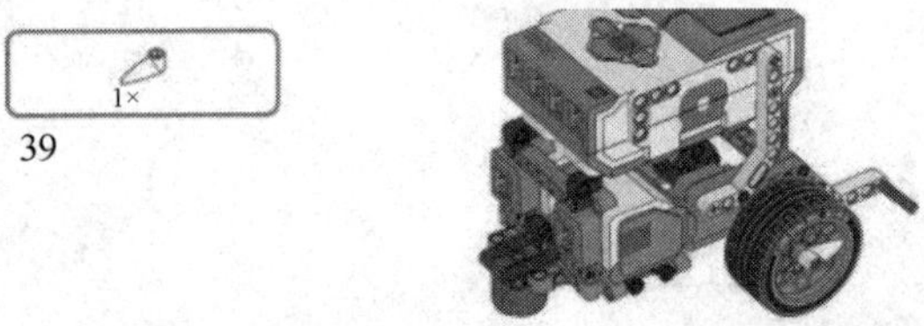

40

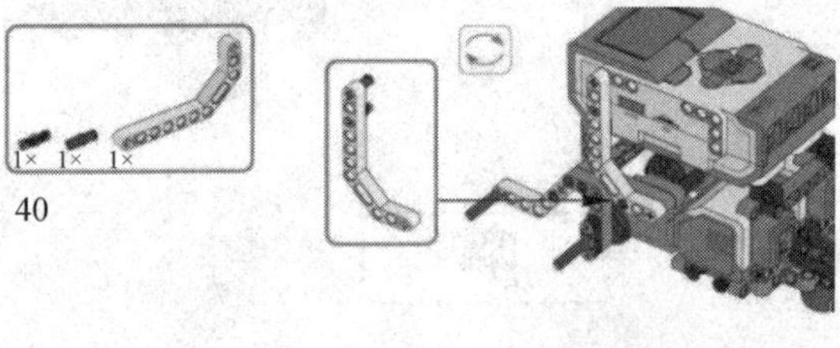

41

42

43

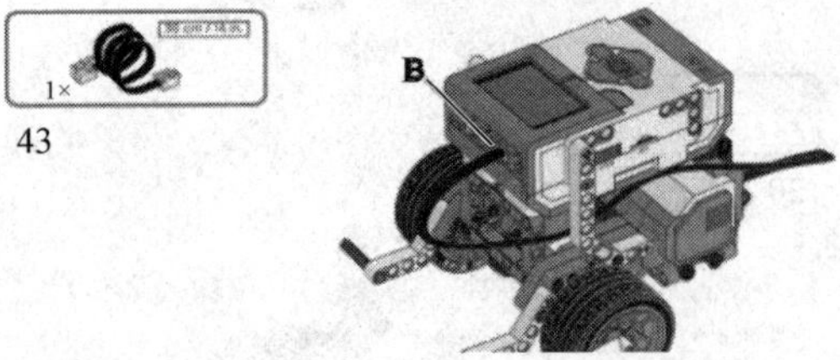

44

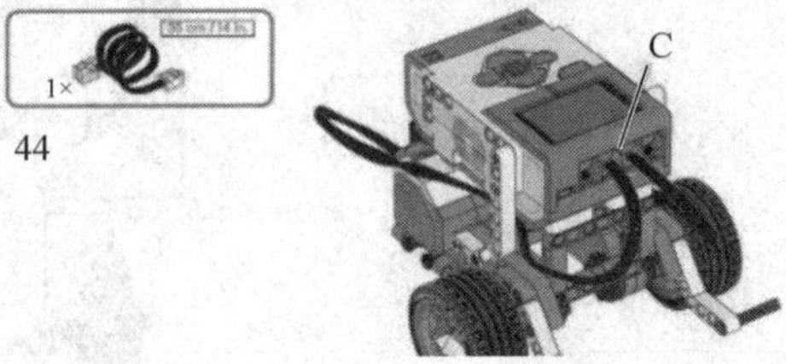

图 1-33　机器人移动基座搭建

机器人移动基座完成后，可以将编制好的 EV3 软件下载到 EV3 模块，就可以让机器人移动基座完成相应动作。

知识拓展

EV3 机器人的声音模块

一、认识声音模块

为了让机器人在行进或停止时发出声音，需要用到声音模块（见图 1-34）。声音模块属于动作类模块，通过将 EV3 机器人与计算机连接，打开编程软件，在动作类模块中找到声音模块，将其拖入编程界面便可以进行调节。

声音类型选项：

播放/停止；播放文件；

播放音调；播放音符；

音量调节；

播放类型：

等待完成；播放一次；循环播放。

图 1-34　声音模块

点击声音模块右上角的显示框，可以选择声音文件（见图 1-35）。软件中的声音文件包含很多类型，有动物、颜色、通讯和表情等，可以根据机器人的类型或功能搭配适当的声音。还可以根据需要选择不同的声音类型并调节音量的大小，甚至可以自己编写乐曲。

图 1-35　选择声音文件

二、声音与机器人移动相结合的程序编制

声音与机器人移动相结合的程序编制如图 1-36 所示。

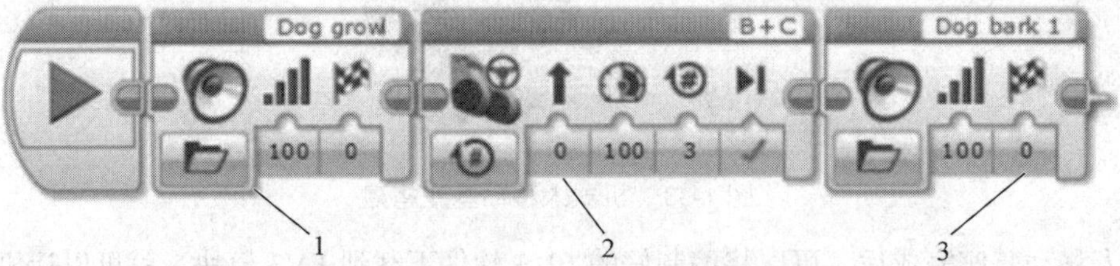

序号	模块名称	所属类别	模块设置
1	声音模块	动作类	声音——播放文件；音量 100；播放类型——等待完成
2	移动转向模块	动作类	大型电机——开启指定圈数；转向 0；功率 100；圈数 3；结束时间制作——真
3	声音模块	动作类	声音——播放文件；音量 100；播放类型——等待完成

图 1-36　声音动作相结合的程序编制

巩固练习

（1）EV3 机器人主要由哪些零件组成?

（2）用 EV3 设计一个稳固的彩色（红、黄、蓝、绿）长方体结构。

学习情境二

工业机器人的结构及功能

模块一　工业机器人的本体基本结构

学习目标

（1）了解工业机器人的结构组成。

（2）掌握工业机器人机身、臂部、腕部及手部等结构的特点及功能。

（3）掌握工业机器人的坐标系。

知识导入

工业机器人的结构形式与工业机器人的发展路径有关，一是模仿人的手臂，实现多维运动；一是模仿人的下肢运动，实现物料输送、传递搬运功能。在工业现场，接触最多的是机械手，如图 2-1 所示。

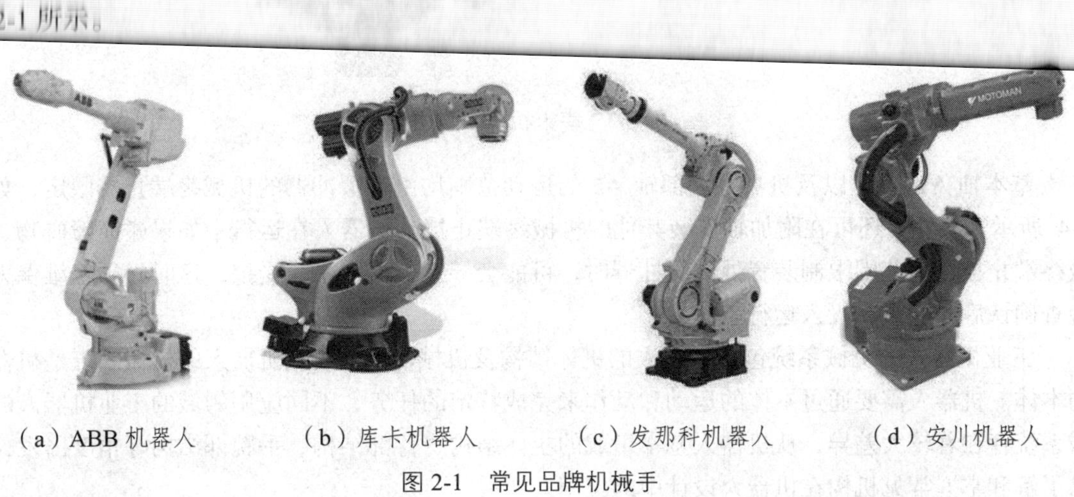

（a）ABB 机器人　（b）库卡机器人　（c）发那科机器人　（d）安川机器人

图 2-1　常见品牌机械手

机械手一般由机身、臂部、腕部和手部组成，如图 2-2 所示。通过伺服电机有针对性的调控，实现每个轴的运动。这些伺服电机通过减速器与机械手的各部件相连。

图 2-2　机械手的机械结构

机器人机械系统的部件主要由铸铝和铸钢制成，在个别情况下也使用碳纤维部件，各轴从下（机器人的足部）到上（机器人法兰）编号如图 2-3 所示。

图 2-3　库卡机器人自由度

基本轴 A1 ~ A3 以及机器人手部轴 A5 的运动范围均由带缓冲器的机械终端止挡限定，如图 2-4 所示。另外，还可在附加轴安装其他的机械终端止挡。机器人在运行中如果碰撞障碍物、机械终端止挡、轴范围限制装置处的缓冲器时，可能会导致机器人系统受损，这时必须经维保人员检查确认后才能重新投入运行。

工业机器人的机械系统包括机器人的机体结构及机械传动系统，机器人的机械系统是机器人的本体。机器人需要通过本体的运动和动作来完成特定的任务，不同应用领域的工业机器人的机械系统存在着较大差异，从机器人基本组成的主体结构、臂部结构、手腕部结构等角度出发，可以了解和掌握常见机构在机器人设计中的应用。

（a）轴 1　　（b）轴 2　　（c）轴 3

图 2-4　A1 ~ A3 机械终端止挡限定

知识讲解

一、工业机器人的主体结构

六轴工业机器人的机械结构由四大部分构成：机身、臂部、腕部和手部，图 2-5 所示为 6 自由度的关节机器人。通常工业机器人的自由度数一般不超过 5 ~ 6 个。

1—基座；2—机身；3—大臂；4—小臂；5—腕部；6—手部。

图 2-5　关节机器人结构

（一）工业机器人的坐标系

工业机器人的坐标系主要包括基坐标系、关节坐标系、工件坐标系及工具坐标系，如图 2-6 所示。

基坐标系：基坐标系是机器人其他坐标系的参照基础，是机器人示教与编程时经常使用的坐标系之一，它的位置没有硬性规定，一般定义在机器人安装面与第一转动轴的交点处。

关节坐标系：关节坐标系的原点设置在机器人关节中心点处，反映了该关节处每个轴相对该关节坐标系原点位置的绝对角度。

工件坐标系：工件坐标系是用户自定义的坐标系，可根据需要定义多个工件坐标系。当配备多个工作台时，选择工件坐标系操作更为简单。

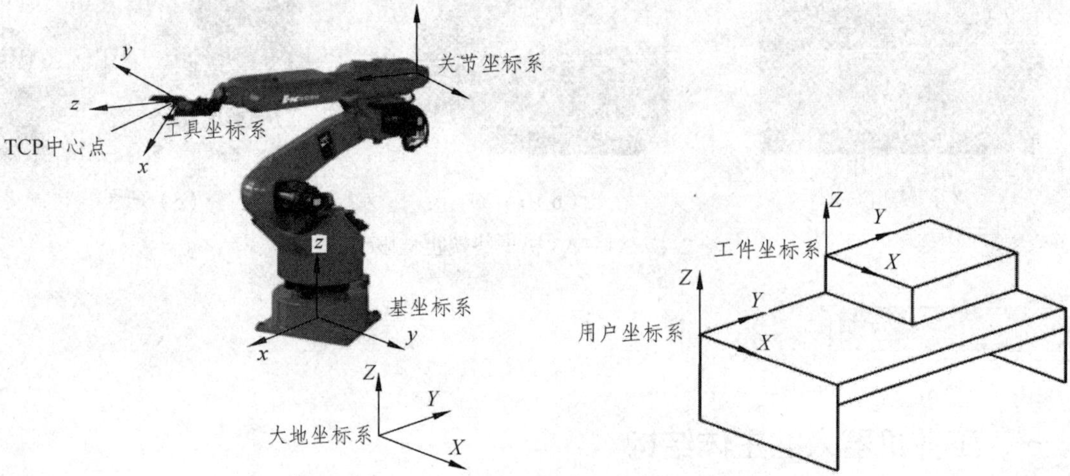

图 2-6　工业机器人的坐标系

工具坐标系：工具坐标系是原点安装在机器人末端的工具中心点（Tool Center Point，TCP）处的坐标系，原点及方向都是随着末端位置与角度不断变化的，该坐标系实际是将基坐标系通过旋转及平移变化而来的。

（二）主体结构的基本形式

常见的主体结构形式有直角坐标形式、圆柱坐标形式、球面坐标形式、关节坐标形式，下面分别就这 4 种形式进行介绍。

1．直角坐标形式机器人

直角坐标机器人（见图 2-7），臂部具有 3 个自由度，直角坐标形式机器人具有如下优点：

（1）结构简单。

（2）编程容易，在 X、Y、Z 3 个方向的运动没有耦合，便于控制系统的设计。

（3）直线运动速度快，定位精度高，避障性能较好。

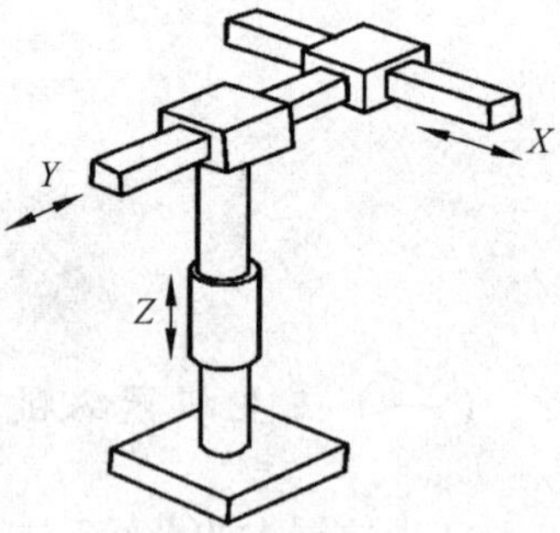

图 2-7　直角坐标机器人

缺点和问题：

（1）动作范围小，灵活性较差。

（2）导轨结构较复杂，维护比较困难，导轨暴露面大，不如转动关节密封性好。

（3）结构尺寸较大，占地面积较大。

（4）移动部分惯量较大，增加了对驱动性能的要求。

2．圆柱坐标形式机器人

圆柱坐标形式机器人（见图 2-8）主要有如下优点：

（1）控制精度较高，控制较简单，结构紧凑。

（2）与直角坐标形式相比，在垂直和径向的两个往复运动可以采用伸缩套筒式结构，在腰部转动时可以把手臂缩回去，从而减小了转动惯量，改善了力学负载。

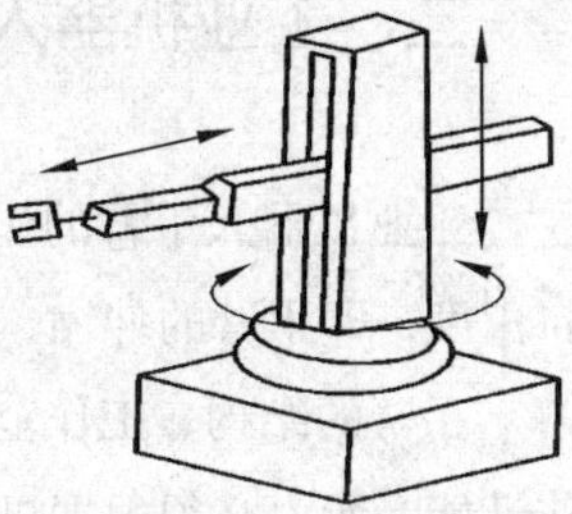

图 2-8　圆柱坐标机器人

主要缺点：

由于机身结构的原因，手臂不能到达底部，减小了机器人的工作范围，同时结构也较庞大。

3．球面坐标形式机器人

球面坐标形式机器人（见图 2-9）的特点是占地面积较小，结构紧凑，位置精度尚可，但避障性能较差，存在平衡问题。美国 Unimation 公司的 Unimation 系列机器人就是球面坐标形式的代表。

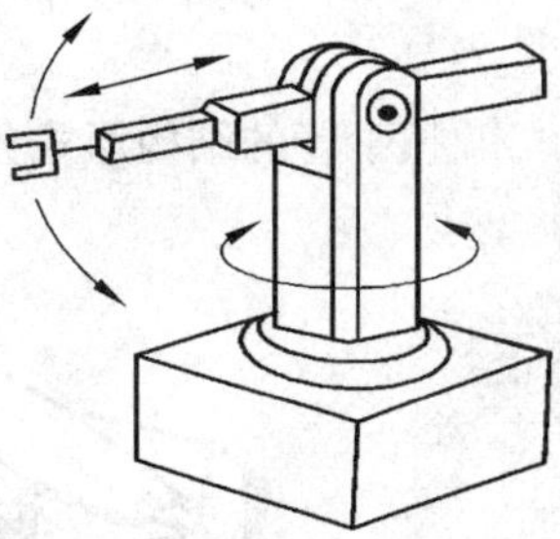

图 2-9　球面坐标机器人

4．关节坐标形式机器人

关节坐标形式机器人（见图 2-10）主要有以下优点：

（1）结构紧凑，占地面积小。

（2）灵活性好，手部到达位置好，具有较好的避障性能。

（3）没有移动关节，关节密封性能好、摩擦小、惯量小。

（4）关节驱动力小，能耗较低。

关节坐标形式机器人的缺点如下：

（1）运动过程中存在平衡问题，控制存在耦合。

（2）当大臂和小臂舒展开时，机器人结构刚度较低。

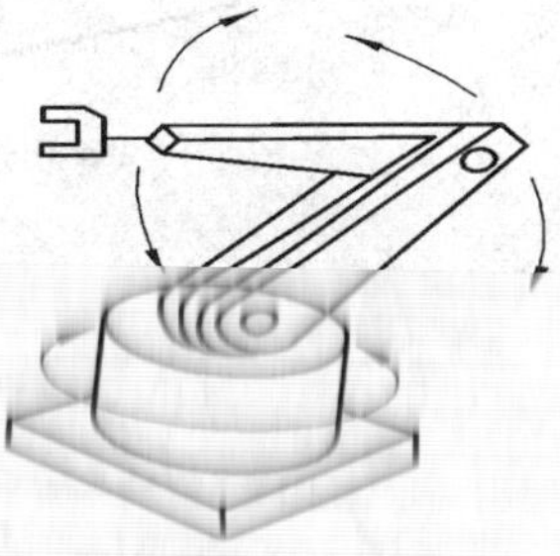

图 2-10　关节坐标机器人

（三）主体结构的设计

工业机器人主体结构及其机身设计时应该注意：

（1）作为整个机器人支撑的主体应该具有足够大的刚度、强度和稳定性；

（2）主体结构自身应该保证运动灵活，避免在结构设计上出现自锁卡死的现象。

（3）选择合适的驱动方式，结构布置合理。

机器人主体结构材料的选择：

（1）与普通机械结构的设计类似，用来支撑、连接、固定机器人的各部分的材料应该是结构性的材料。另外考虑到机器人整体也是运动的，其材料质量应小。精密机器人对材料的刚度和振动方面均有要求，控制振动也需要从减小质量和抑制振动两方面考虑，也与材料自身的抗振性紧密相关。

（2）正确选用结构件材料可降低机器人的成本价格，且更适应机器人的高速化、高载荷化及高精度化，以及静力学及动力学的特性要求。

二、工业机器人的臂部结构

工业机器人手臂的作用是将抓取的工件运送到给定的位置上，因而一般机器人的手臂有 3 个自由度，即手臂的伸缩、左右回转和升降（或俯仰）运动。

手臂的结构、工作范围、灵活性以及抓重大小（即臂力）和定位精度都直接影响机器人的工作性能，所以必须根据机器人的抓取质量、运动形式、自由度数、运动速度以及定位精度的要求来设计手臂的结构形式。

（一）臂部结构的基本形式

按手臂的结构形式分，手臂有单臂、双臂及悬挂式等，如图 2-11 所示。

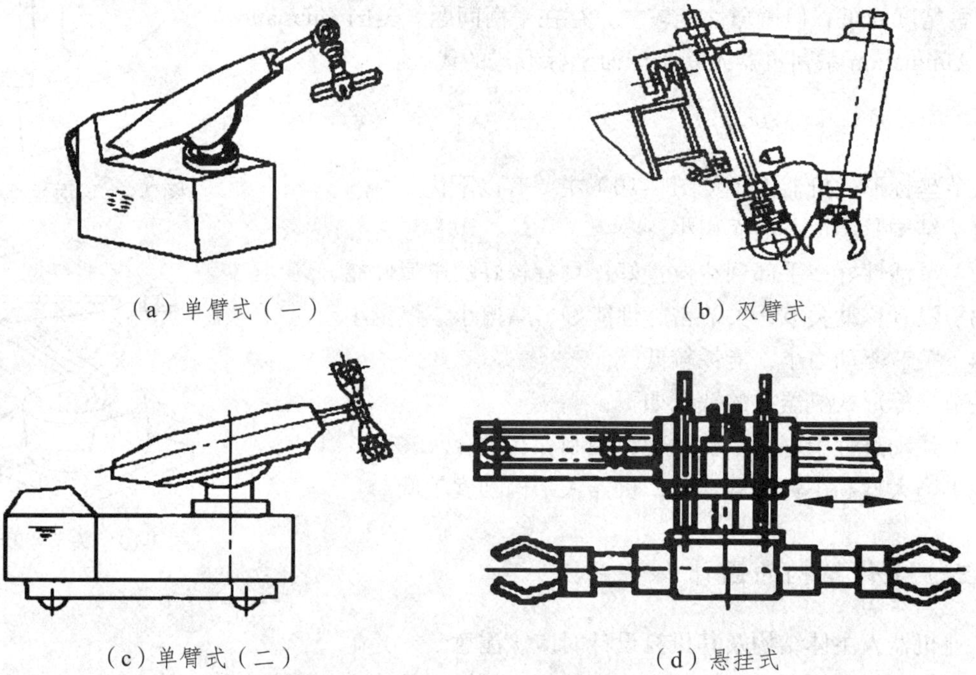

（a）单臂式（一）　（b）双臂式

（c）单臂式（二）　（d）悬挂式

图 2-11　单臂、双臂结构机器人

机械手手臂有直线运动、回转运动和复合运动等不同的运动方式，以此对应不同的机械手臂部结构。

直线运动有手臂的伸缩、升降以及横向（或纵向）移动；回转运动有手臂的左右旋转。

1．手臂的直线运行结构

机械手的伸缩、升降及横向（或纵向）运动的机构实现形式较多，常用的有活塞油（气）缸（见图 2-12）、活塞缸和齿轮齿条机构、丝杠螺母机构以及活塞缸和连杆机构等。

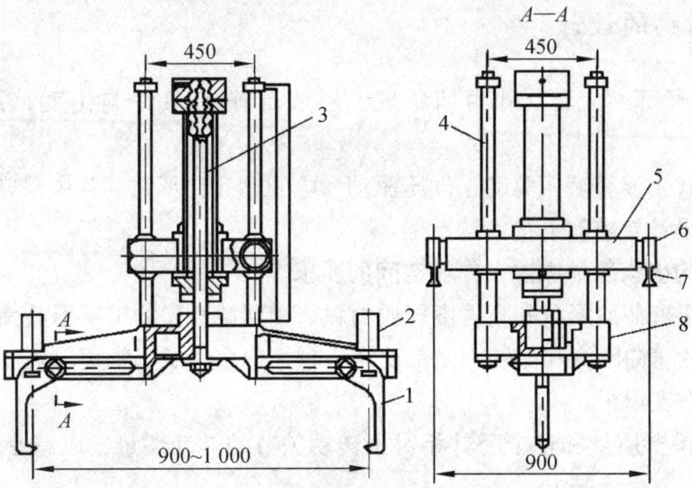

1—手部；2—夹紧缸；3—油缸；4—导向柱；5—运行架；
6—行走车轮；7—轨道；8—支座。

图 2-12　臂部伸缩结构机器人

2．手臂回转和俯仰运行机构

实现机械手回转运动的常见机构有叶片式回转缸、齿轮传动机构、链传动机构、连杆机构（见图 2-13）等。

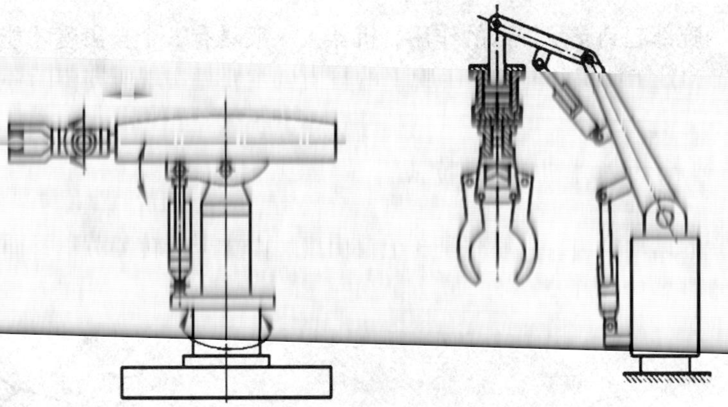

图 2-13　油缸铰链结构的俯仰机器人

3．手臂的复合运动机构

手臂的复合运动多数用于动作程序固定不变的专用机器人，它不仅使机器人的传动结构简单，而且可简化驱动系统和控制系统，并使机器人传动准确、工作可靠，因而在生产中应用比较多。除手臂实现复合运动外，手腕和手臂的运动也能组成复合运动。手臂（或手腕）和手臂的复合运动，可以由动力部件（如活塞缸、回转缸、齿条活塞缸等）与常用机构（如凹槽机构、连杆机构、齿轮机构等）按照手臂的运动轨迹（即路线）或手臂和手腕的动作要求进行组合。

（二）臂部结构的设计

工业机器人的臂部由大臂、小臂所组成，一般具有 2 ~ 3 个自由度，即伸缩、回转或者俯仰。

手臂的驱动方式主要有液压驱动、气压驱动和电驱动几种形式，其中最常用的为电驱动。

对机械手臂的设计要求如下：

（1）手臂的结构应该满足机器人作业空间的要求。

（2）合理选择手臂截面形状和高强度轻质材料。相同截面积的工字形截面的弯曲刚度一般比圆截面大，空心管的弯曲刚度和扭转刚度都比实心轴大得多，所以常用钢管制作臂杆及导向杆，用工字钢和槽钢制作支承板。

（3）尽量减小手臂质量和整个手臂相对于转动关节的转动惯量，以减小运动时的动载荷与冲击。

（4）合理设计手臂与腕和机身的连接部位。臂部安装形式和位置不仅关系到机器人的强度、刚度和承载能力，而且还直接影响机器人的外观。

应当优先选择强度大、密度小的材料制作手臂，常用的非金属材料有尼龙、聚乙烯（PEH）和碳素纤维等；金属材料以轻合金（特别是铝合金）为主。

三、工业机器人的腕部和手部结构

工业机器人的腕部起到支承手部的作用，机器人一般具有 6 个自由度才能使手部（末端操作器）达到目标位置和处于期望的姿态，手腕上的自由度主要是实现所期望的姿态。

（一）腕部结构的基本形式和特点

手腕具有独立的运动轨迹，一般需要 3 个自由度，由 3 个回转关节组合而成。组合的方式多种多样，常用的如图 2-14 所示。

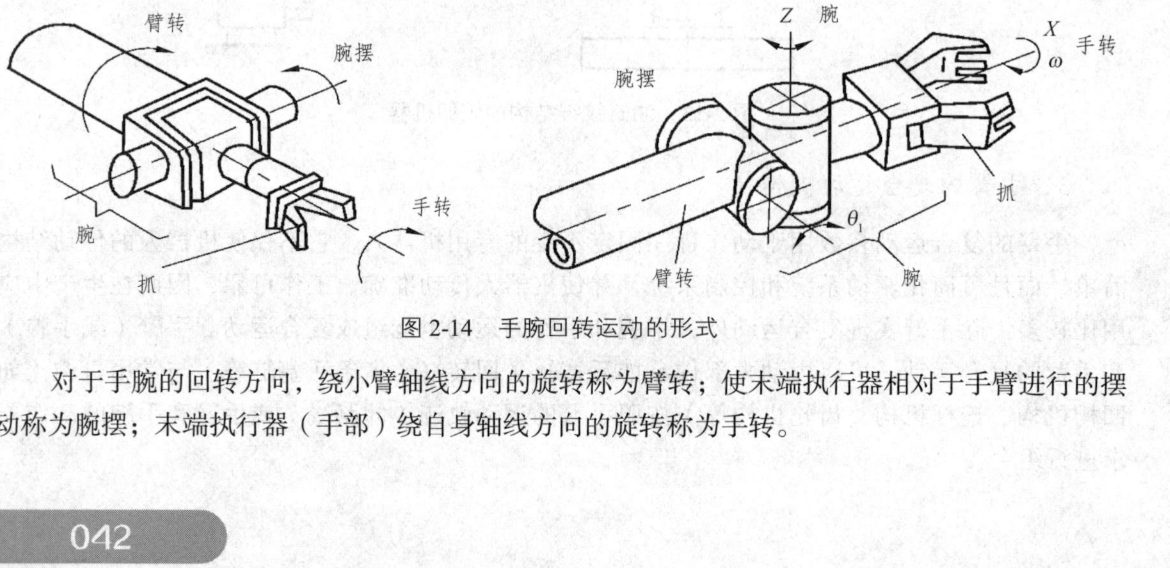

图 2-14　手腕回转运动的形式

对于手腕的回转方向，绕小臂轴线方向的旋转称为臂转；使末端执行器相对于手臂进行的摆动称为腕摆；末端执行器（手部）绕自身轴线方向的旋转称为手转。

1．手腕运动的分类

按转动特点的不同，用于手腕关节的转动又可细分为翻转和偏转两种。

图 2-15（a）所示为翻转，其特点是相对转动的两个零件的回转轴线重合，因而能实现 360° 无障碍旋转的关节运动，通常用 R 来标记。

图 2-15（b）所示为偏转，其特点是两个零件的转动轴线相互垂直，这种运动会受到结构的限制，相对转动角度一般小于 360°，通常用 Y 来标记。

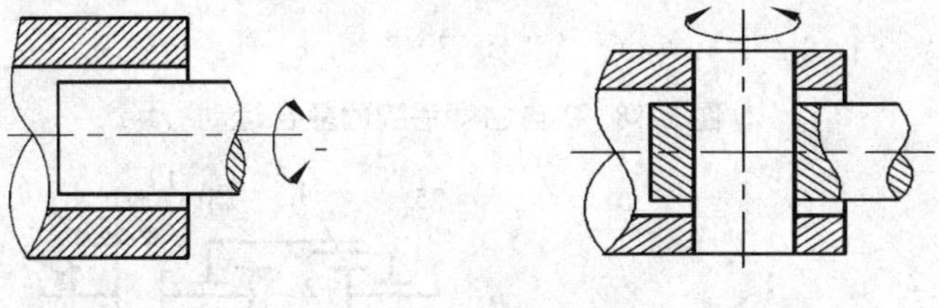

（a）翻转　　（b）偏转

图 2-15　翻转和偏转

图 2-16 所示为 3 自由度手腕的几种结合方式，B 为折曲关节，R 为翻转关节。

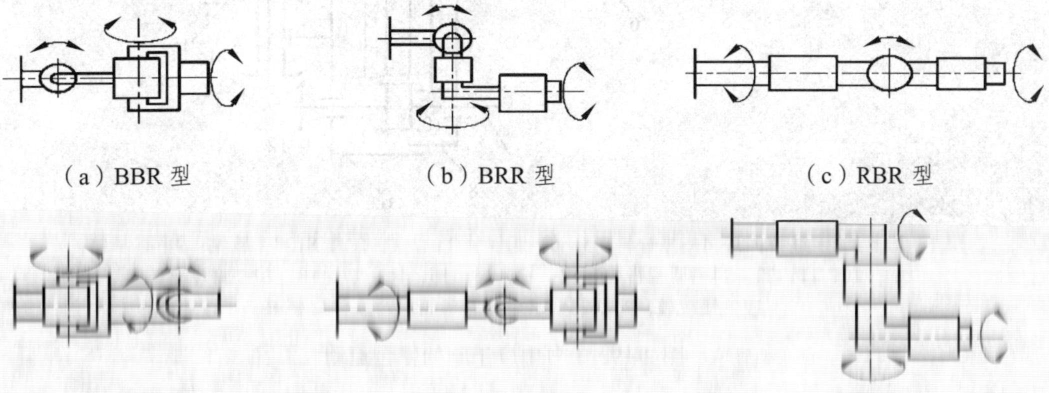

（a）BBR 型　　（b）BRR 型　　（c）RBR 型

（d）BRB 型　　（e）RBB 型　　（f）RBR 型

图 2-16　3 自由度手腕的组合形式

2．常见的腕部结构

常见的腕部结构及复合运动如图 2-17 至图 2-19 所示。

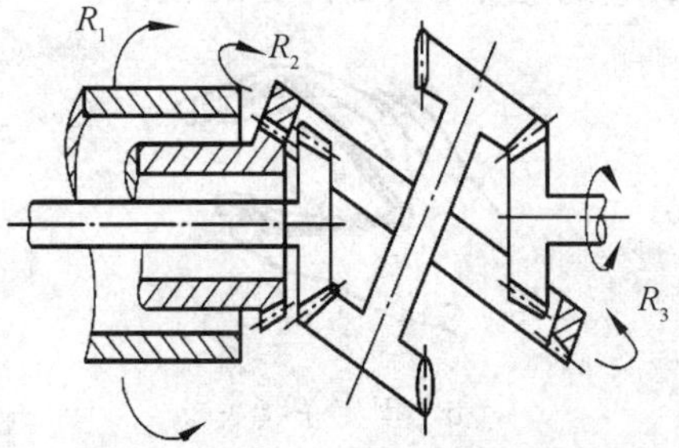

图 2-17　RRR 型 3 自由度手腕

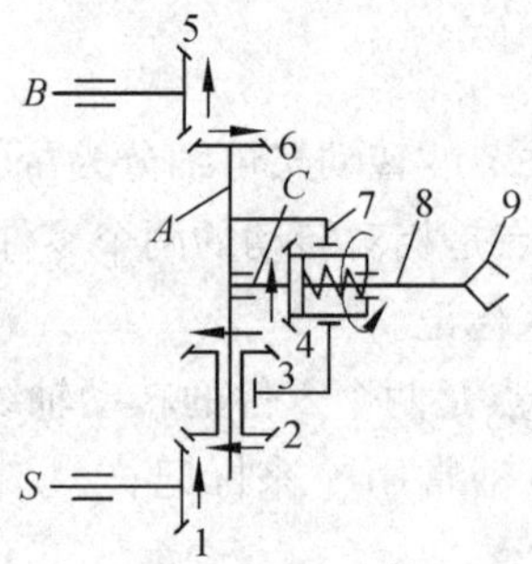

1，2，3，4，5，6—锥齿轮；7—壳体；8—轴；9—手爪。

图 2-18　2 自由度手腕的复合运动

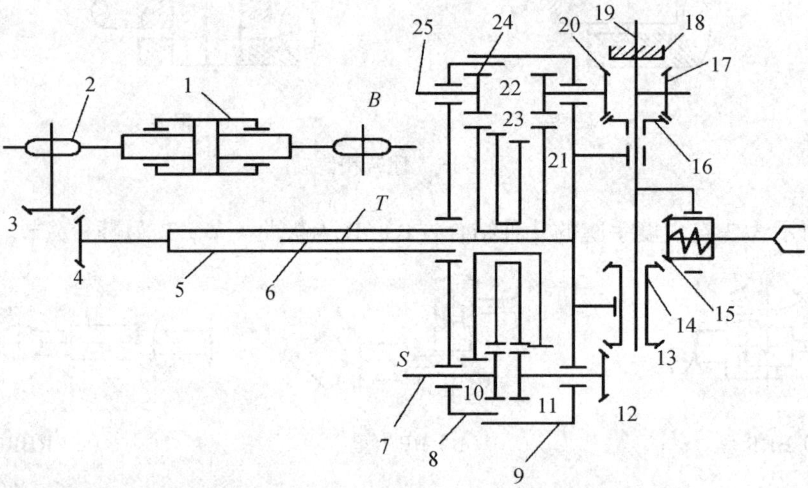

1—油缸；2—链轮；3，4—锥齿轮；5，6—花键轴 T；7—传动轴 S；8—腕架；9—行星架；
10，11，22，24—圆柱齿轮；12，13，14，15，16，17，18，20—锥齿轮；
19—摆动轴；21，23—双联圆柱齿轮；25—传动轴 B。

图 2-19　3 自由度手腕的复合运动

（二）手部结构的基本形式和特点

1．手部结构的基本形式

工业机器人的手部（hand）也叫作末端操作器（end-effector），它是装在工业机器人手腕上直接抓握工件或执行作业的部件，它的几种形式如图 2-20 所示。

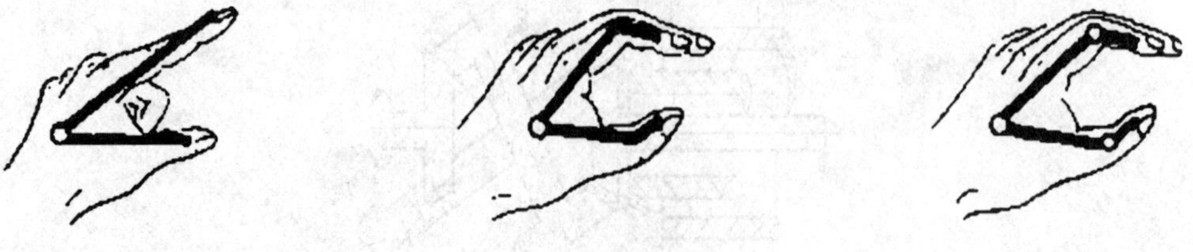

（a）无手指关节　　（b）固定手指关节　　（c）有手指关节

图 2-20　末端手部的几种形式

2．机械手常见类型和结构

工业机器人末端执行器大致可分为夹钳式、吸附式、仿生式等。

（1）机械手爪（夹钳式）。

机械手爪通常采用气动、液动、电动和电磁来驱动手指的开合，如图 2-21 所示。

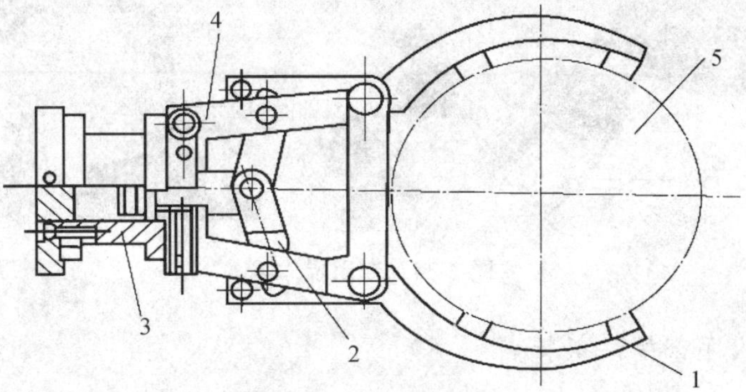

1—手指；2—传动机构；3—驱动装置；4—支架；5—工件。

图 2-21　夹钳式手部的组成

（2）磁力吸盘（吸附式）。

磁力吸盘有电磁吸盘（见图 2-22）和永磁吸盘两种。

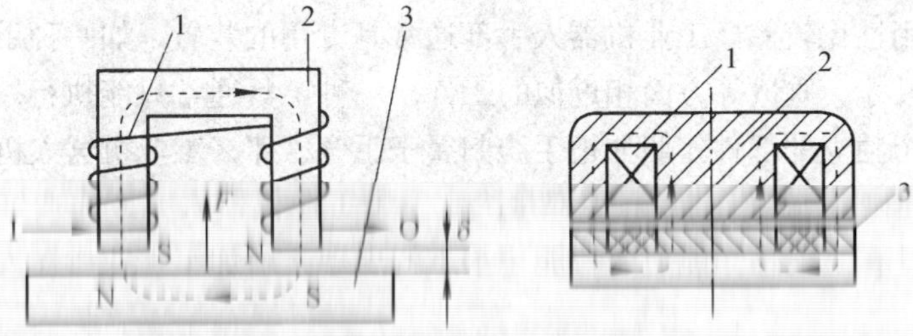

1—线圈；2—铁心；3—衔铁。

图 2-22　电磁工作原理

（3）仿生多指灵巧手（仿生式）。

仿生多指灵巧手（见图 2-23）能模仿人手指完成各种复杂动作，诸如拧螺钉、弹钢琴、做礼仪手势等。

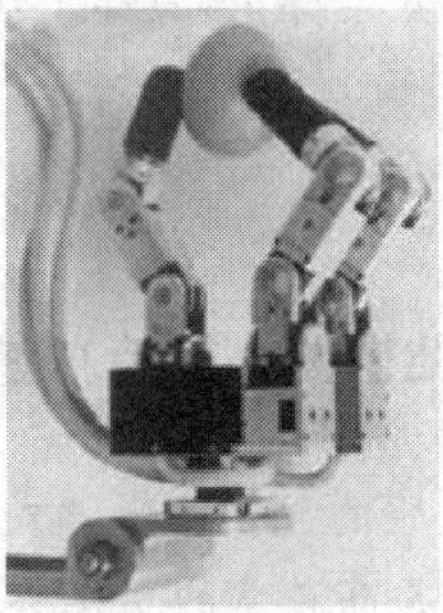

图 2-23　多指灵巧手

（4）专用操作器。

专用操作器（见图 2-24）也称作工具，是进行某种作业的专用工具，如机器人涂装用喷枪、机器人焊接用焊枪等。

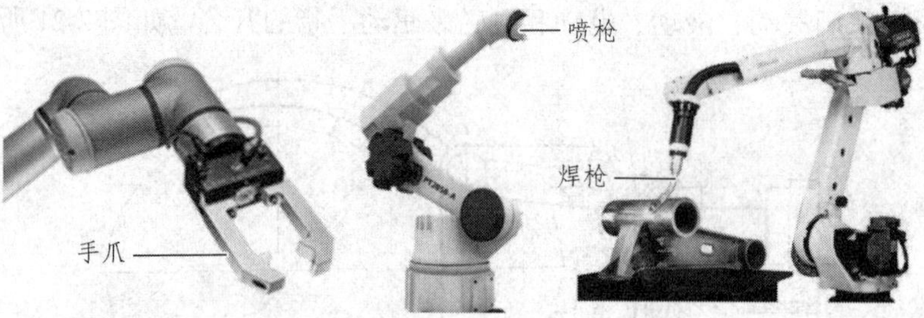

图 2-24　专用操作器

3．工业机器人手部的一般特点

（1）手部与手腕相连处可拆卸。手部与手腕有机械接口，当机器人作业对象不同时，可以方便地拆卸和更换手部。

（2）手部是工业机器人的末端操作器。它可以像人手那样具有手指，也可以是不具备手指的手；可以是类人的手爪，也可以是进行专业作业的工具，如装在机器人手腕的喷漆枪、焊接工具等。

（3）手部的通用性比较差。工业机器人手部通常是专用的装置，如一种手爪往往只能抓握一种或几种在形状、尺寸、质量等方面相近似的工件，一种工具通常只能执行一种作业任务。

（4）手部是一个独立的部件。假如把手腕归属于手臂，那么工业机器人机械系统的三大件就是机身、手臂和手部（末端操作器）。手部是决定整个工业机器人完成作业好坏、作业柔性好坏的关键部件之一。具有复杂感知能力的智能化手爪的出现，增加了工业机器人作业的灵活性和可靠性。

4．设计机械手时需要注意的问题

（1）手部设计需要考虑被抓握的对象物体的几何参数和机械特性、手爪和机器人的匹配、环境条件的适应等。

（2）手腕设计需要考虑机械手操作力（如最大抓举力）、速度（如最大操作速度）、大小、质量的限制、安全性（对发热或过负荷的安全性）、具体工作场合下动力源选择的方便性等。

知识拓展

工业机器人的技术参数

技术参数是不同工业机器人之间差距的直接表现形式，不同的机器人技术参数特点不同，对应了它们不同的应用范围。工业机器人是高精密的现代机械设备，参数众多，企业挑选工业机器人的时候应该着重注意哪些参数呢？

一、业机器人的运动自由度

描述物体相对于坐标系进行独立运动的数目称为自由度。物体在三维空间有 6 个自由度，如图 2-25 所示。机器人的自由度是指确定机器人手部在空间的位置和姿态时所需要的独立运动参数的数目，手指的开、合，以及手指关节的自由度一般不包括在内。机器人的自由度数通常等于关节数目。

自由度可以用机器人的轴数进行描述，机器人的轴数越多，自由度就越多，机械结构运动的灵活性就越大，通用性就越强。但是自由度增多，会使得机械臂结构变得复杂，而降低机器人的刚性。当机械臂上自由度多于完成工作所需要的自由度时，多余的自由度就可以为机器人提供一定的避障能力。目前大部分机器人都具有 3～6 个自由度，可以根据实际工作的复杂程度和障碍进行选择。

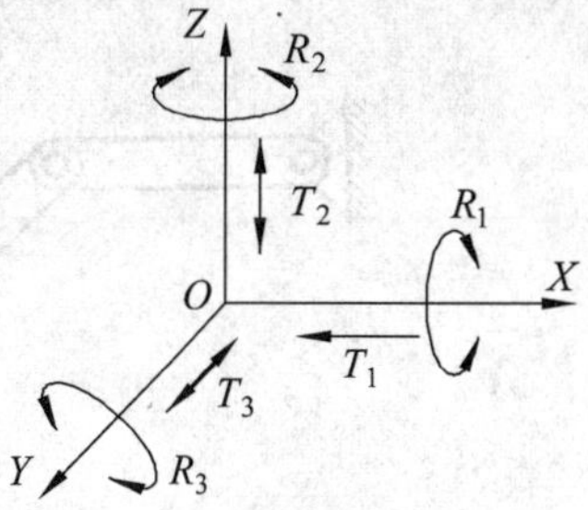

图 2-25　刚体三维空间自由度

二、工作空间的概念

工作空间（见图 2-26）指的是机器人操作机正常工作时，末端执行器（工具）坐标系的原点（TCP 点）能在空间活动的最大范围，或者说该点可以到达的所有点所占的空间体积。工作空间范围的大小不仅与机器人各连杆的尺寸有关，而且与机器人的总体结构形式有关。工作空间的形状和大小是十分重要的，机器人在执行某作业时可能会因存在手部不能到达的盲区（deadzone）而不能完成任务。

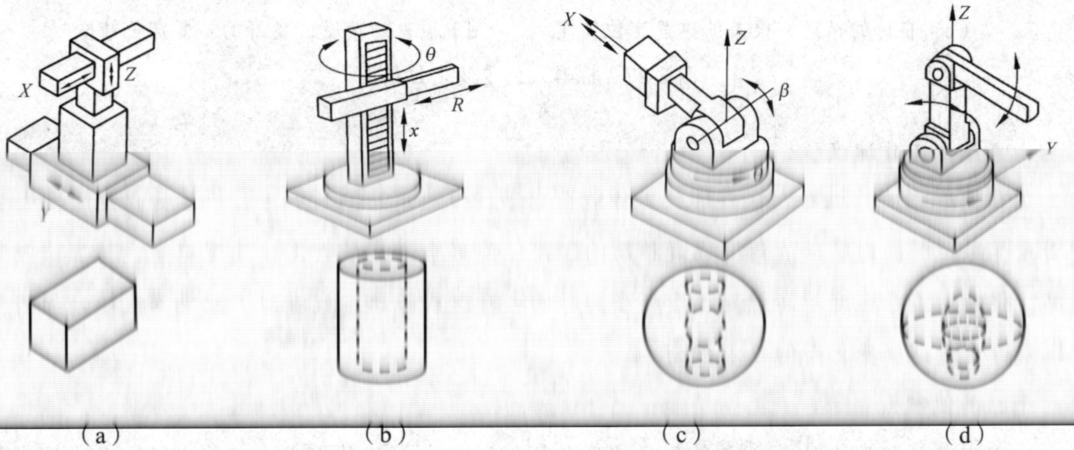

图 2-26　机器人的工作空间

三、承载能力

承载能力是指机器人在工作范围内的任何位置和姿态上所能承受的最大质量。承载能力不仅决定于负载的质量，而且与机器人运行的速度和加速度的大小和方向有关。为安全起见，承载能力这一技术指标是指高速运行时的承载能力。承载能力不仅包括负载质量，还包括机器人末端执行器的质量。

四、精　度

精度是一个位置量相对于参考系的绝对度量，指机器人手部或参考点实际到达位置与理论位置之间的差距。机器人的精度主要依存于机械误差、控制算法误差与分辨率系统误差。

五、重复定位精度

重复定位精度（见图 2-27）是关于精度的统计数据，是指在相同的运动位置指令下，机器人连续若干次相同运动轨迹间的度量。要求工业机器人的重复定位精度高于绝对定位精度。

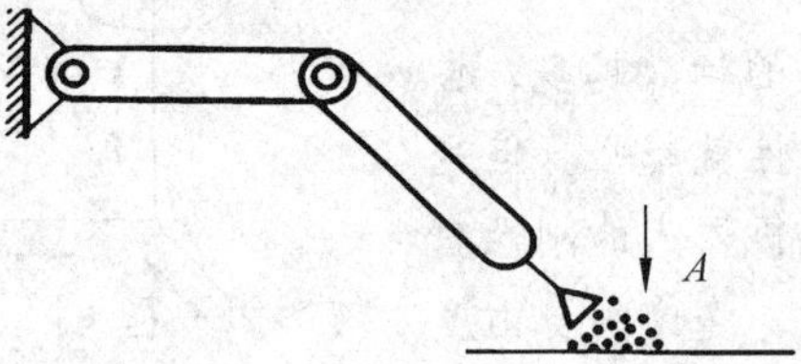

（a）重复定位精度的测定

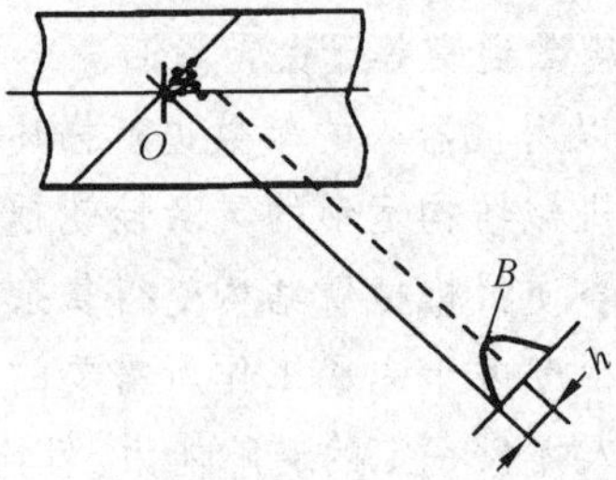

（b）合理的精度，良好的重复定位精度

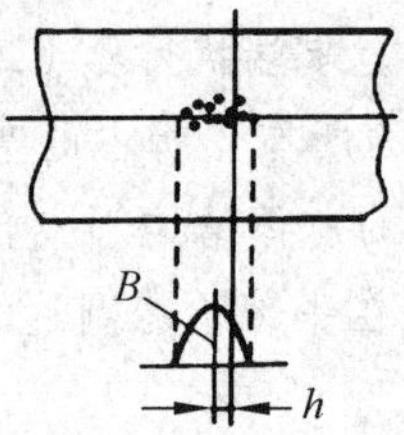

（c）良好的精度，很差的重复定位精度

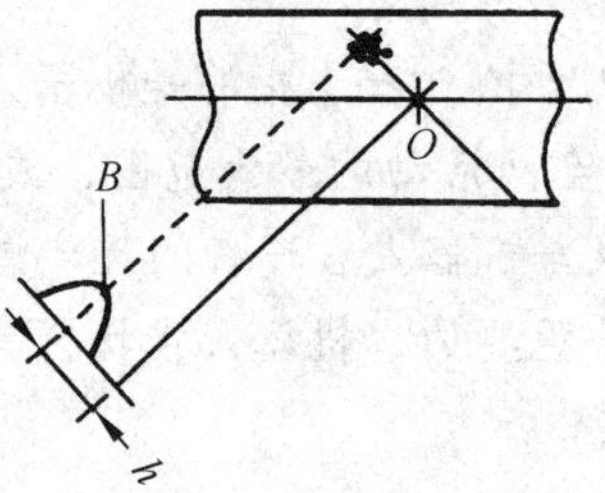

（d）很差的精度，良好的重复定位精度

图 2-27　机器人的重复定位精度

六、最大工作速度

工作速度指的是机器人在合理的工作载荷之下，匀速运动的过程中，机械接口中心或者工具中心点在单位时间内转动的角度或者移动的距离。简单来说，最大工作速度越高，其工作效率就越高。但是，工作速度越高就要花费更多的时间去升速或降速，或者对工业机器人最大加速度变化率及最大减速度变化率的要求更高。

七、其他参数

一个完整的机器人的技术参数和描述还包括控制方式、驱动方式、安装方式、动力源容量、本体质量、环境参数及安全注意事项等。

巩固练习

（1）描述关节机器人的优缺点。

（2）描述一下什么是 3R 手腕。

（3）什么是物体的自由度？什么是机器人的自由度？

模块二 工业机器人的驱动传动及行走结构

学习目标

（1）掌握工业机器人的驱动传动系统。

（2）了解机器人的行走机构。

知识导入

工业机器人驱动系统按动力源可分为液压、气动和电动三种基本类型。根据需要，可采用由三种基本驱动类型的一种或合成式驱动系统。液压驱动是利用油液作为工作介质传递运动，最终推动工作机工作，适用于重载，低速驱动的工业机器人。气动驱动是以压缩空气作为工作介质，适用于中小负载驱动、精度要求较低的有限点位程序控制机器人。电动驱动是利用电动机产生的力或力矩直接或通过减速机构等间接地驱动机器人的各个运动关节的驱动方式，它一般由电动机及其驱动器系统组成，适用于中小负载、要求具有较高的位置控制精度和轨迹控制精度、速度较快的机器人。

知识讲解

一、工业机器人的驱动与传动系统

（一）工业机器人的驱动装置

常见的工业机器人驱动系统如图 2-28 和表 2-1 所示。

（a）液压驱动

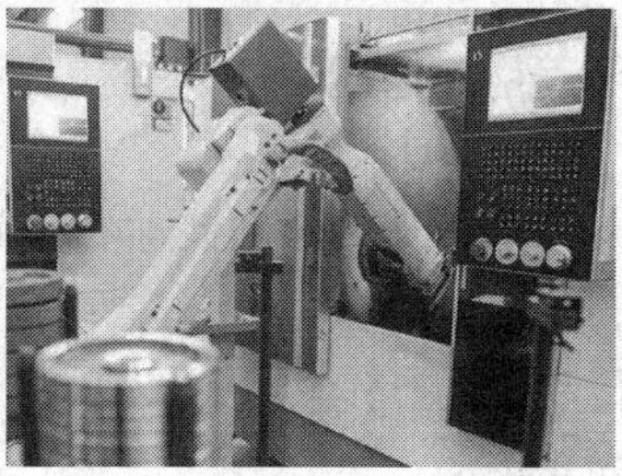

（b）气动驱动

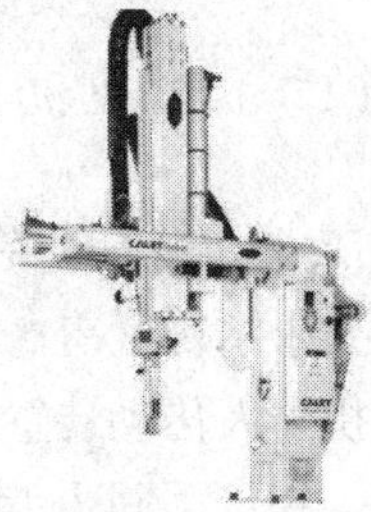

（c）电动驱动

图 2-28 工业机器人驱动系统

表 2-1 液压、气动、电动驱动的主要特点

内 容	驱动方式		
	液压驱动	气动驱动	电动驱动
输出功率	输出功率很大，压力为0.5~1.4 MPa	输出功率大，压力为0.48~0.6 MPa，最大可达1 MPa	较大
控制性能	利用液体的不可压缩性，控制精度较高，输出功率大，可无级调速，反应灵敏，可实现连续轨迹控制	气体压缩性大，精度低，阻尼效果差，低速不易控制，难以实现高速、高精度的连续轨迹控制	控制精度高，功率较大，能精确定位，反应灵敏，可实现高速、高精度的连续轨迹控制，伺服特性好，控制系统复杂
响应速度	很高	较高	很高
结构性能及体积	结构适当，执行机构可标准化、模块化，易实现直接驱动。功率/质量比大，体积小，结构紧凑，密封问题较大	结构适当，执行机构可标准化、模块化，易实现直接驱动。功率/质量比大，体积小，结构紧凑，密封问题较小	伺服电动机易于标准化，结构性能好，噪声低，电动机一般需配置减速装置，除DD电动机（直驱电动机）外，难以直接驱动，结构紧凑，无密封问题
安全性	防爆性能较好，用液压油作传动介质，在一定条件下有火灾危险	防爆性能好，高于1 000 kPa（10个大气压）时应注意设备的抗压性	设备自身无爆炸和火灾危险，直流有刷电动机换向时有火花，防爆性能较差
对环境的影响	液压系统易漏油，对环境有污染	排气时有噪声	无
在工业机器人中的应用范围	适用于重载，低速驱动。电液伺服系统适用于喷涂机器人、点焊机器人和托运机器人	适用于中小负载驱动、精度要求较低的有限点位程序控制机器人，如冲压机器人本体的气动平衡及装配机器人气动夹具	适用于中小负载、要求具有较高的位置控制精度和轨迹控制精度、速度较快的机器人，如AC伺服喷涂机器人、点焊机器人、弧焊机器人、装配机器人等
成本	液压元件成本较高	成本低	成本高
维修及使用	方便，但油液对环境温度有一定要求	方便	较复杂

（二）工业机器人的传动机构

工业机器人的传动装置与一般机械的传动装置的选用和计算大致相同。但工业机器人的传动系统要求结构紧凑、质量小、转动惯量和体积小，要求消除传动间隙，提高其运动和位置精度。工业机器人传动装置除齿轮传动、蜗杆传动、链传动和行星齿轮传动外，还常用滚珠丝杠、谐波齿轮、钢带、同步齿形带和绳轮传动。

1．直线传动机构

直线驱动机构通常有齿轮齿条装置、滚珠丝杠、液压传动、同步带滑台几类，如图 2-29 所示。

（a）齿轮齿条

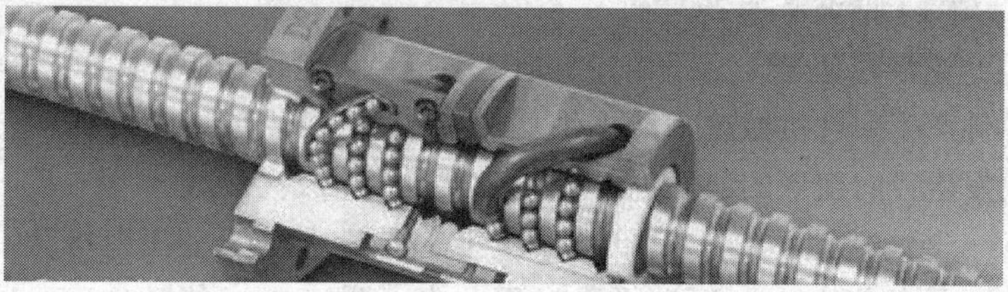

（b）滚珠丝杠

图 2-29　直线传动机构

2．旋转传动机构

旋转传动机构通常有轮系、同步齿形带、谐波减速器、RV 减速器等几类。

（1）轮系。

轮系是由两个或两个以上的齿轮组成的传动机构，它不但可以传递运动角位移和角速度，而且可以传递力和力矩，如图 2-30 所示。

图 2-30　轮系

（2）同步齿形带。

同步齿形带简称同步带（见图 2-31），也称正时带，它与常见的 V 带、平带等带传动方式相似，是一种挠性传动形式。同步齿形带是以钢丝绳或玻璃纤维绳为强力层，外面覆以聚氨酯或氯丁橡胶，带的内周制成齿形，使其与齿形带轮啮合。由于强力层承载后变形小，能保持齿形带的周节不变，故带与带轮间没有相对滑动，从而保证了同步传动，传动比恒定。

图 2-31　同步齿形带

（3）谐波减速器。

谐波减速器（见图 2-32）是利用行星齿轮传动原理发展起来的一种新型减速器，是依靠柔性零件产生弹性机械波来传递动力和运动的一种行星齿轮传动。它由固定的内齿刚轮、柔轮和使柔轮发生径向变形的波发生器三个基本构件组成。

谐波减速器结构简单、体积小、质量小；传动比范围大；同时啮合的齿数多，传动精度高，承载能力大；运动平稳、无冲击、噪声小；传动效率高，可实现高增速运动；可实现差速传动。

图 2-32　谐波减速器

（4）RV 减速器。

RV 减速器（见图 2-33）的传动装置采用是一种新型的二级封闭行星轮系，它是在摆线针轮传动基础上发展起来的一种新型传动装置。RV 减速器与机器人中常用的谐波减速器相比，具有较高的疲劳强度、刚度和寿命，而且回差精度稳定，高精度机器人传动装置多采用 RV 减速器。

RV 减速器传动比范围大，传动效率高；扭转刚度远大于一般摆线针轮减速器的输出机构；在额定转矩下，弹性回差小；传递同样转矩与功率时，RV 减速器较其他减速器体积小。

图 2-33　RV 减速器

（5）工业机器人的制动器。

许多机器人的机械臂都需要在各关节处安装制动器。其作用是，在机器人停止工作时，保持机械臂的位置不变；在电源发生故障时，保护机械臂和它周围的物体不发生碰撞。

制动器通常是按失效抱闸方式工作的，即要放松制动器就必须接通电源，否则，各关节不能产生相对运动，如图 2-34 所示。其缺点是在工作期间要不断花费电力使制动器放松。

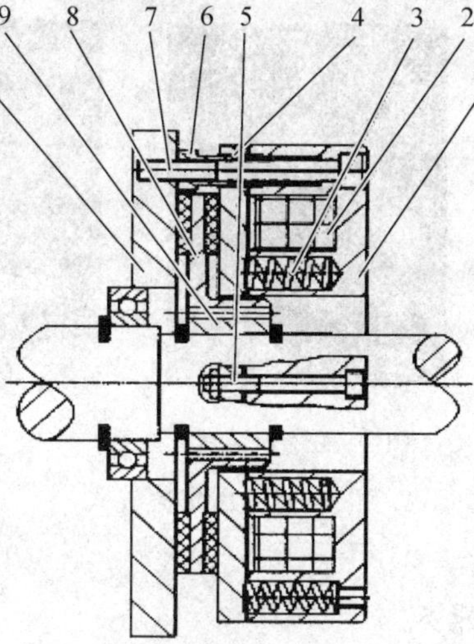

1—磁轭；2—线圈；3—弹簧；4—衔铁；5—释放螺栓；
6—空心螺栓；7—安装螺钉；8—制动盘；
9—花键套；10—电机端面。

图 2-34　电磁失电制动器

二、机器人的行走机构

行走机构是行走式机器人的重要执行部件，它由行走驱动装置、传动机构、位置检测元件、传感器、电缆及管路等组成。行走机构一方面支承机器人的机身、臂部和手部，因而必须具有足够的刚度和稳定性；另一方面，还需根据作业任务的要求，实现机器人在更广阔的空间内的运动。

行走机构按其运动轨迹可分为固定轨迹式和无固定轨迹式两类。固定轨迹式行走机构主要用于工业机器人，如横梁式机器人。无固定轨迹式行走机构根据其结构特点分为轮式行走机构、履带式行走机构和关节式行走机构等。在行走过程中，前两种行走机构与地面连续接触，其形态为运行车式，应用较多，一般用于野外、较大型作业场合，也比较成熟；后一种与地面间断接触，为模仿动物的腿脚式，该类机构正在发展和完善中。

（一）固定轨迹式机器人

在工业现场，为了实现机器人的固定轨迹式运动，可把工业机器人安装在一个单轴的长行程运动系统上（也被称为工业机器人第七轴或机器人附加轴），从而扩展了机器人的工作空间，如图 2-35 所示。

机器人行走轴，按安装方式可分为地装式、天吊式；按行走的轨迹可分为直线式、弧线式、直线弧线复合式。

（a）直线天吊式　　（b）直线地装式　　（c）弧线地装式

图 2-35　固定轨迹式

（二）无固定轨迹式机器人

无固定轨迹式行走机构根据其结构分为车轮式、履带式、步行式和其他方式。

1．车轮式

车轮式行走机构具有移动平稳、能耗小，以及容易控制移动速度和方向等优点，因此得到了广泛的应用，但这些优点只有在平坦的地面上才能发挥出来。目前应用的车轮式行走机构主要为三轮式或四轮式。

三轮机构的原理如图 2-36 所示。

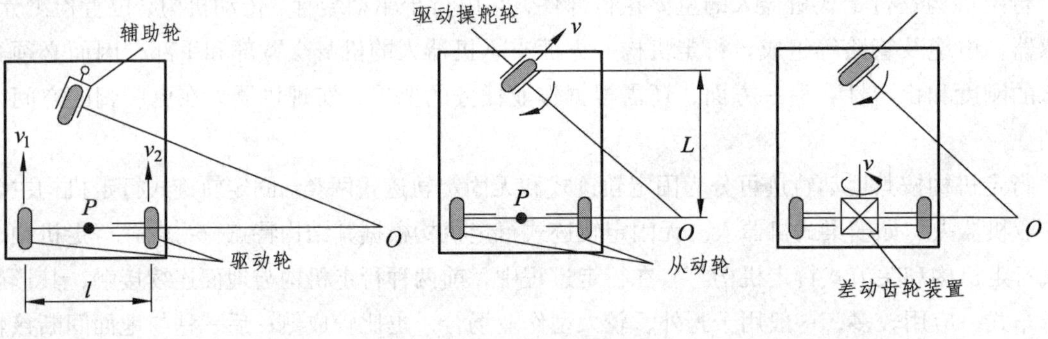

图 2-36　三轮机构的原理框图

四轮式行走机构也是一种应用广泛的行走机构，其基本原理类似于三轮式行走机构，如图 2-37 所示。

2．步行式

足式步行机构有两足、三足、四足、六足、八足等形式，其中两足步行机构具有最好的适应性，也最接近人类，故也被称为类人双足行走机器人，如图 2-38 所示。类人双足行走机构是多自由度的控制系统，是现代控制理论很好的应用对象。

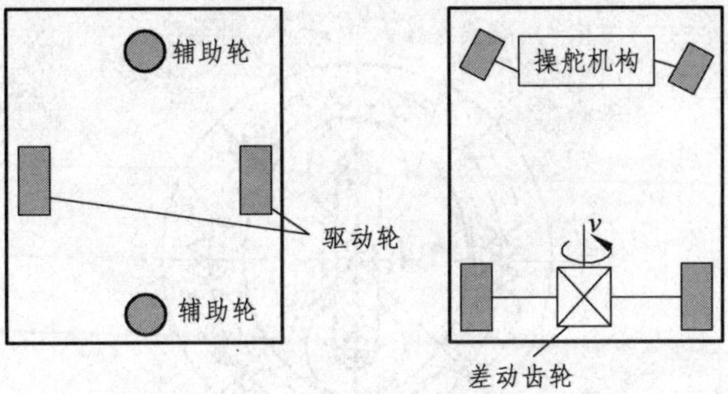

图 2-37　四轮车的驱动机构和运动

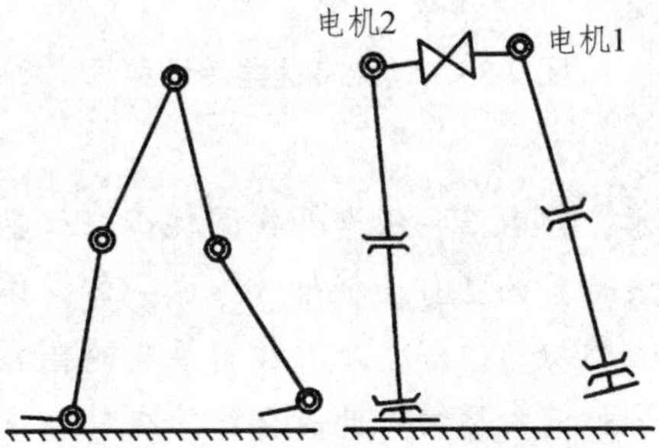

图 2-38　两足步行式行走机构原理图

3．履带式

履带式机构的最大特征是将圆环状的无限轨道带卷绕在多个车轮上，使车轮不直接与路面接触。利用履带可以缓和路面状态，因此可以在各种路面条件下行走。

知识拓展

工业机器人减速器传动原理

据行业专家及协会资料调研，在全球范围内，机器人行业应用的精密减速机可分为 RV 减速机、谐波减速机和 SPINEA 减速机，三者的市场销售占比约为 40%、40%、20%。其中，RV 减速器和谐波减速器是工业机器人最主流的精密减速器。

一、谐波减速器的传动原理

谐波减速器由具有内齿的刚轮、具有外齿的柔轮和波发生器组成，如图 2-39 所示。通常，波发生器为主动件，而刚轮和柔轮之一为从动件，另一个为固定件。

波发生器通常是呈椭圆形的凸轮，将凸轮装入薄壁轴承，再将它们装入柔轮内。此时柔轮由原来的圆形变成椭圆形，椭圆长轴两端的柔轮与刚轮轮齿完全啮合，形成啮合区；椭圆短轴两端的柔轮齿与刚轮齿处于完全脱开。在波发生器长轴和短轴之间的柔轮齿，沿柔轮周长的不同区段内，有的逐渐退出刚轮齿间，处在半脱开状态，称之为啮出；有的逐渐进入刚轮齿间，处在半啮合状态，称为啮入。

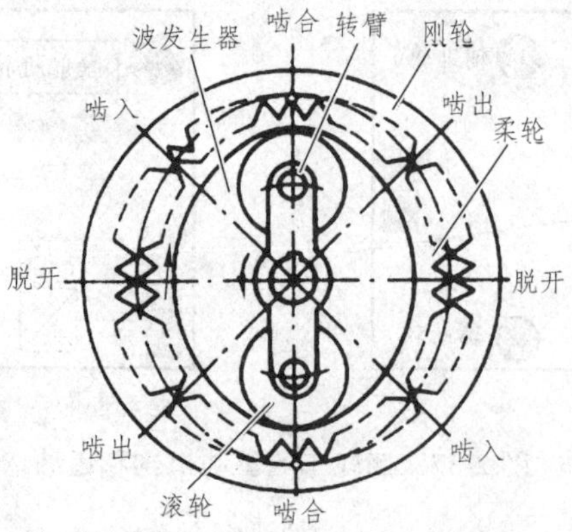

图 2-39　谐波减速器传动原理

二、RV 减速器的传动原理

RV 传动装置如图 2-40 所示，它由第一级渐开线圆柱齿轮行星减速机构和第二级摆线针轮行星减速机构两部分组成。渐开线行星轮 2 与曲柄轴 3 连成一体，作为摆线针轮传动部分的输入。如果渐开线中心轮 1 沿顺时针方向旋转，那么渐开线行星齿轮在公转的同时还进行逆时针方向自转，并通过曲柄轴带动摆线轮进行偏心运动，此时摆线轮在其轴线公转的同时，还将在针齿的作用下反向自转，即顺时针转动。同时通过曲柄轴将摆线轮的转动等速传给输出机构。

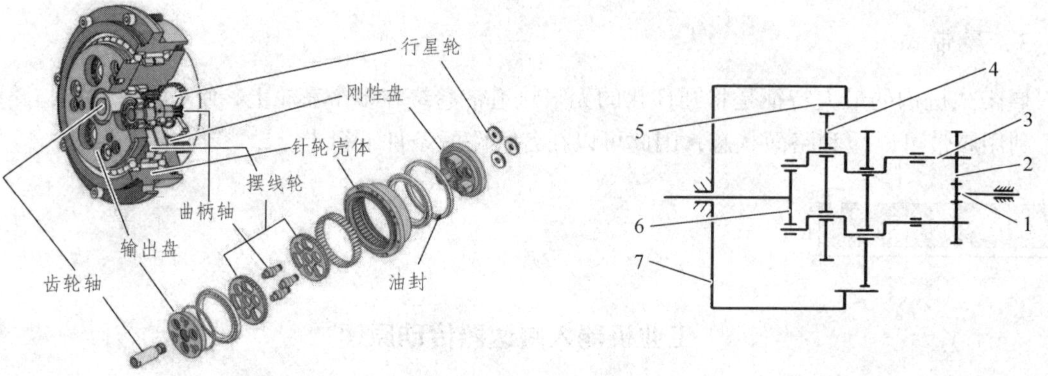

（a）结构图　　（b）传动简图

1—渐开线中心轮；2—渐开线行星轮；3—曲柄轴；4—摆线轮；5—针轮；6—输出盘；7—壳体。

图 2-40　RV 传动装置

RV 减速机较机器人中常用的谐波传动具有高得多的疲劳强度、刚度和寿命，而且回差精度稳定。因此在关节型机器人中，一般将 RV 减速器放置在机座、大臂、肩部等重负载的位置，将谐波减速器放置在小臂、腕部或手部。行星减速器一般用在直角坐标机器人上。

巩固练习

（1）工业机器人的驱动方式有哪些？各有什么特点？

（2）机器人的行走机构有哪些？各有什么特点？

模块三 工业机器人半实物仿真——机械臂认知

学习目标

（1）了解乐幻索尔机械臂的构成、特点。

（2）学会设计机械臂的简单参数设计及运动设计。

（3）对工业机器人的构成有一定认知。

任务导入

机械臂（见图 2-41）是机器人技术领域中使用最广泛的自动机械装置。它被广泛应用在工业制造、医疗、娱乐服务、军事、半导体制造和太空探索中。虽然它们的形状不同，但都具有共同的特征，即它们可以接受指令并准确地定位到三维（或二维）空间中的点以进行操作。

图 2-41　机械臂

知识讲解

一、设备简介

1．LSC-6 开发套件简介

LSC-6 开发套件是一款配备金属支架、大轴承旋转底座、大扭力数字舵机的机械臂，最高配置可以抓取 500 g 物体。它集教育、实验、展示于一体，是一款专为教育而生的机械臂产品。它采用 LEONARDO 控制器控制，并提供完善的源码、二次开发资料和课程。它支持 PC（个人计算机）端和手机端控制和动作编辑，而且教程和开发资料非常详细。

2．机械臂信息

（1）机械臂外形如图 2-42 所示。

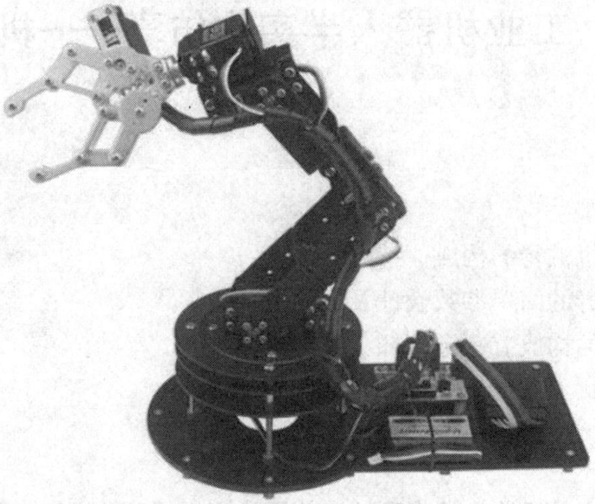

图 2-42　乐幻索尔机械臂

（2）机械臂参数（见图 2-43）。

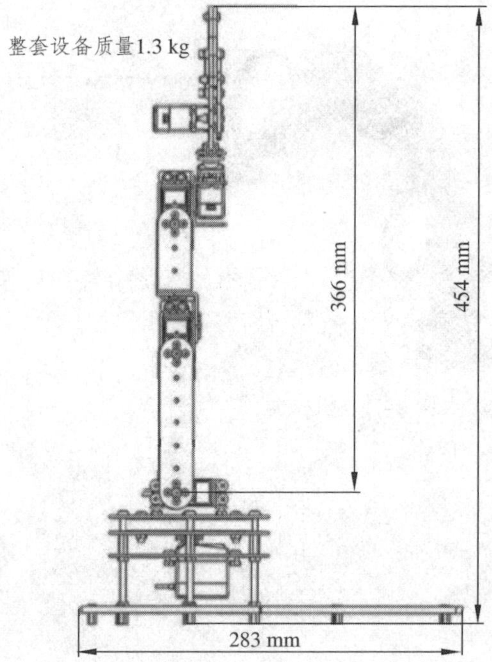

产品名称：LSC-6 开发套件

数字舵机扭矩：1.96 N · m

结构材质：硬铝合金

续航时间：90 min

机械臂机体重量：1.3 kg

关节活动角度：180°

图 2-43　机械臂参数

二、设置和使用

1．总体认识

在使用前，要先熟悉机械臂的组成（见图 2-44），并根据安装说明完成机械臂安装。注意事项：

（1）电源开关只能控制电池电源的通断，不可控制外接电源的通断。在接上外接电源的情况下，无论开关是否打开控制板都会通电。

（2）当电源接通后，“Power”灯亮起。当电压低于一定值，电池需要充电时，会发出滴滴声提示及时充电。

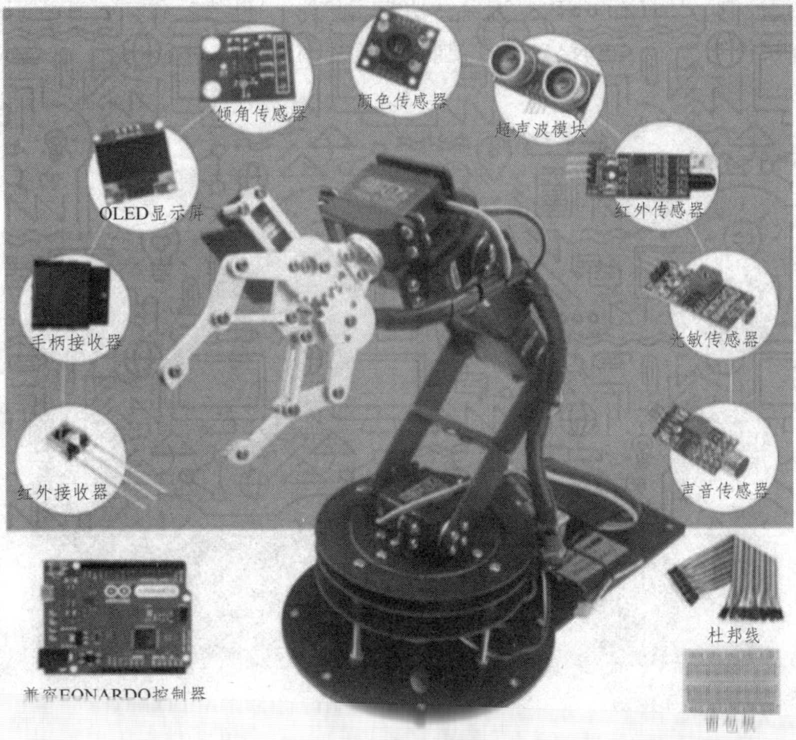

图 2-44　机械臂组成

2．主要结构介绍

（1）控制系统。

控制系统中的关键组成是 6 路蓝牙舵机控制板和 LEONARDO 控制器，如图 2-45 所示。

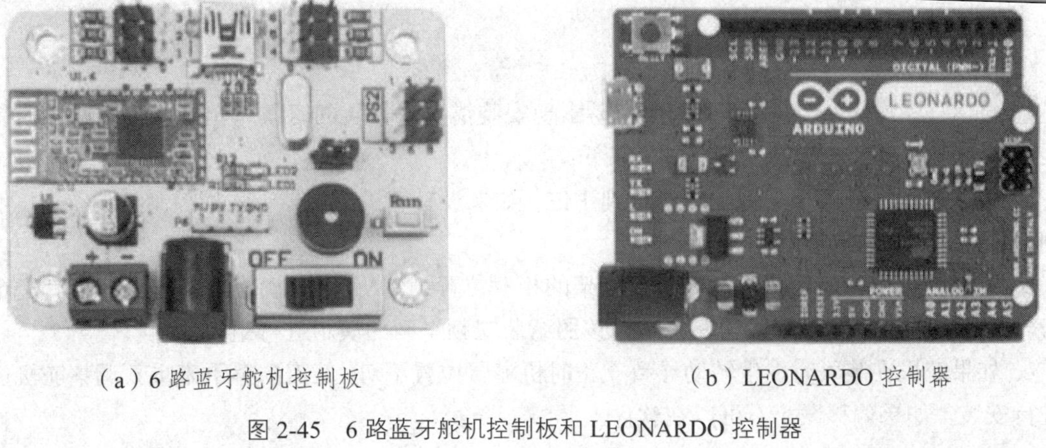

（a）6 路蓝牙舵机控制板　　（b）LEONARDO 控制器

图 2-45　6 路蓝牙舵机控制板和 LEONARDO 控制器

6 路蓝牙舵机控制板将蓝牙内置，可以支持手机遥控机械臂，只要连接了计算机就可以实现图形化编程，同时支持手柄遥控，其接口简单，布线方便，可以实现低压报警功能。此外，6 路蓝牙舵机控制板还带有 6 路过流保护，保护舵机不被烧坏。

LEONARDO 控制器拥有 32 KB 程序存储空间，2.5 KB 运行内存以及 20 个数字 IO 接口，不仅支持 USB 通信控制，还具有 USB 过流保护功能。此外，还支持 AC-DC 适配器供电。

6 路蓝牙舵机控制板和 LEONARDO 控制器的接线如图 2-46 所示。

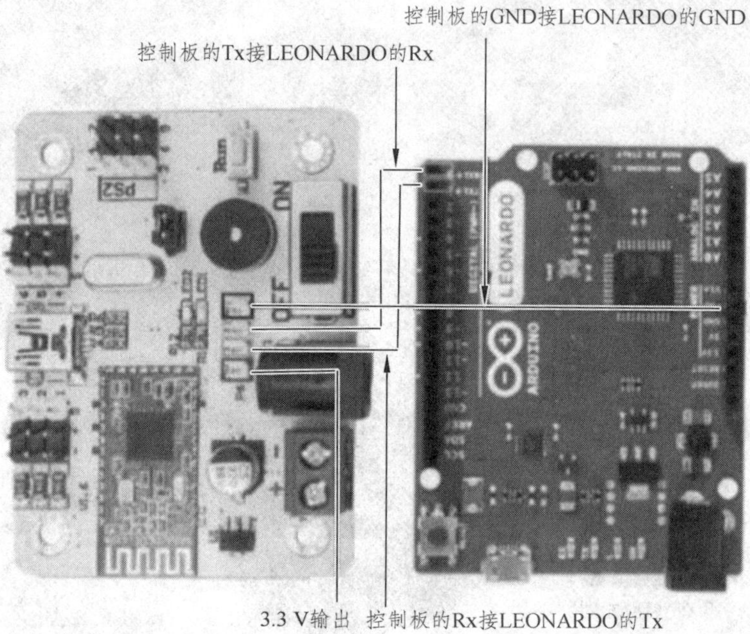

图 2-46　6 路蓝牙舵机控制板和 LEONARDO 控制器的接线

（2）编程界面及手机端操控界面

LSC-6 开发套件的机械臂动作编程界面和手机端操控界面如图 2-47 所示。

（3）安装注意事项。

① 如果购买的是成品，直接将电池的黑色接口对接上，机械臂即可通电（见图 2-48）。如果是散件，先将降压芯片接入蓝色电源段子接口，黑色接负极，红色接正极，然后再与电池接口对接上。

② 如果是成品，可略过第③步。

③ 如果是散件，尤其是新手，很容易出现安装错误。安装的时候一定要根据教师的讲解及组装视频教程的提示来组装。关键提示如下：

a. 组装过程中舵机角度一定要调整到中位，如果没有舵机测试器，就用控制板调整，将舵机调到 P 值为 1 500 的位置。

b. 在组装过程中一定要注意舵机与支架的相对位置，装入舵机时舵机的输出轴（也就是带金属齿轮的那一端）不能发生转动。请严格按照组装视频里面的演示进行组装。

c. 如果舵机在装入时发生转动导致立正时机械臂位置不对，就需要拆下来重新调整舵机位置再进行安装。如果偏移微小，可以在软件上调整。

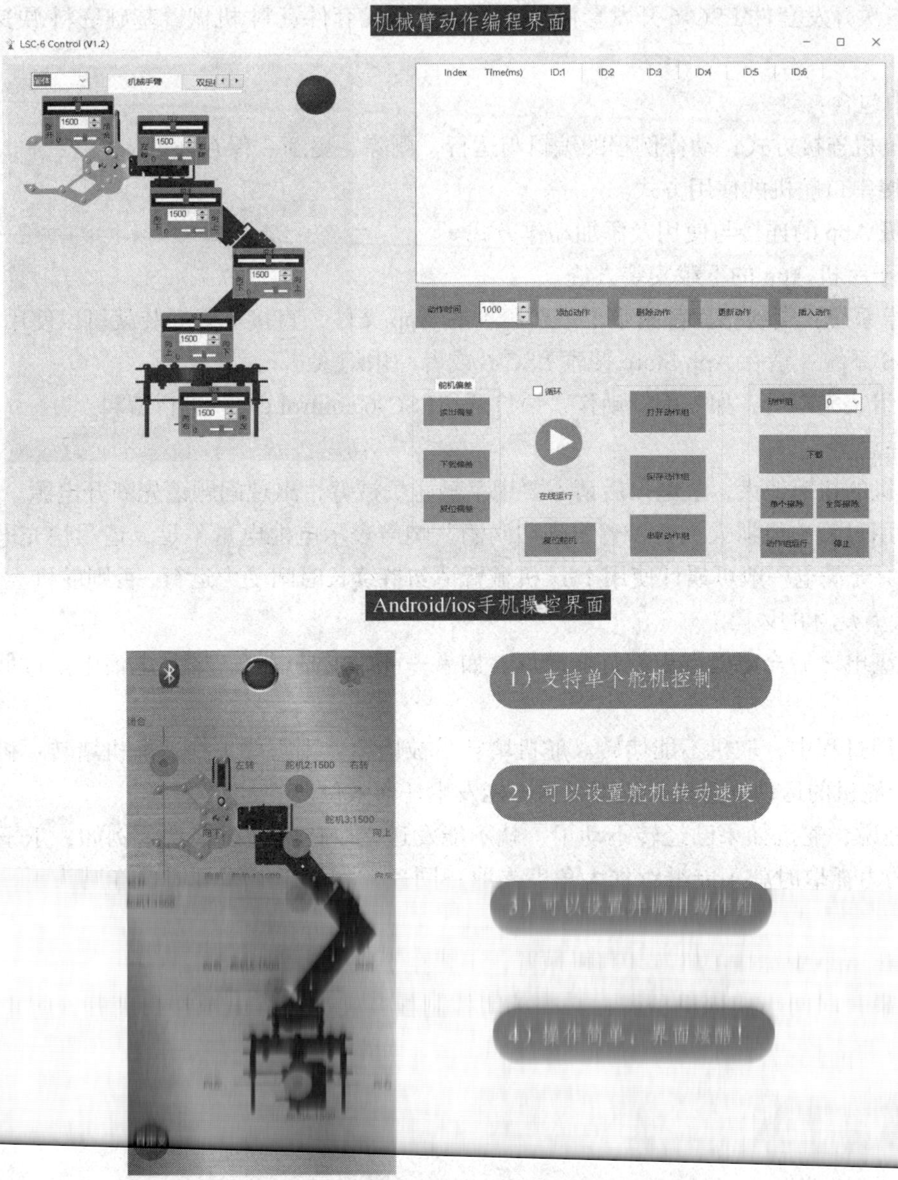

图 2-47　机械臂动作编程界面和手机端操控界面

图 2-48　电池的黑色接口连接

（4）使用说明。

① 可以根据视频教程快速入门，乐幻索尔提供的资料里面有关于机械臂的详细介绍。（路径

为 LSC-6 二次开发套件\LSC-6 开发套件资料\LSC-6 开发套件资料\机械臂基础资料\快速入门视频教程）

资源中包含：

a. 上位机连接方式；动作例程的编辑与运行、删除、更新、保存。

b. 连接串口舵机的使用方式。

c. 手机 App 的连接与使用及添加动作方式。

② 关于手机 App 的下载安装方法

a. 安卓系统：资料里面都附带了最新版本的 App 文件，直接下载安装就可以使用。

b. IOS 系统：请在 App Store 搜索 LSC-6 或者“乐幻索尔”。

③ 在组装完毕后，如需编辑动作，请打开“LSC-6 control.exe”进行编辑。

（5）注意事项。

① 舵机的扭矩较大，上电以后请不要用手触碰机械臂，出现问题请先断开电源。

② 使用过程中机器人或机械臂出现“滴滴”响声表示电池电量不足，请尽快充电。一般充电 2 h 左右。充满电一般可累计使用 1 h。机械臂请勿持续长时间受力运行，否则舵机会慢慢发热，时间一长会有烧坏的风险。

③ 充满电之后充电器会由红灯变绿灯。如果一开始就是绿灯，即为电池电量过低，请先充电至少 2 h。

④ 使用过程中，舵机不能堵转。舵机堵转易被烧坏，则需要更换。舵机堵转：机器人运动的关键在于舵机的运动，运动时物理结构不能发生任何限位。

也就是说，舵机如果已经转不动了，就不能发送指令让其继续转动。例如，爪子夹取，已经是合适的力抓取时就不能继续加大角度夹取；同理，如果爪子张开时已经到头了，就不能继续张开。

⑤ 请在 App 中连接手机蓝牙与机械臂，不要在手机设置中连接。

⑥ 如果长时间不使用机械臂，必须关闭控制板开关，再将电池接口断开，防止电池亏电损坏。

知识拓展

机械臂常见问题及处理

问：机械臂设有操作，为什么一直滴滴响？

答：首先检查控制板是否接上了锂电池，仅接上 USB 线供电是不行的。接上锂电池后如果还滴滴响，说明锂电池没电，请给锂电池充电至少 2 h。

问：机械臂能不能一边充电一边使用？

答：不可以，请充完电再使用，否则会造成电池损坏。

问：机械臂手机控制不了，手机蓝牙连接不上？

答：请确保手机安卓系统的版本在 4.4 以上，请在手机 App 中连接蓝牙，不要在外部连接。

如果仍连接不上，请退出后清理后台重新连接。如果为苹果系统，直接在App store 中搜索LSC-6。

问：为什么机械爪在抖动？

答：请观察爪子是轻微抖动还是剧烈抖动。如果是轻微抖动，属正常现象。因为爪子舵机是耐烧舵机，加了耐烧保护，会有轻微的抖动和声音，可正常使用。

问：为什么舵机很烫？

答：此情况多见于机械爪，因为机械爪舵机很容易堵转。如没有堵转，请先断电，手动开合机械爪看是否顺畅，如不顺畅可以检查是否是某个关节螺丝太紧，松动一下即可。

问：为什么有个关节控制不了？

答：请检查下舵机接口，延长线接口是否松动，一般把线插紧就可以了。如果依然不行，可以调换到其他接口尝试。

问：为什么上位机一直显示未连接？

答：控制板是免驱的，在连上计算机以后计算机会自动安装驱动，一般需要 2 min，请耐心等待。如果还是无法连接，请更换计算机 USB 端口再试。

问：为什么立正以后机械臂不是笔直的状态？

答：舵机在发货前已调整到了中位。需要严格按照安装教程的说明去安装。此种情况多为安装时舵机的角度发生了转动，如果偏位不大，在上位机软件上调整偏差即可。如果偏移较大，需要拆卸舵机重新调整角度，重新安装。具体调整方法请注意老师讲解。

巩固练习

（1）练习机械臂接线并调整偏差。

（2）编写机械臂动作程序并串联动作，使机械臂能够夹取小正方体。

（3）练习机械臂运动组的下载运行及删除。

（4）练习机械臂运动组脱机运行。

学习情境三

工业机器人的运动与轨迹

模块一 工业机器人的运动学和动力学

学习目标

（1）理解工业机器人的位置姿态（位姿）描述和齐次变换。

（2）掌握齐次坐标和齐次变换矩阵的运算。

（3）理解连杆参数、连杆变换和运动学方程的求解。

（4）了解研究动力学的内容及方法，理解速度和力的雅可比矩阵。

知识导入

工业机器人实际上是一系列关节连接起来的连杆，工业机器人关节轴可看成一个开式运动链，它由一系列连杆通过转动或移动关节串联而成。开链的一端固定在基座上，另一端是自由的，安装着工具，用以操作物体，完成各种作业。关节由驱动器驱动，关节的相对运动导致连杆的运动，使手爪到达所需的位姿。在轨迹规划时，最重要的是末端执行器相对于固定参考系的空间描述。

为了研究工业机器人各连杆之间的位移关系，可在每个连杆上固接一个坐标系，然后描述这些坐标系之间的关系。德纳维（Denavit）和哈登伯格（Hartenberg）提出一种通用方法，用一个 4 ×4 的齐次变换矩阵描述相邻两连杆的空间关系，从而推导出“手爪坐标系”相对于“参考系”的等价齐次变换矩阵，建立出操作臂的运动方程，称为 D-H 阵法。

机器人运动学主要是把机器人相对于固定参考系的运动作为时间的函数进行分析研究，而不考虑引起这些运动的力和力矩，将机器人的空间位移解析表示为时间的函数，特别是研究机器人关节变量空间和机器人末端执行器位置和姿态之间的关系。

常见的机器人运动学问题可归纳如下：

（1）运动学正问题是已知杆件几何参数和关节角矢量，求机器人末端执行器相对于参考坐标系的位置和姿态。

（2）运动学逆问题是已知机器人杆件的几何参数，给定机器人末端执行器相对于参考坐标系的期望位置和姿态，机器人能否使其末端执行器达到这个预期的位姿。

机器人动力学方程的求解可分为两种不同性质的问题：

（1）已知机器人各执行器的驱动力或力矩，求解机器人关节变量在关节变量空间的轨迹或末端执行器在笛卡儿空间的轨迹，这称为机器人动力学方程的正面求解，简称为正动力学问题。

（2）已知机器人在关节变量空间的轨迹或末端执行器在笛卡儿空间的轨迹，求解机器人各执行器的驱动力或力矩，这称为机器人动力学方程的反面求解，简称为逆动力学问题。

知识讲解

一、工业机器人位姿描述

以工业机器人为例，它实际上是由一系列关节连接起来的连杆组成，把坐标系放在机器人的每一个连杆的关节上，可用齐次变换来描述这些坐标系间的相对位置和姿态方向，如图 3-1 所示。

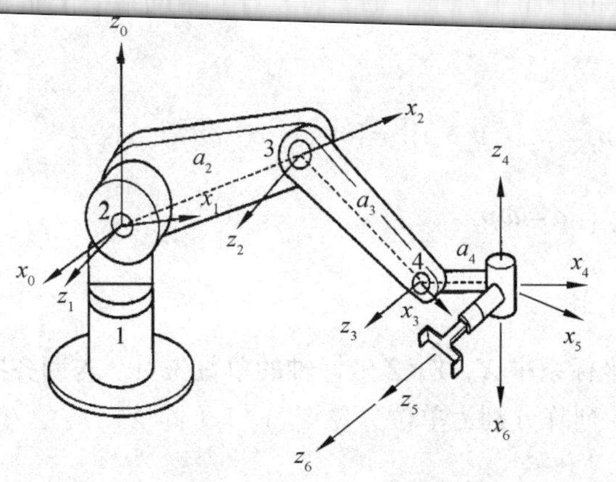

图 3-1　机器人位姿态图

1．点的位置描述

在选定的直角坐标系$\{A\}$中，空间任一点P的位置可用（3×1）列矩阵（或称三维列向量）${}^{A}\boldsymbol{P}$表示，其左上标代表选定的参考坐标系，如图 3-2 所示。

$$
{}^{A}\boldsymbol{P}=\begin{bmatrix} p_x \\ p_y \\ p_z \end{bmatrix} \tag{3-1}
$$

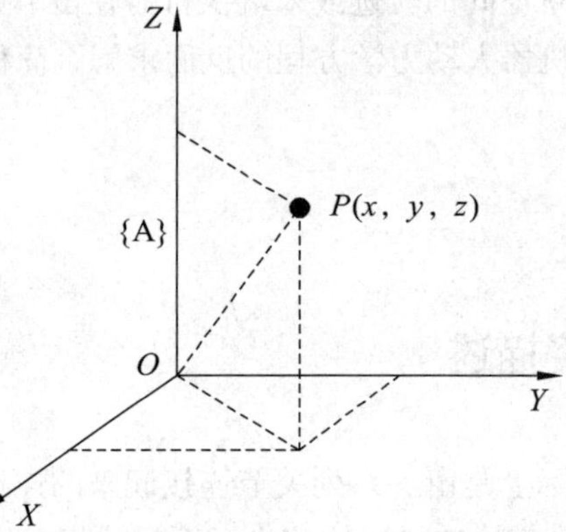

图 3-2　空间任意点的参考坐标系

2．点的齐次坐标

用 4 个数组成（4×1）列矩阵（或称四维列向量）表示三维空间直角坐标系$\{A\}$中点$\boldsymbol{P}$，则该列阵称为三维空间点$\boldsymbol{P}$的齐次坐标。

$$
\boldsymbol{P}=\begin{bmatrix} p_x \\ p_y \\ p_z \end{bmatrix} \tag{3-2}
$$

必须注意，齐次坐标的表示不是唯一的。将其各元素同乘一个非零因子后，仍然代表同一点$\boldsymbol{P}$，即

$$
\boldsymbol{P}=[p_x \quad p_y \quad p_z \quad 1]^{\mathrm{T}}=[a \quad b \quad c \quad \omega]^{\mathrm{T}} \tag{3-3}
$$

式中　$a=\omega p_x$，$b=\omega p_y$，$c=\omega p_z$。

3．坐标轴方向的描述

i、j、k 分别是直角坐标系中X、Y、Z坐标轴的单位矢量。若用齐次坐标来描述X、Y、Z轴，则定义下面 3 个（4×1）列阵分别为单位矢量 i、j、k（即X、Y、Z坐标轴）的方向列阵，如图 3-3 所示。

$$\begin{aligned} i &= [1 \quad 0 \quad 0 \quad 0]^T \\ j &= [0 \quad 1 \quad 0 \quad 0]^T \\ k &= [0 \quad 0 \quad 1 \quad 0]^T \end{aligned} \tag{3-4}$$

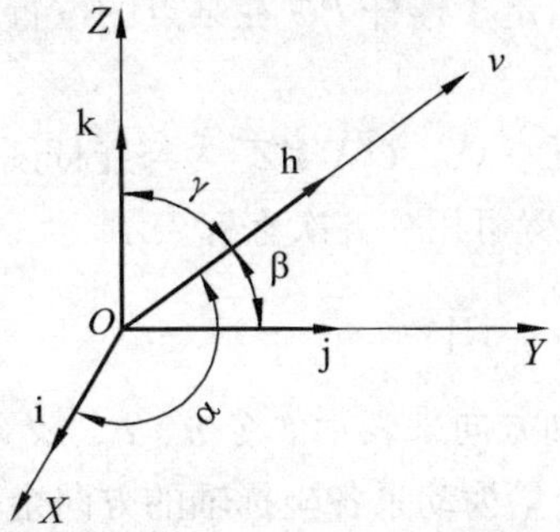

图 3-3　直角坐标系中的单位向量

若（4×1）列矩阵 $(a \quad b \quad c \quad \omega)^T$ 中第 4 个元素不为零，则表示空间某点的位置。

图 3-3 中，矢量 v 的单位矢量 h 的方向列阵为

$$h=[a \quad b \quad c \quad 0]^T=[\cos\alpha \quad \cos\beta \quad \cos\gamma \quad 0]^T \tag{3-5}$$

当把单位向量沿着坐标原点在空间旋转一定角度，不与 X、Y、Z 坐标轴重合，用 $\boldsymbol{n}$，$\boldsymbol{o}$，$\boldsymbol{\alpha}$ 来表示直角坐标系中 X，Y，Z 坐标轴的单位向量（方向余弦），用三个相互垂直的单位向量来表示一个中心位于参考坐标系原点的坐标系，分别为 $\boldsymbol{n}$，$\boldsymbol{o}$，$\boldsymbol{\alpha}$，如图 3-4 所示。这样坐标系就可以由三个向量以矩阵的形式表示为

$$n=\begin{bmatrix} n_x \\ n_y \\ n_z \\ 0 \end{bmatrix} \quad o=\begin{bmatrix} o_x \\ o_y \\ o_z \\ 0 \end{bmatrix} \quad \alpha=\begin{bmatrix} \alpha_x \\ \alpha_y \\ \alpha_z \\ 0 \end{bmatrix} \tag{3-6}$$

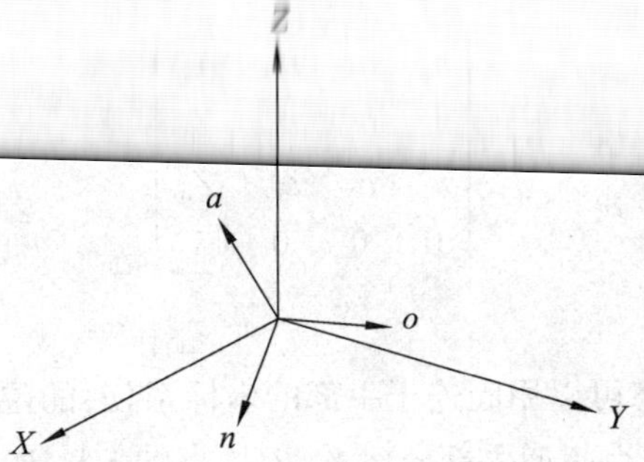

图 3-4　不重合与坐标轴的单位向量

4．动坐标系位姿的描述

在机器人坐标系中，运动时相对于连杆不动的坐标系称为静坐标系，简称静系；跟随连杆运动的坐标系称为动坐标系，简称动系。动系位置与姿态的描述称为动系的位姿表示，是对动系原点位置及各坐标轴方向的描述。

（1）连杆的位姿表示。

机器人的每一个连杆均可视为一个刚体，若给定了刚体上某一点的位置和该刚体在空间的姿态，则这个刚体在空间上是唯一确定，可用唯一一个位姿矩阵进行描述。

如果有一个机器人的连杆，给定了连杆 PQ 在某点的位置和该连杆在空间的姿态，则称该连杆在空间是完全确定的。

如图 3-5 所示，O' 为连杆上任一点，$O'X'Y'Z'$ 为与连杆固接的一个动坐标系，即为动系。连杆 PQ 在固定坐标系 $OXYZ$ 中的位置可用一齐次坐标表示

$$\boldsymbol{P}=[X_0 \quad Y_0 \quad Z_0 \quad 1]^{\mathrm{T}} \tag{3-7}$$

连杆的姿态可由动系的坐标轴方向来表示。令 $\boldsymbol{n}$、$\boldsymbol{o}$、$\boldsymbol{\alpha}$ 分别为 X'、Y'、Z' 坐标轴的单位矢量，各单位方向矢量在静系上的分量为动系各坐标轴的方向余弦，以齐次坐标形式分别表示为

$$\begin{aligned}\boldsymbol{n}&=[n_x \quad n_y \quad n_z \quad 0]^{\mathrm{T}}\\ \boldsymbol{o}&=[o_x \quad o_y \quad o_z \quad 0]^{\mathrm{T}}\\ \boldsymbol{\alpha}&=[\alpha_x \quad \alpha_y \quad \alpha_z \quad 0]^{\mathrm{T}}\end{aligned} \tag{3-8}$$

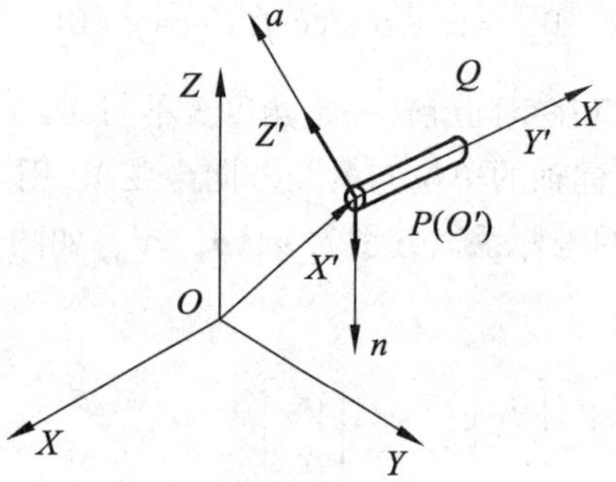

图 3-5　连杆的位姿态表示

由此可见连杆的位置可用下述齐次矩阵表示

$$\boldsymbol{d}=[\boldsymbol{n} \quad \boldsymbol{o} \quad \boldsymbol{\alpha} \quad \boldsymbol{P}]=\begin{bmatrix} n_x & o_x & \alpha_x & X_0 \\ n_y & o_y & \alpha_y & Y_0 \\ n_z & o_z & \alpha_z & Z_0 \\ 0 & 0 & 0 & 1 \end{bmatrix} \tag{3-9}$$

（2）手部的位姿表示。

机器人手部的位置和姿态可以用固连于手部的坐标系$\{B\}$的位姿来表示，如图 3-6 所示。手部的位置矢量为固定参考系原点指向手部坐标系$\{\boldsymbol{B}\}$原点的矢量 $\boldsymbol{P}$，手部的方向矢量为 $\boldsymbol{n}$、$\boldsymbol{o}$、$\boldsymbol{\alpha}$。于是手部的位姿可用 4×4 矩阵表示为

$$\boldsymbol{T}=[\boldsymbol{n} \quad \boldsymbol{o} \quad \boldsymbol{\alpha} \quad \boldsymbol{P}]=\begin{bmatrix} n_X & o_X & \alpha_X & P_X \\ n_Y & o_Y & \alpha_Y & P_Y \\ n_Z & o_Z & \alpha_Z & P_Z \\ 0 & 0 & 0 & 1 \end{bmatrix} \tag{3-10}$$

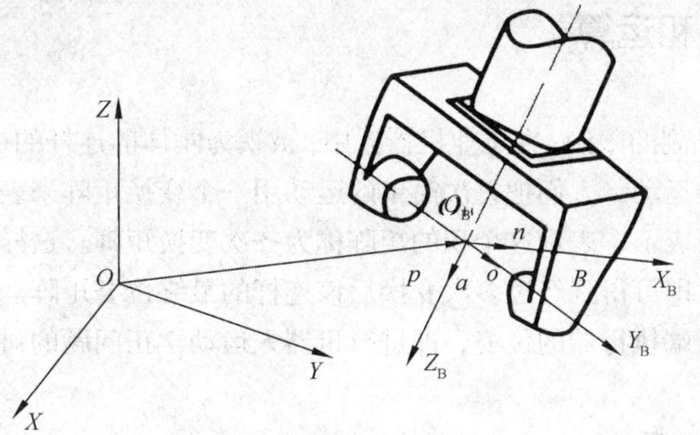

图 3-6 手部的位姿表示

（3）目标物位姿的描述。

设有一楔块 Q 如图 3-7 所示，坐标系 $OXYZ$ 为固定坐标系，坐标系 $O'X'Y'Z'$ 为与楔块 Q 固连的动坐标系。在图 3-7（a）情况下，动坐标系 $O'X'Y'Z'$ 与固定坐标系 $OXYZ$ 重合。楔块 Q 的位置和姿态可用 6 个点的齐次坐标来描述，其矩阵表达式为

$$\boldsymbol{Q}=\begin{bmatrix} A & B & C & D & E & F \\ 1 & -1 & -1 & 1 & 1 & -1 \\ 0 & 0 & 0 & 0 & 4 & 4 \\ 0 & 0 & 2 & 2 & 0 & 0 \\ 1 & 1 & 0 & 1 & 1 & 1 \end{bmatrix} \tag{3-11}$$

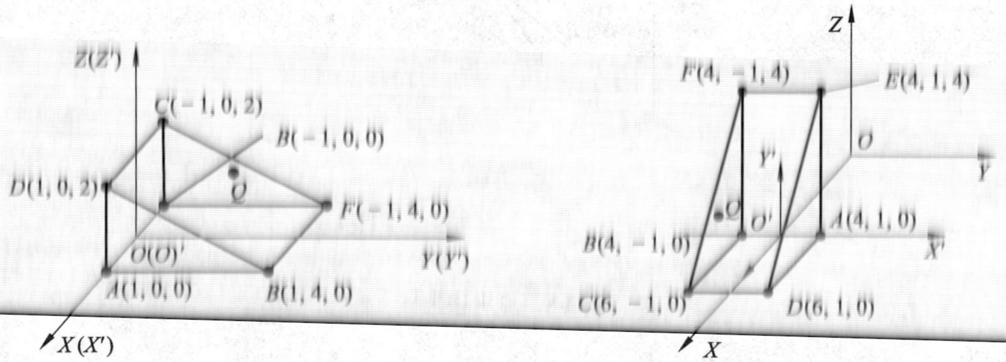

（a） （b）

图 3-7 物体的齐次矩方程

若让楔块 Q 先绕 Z 轴旋转 90°，再绕 Y 轴旋转 90°，最后沿 X 轴方向平移 4，则楔块成为图 3-7（b）之情况。此时楔块用新的 6 个点的齐次坐标来描述它的位置和姿态，其矩阵表达式为：

$$\boldsymbol{Q}'=\begin{bmatrix} A & B & C & D & E & F \\ 4 & 4 & 6 & 6 & 4 & 4 \\ 1 & -1 & -1 & 1 & 1 & -1 \\ 0 & 0 & 0 & 0 & 4 & 4 \\ 1 & 1 & 1 & 1 & 1 & 1 \end{bmatrix} \tag{3-12}$$

二、齐次变换和运算

受机械结构和运动副的限制，在工业机器人中，被视为刚体的连杆的运动一般包括平移运动、旋转运动和平移加旋转运动。人们把每次简单的运动用一个变换矩阵来表示，那么多次运动即可用多个变换矩阵的积来表示，表示这个积的矩阵称为齐次变换矩阵。这样，用连杆的初始位姿矩阵乘以齐次变换矩阵，即可得到经过多次变换后该连杆的最终位姿矩阵。通过多个连杆位姿的传递，可以得到机器人末端执行器的位姿，即进行机器人运动学正问题的讨论。

1．平移的齐次变换

图 3-8 为空间某一点在直角坐标系中的平移，由 $P(x,y,z)$ 平移至 $P'(x',y',z')$，即

$$\begin{cases} x' = x+\Delta x \\ y' = y+\Delta y \\ z' = z+\Delta z \end{cases} \quad 或 \quad \begin{bmatrix} x' \\ y' \\ z' \\ 1 \end{bmatrix} = \begin{bmatrix} 1 & 0 & 0 & \Delta x \\ 0 & 1 & 0 & \Delta y \\ 0 & 0 & 1 & \Delta z \\ 0 & 0 & 0 & 1 \end{bmatrix} \begin{bmatrix} x \\ y \\ z \\ 1 \end{bmatrix}$$

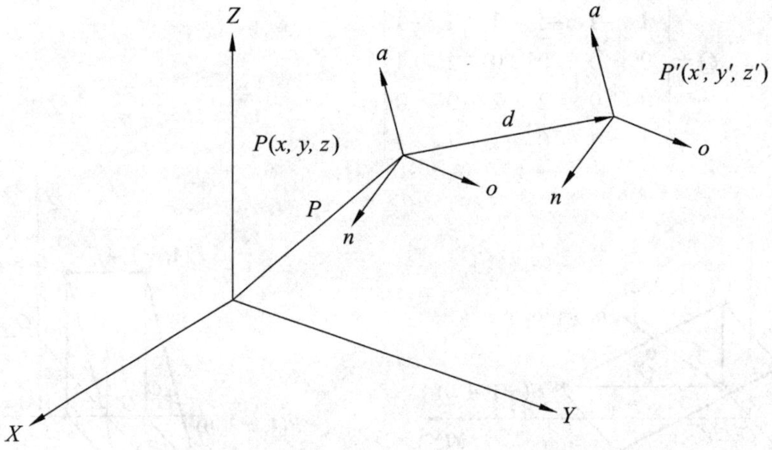

图 3-8　点平移坐标

记为：

$$P' = \text{Trans}(\Delta x, \Delta y, \Delta z)P \tag{3-13}$$

式中　Trans$(\Delta x, \Delta y, \Delta z)$——平移算子；

Δx, Δy, Δz——沿 X、Y、Z 轴的移动量。

$$\text{Trans}(\Delta x, \Delta y, \Delta z) = \begin{bmatrix} 1 & 0 & 0 & \Delta x \\ 0 & 1 & 0 & \Delta y \\ 0 & 0 & 1 & \Delta z \\ 0 & 0 & 0 & 1 \end{bmatrix} \tag{3-14}$$

2．旋转的齐次变换

设动坐标系（n，o，a）位于参考坐标系（x，y，z）的原点，坐标系（n，o，a）绕参考坐标系的 X 轴旋转一个角度 θ 后，如图 3-9 所示。旋转后 $P(x,y,z)$ 点与 $P'(x',y',z')$ 点的关系为

$$\begin{cases} x' = x \\ y' = y\cos\theta - z\sin\theta \\ z' = y\sin\theta + z\cos\theta \end{cases} \tag{3-15}$$

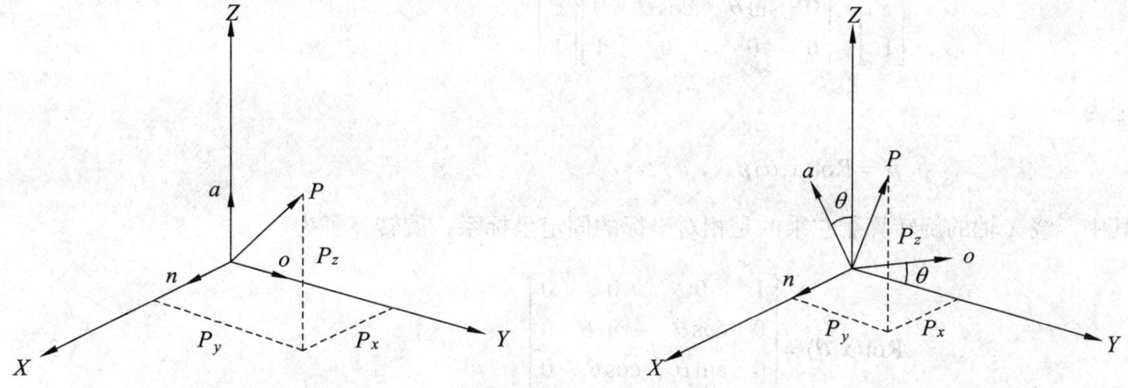

（a）旋转前　　（b）旋转后

图 3-9　点旋转坐标

推导如下：

因 P 点是绕 X 轴旋转的，所以把 P 与 P' 投影到 YOZ 平面内，设 $OP=l$，$OP'=l$（绕 Z 轴旋转，与 YOZ 平面夹角不变所示，OP' 也等于 l），OP 投影与 y 轴角度为 α，如投影图 3-10 所示，则有

$$\begin{cases} y = l\cos\alpha \\ z = l\sin\alpha \end{cases}$$

同时也有

$$\begin{cases} y' = l\cos(\alpha+\theta) \\ z' = l\sin(\alpha+\theta) \end{cases}$$

所以

$$\begin{cases} y' = l\cos\alpha\cos\theta - l\sin\alpha\sin\theta \\ z' = l\sin\alpha\cos\theta + l\cos\alpha\sin\theta \end{cases} \tag{3-16}$$

即

$$\begin{cases} y' = \cos\theta\cdot y - \sin\theta\cdot z \\ z' = \sin\theta\cdot z + \cos\theta\cdot y \end{cases} \tag{3-17}$$

由于 X 轴坐标不变，因此有

$$\begin{cases} x' = x \\ y' = \cos\theta \cdot y - \sin\theta \cdot z \\ z' = \sin\theta \cdot y + \cos\theta \cdot z \end{cases} \tag{3-18}$$

写成矩阵方程为

$$\begin{bmatrix} x' \\ y' \\ z' \\ 1 \end{bmatrix} = \begin{bmatrix} 1 & 0 & 0 & 0 \\ 0 & \cos\theta & -\sin\theta & 0 \\ 0 & \sin\theta & \cos\theta & 0 \\ 0 & 0 & 0 & 1 \end{bmatrix} \begin{bmatrix} x \\ y \\ z \\ 1 \end{bmatrix} \tag{3-19}$$

记为

$$\boldsymbol{p}' = \mathrm{Rot}(x, \theta)\boldsymbol{p}$$

其中，绕 X 轴的旋转算子左乘的是相对坐标的固定坐标系，旋转算子为

$$\mathrm{Rot}(x,\theta) = \begin{bmatrix} 1 & 0 & 0 & 0 \\ 0 & \cos\theta & -\sin\theta & 0 \\ 0 & \sin\theta & \cos\theta & 0 \\ 0 & 0 & 0 & 1 \end{bmatrix} \tag{3-20}$$

同理绕 Y 轴旋转有

$$\mathrm{Rot}(y,\theta) = \begin{bmatrix} \cos\theta & 0 & \sin\theta & 0 \\ 0 & 1 & 0 & 0 \\ -\sin\theta & 0 & \cos\theta & 0 \\ 0 & 0 & 0 & 1 \end{bmatrix} \tag{3-21}$$

同理绕 Z 轴旋转有：

$$\mathrm{Rot}(z,\theta) = \begin{bmatrix} \cos\theta & -\sin\theta & 0 & 0 \\ \sin\theta & \cos\theta & 0 & 0 \\ 0 & 0 & 1 & 0 \\ 0 & 0 & 0 & 1 \end{bmatrix} \tag{3-22}$$

图 3-11 为点 P 绕任意过原点的单位矢量 $\boldsymbol{k}$ 旋转 θ 角的情况。k_x，k_y，k_z 分别为单位矢量 $\boldsymbol{k}$ 在固定坐标系坐标轴 X、Y、Z 上的三个分量（方向余弦），且 $k_x^2 + k_y^2 + k_z^2 = 1$。

$$\mathrm{Rot}(k,\theta) = \begin{bmatrix} k_x k_x(1-\cos\theta)+\cos\theta & k_y k_x(1-\cos\theta)-k_z\sin\theta & k_z k_x(1-\cos\theta)+k_y\sin\theta & 0 \\ k_x k_y(1-\cos\theta)+k_z\sin\theta & k_y k_y(1-\cos\theta)+\cos\theta & k_z k_y(1-\cos\theta)-k_x\sin\theta & 0 \\ k_x k_z(1-\cos\theta)-k_y\sin\theta & k_y k_z(1-\cos\theta)+k_x\sin\theta & k_z k_z(1-\cos\theta)+\cos\theta & 0 \\ 0 & 0 & 0 & 1 \end{bmatrix} \tag{3-23}$$

上式称为一般旋转齐次变换的通式，绕 X 轴、Y 轴、Z 轴进行的旋转齐次变换是其特殊情况。

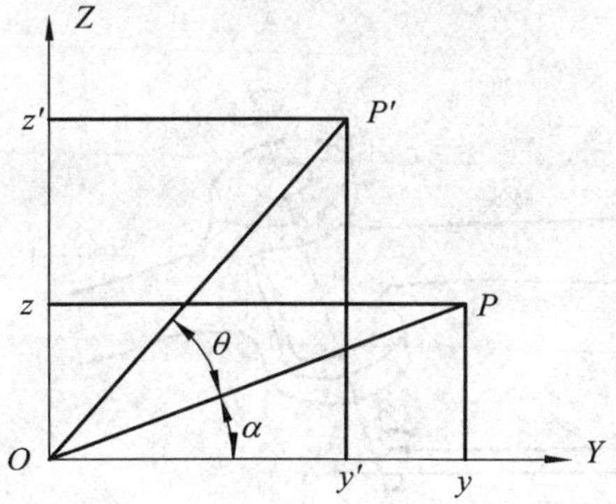

图 3-10　P 和 P′点在 YOZ 坐标上的投影

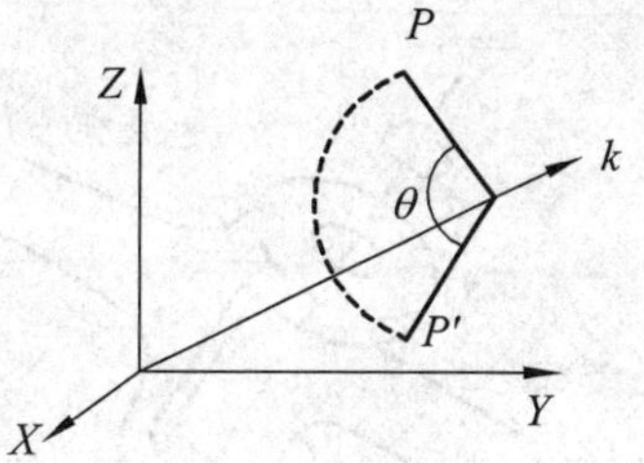

图 3-11　P 绕过原点单位矢量旋转

三、工业机器人的连杆参数和齐次变换矩阵

1．连杆参数及连杆坐标系的建立

（1）自由度。

描述物体相对于坐标系进行独立运动的数目称为自由度。物体在三维空间有 6 个自由度，分别是沿着 X、Y、Z 移动和转动，如图 3-12 所示。

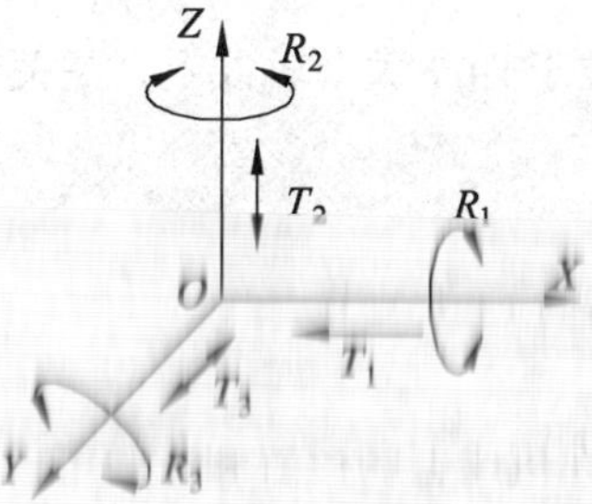

图 3-12　刚体三维空间自由度

（2）关节与连杆。

工业机器人由若干运动副和杆件连接而成，这些杆件称为连杆，连接相邻两个连杆的运动副称为关节。

（3）关节轴线。

对于旋转关节，其转动轴线的中心线作为关节轴线。对于平移关节，取移动方向的中心线作为关节轴线。

（4）连杆参数。

每个连杆可以由 4 个参数所描述：其中 2 个描述连杆尺寸，另外 2 个描述连杆与相邻杆件的连接关系。当连杆 n 旋转时，θ_i 随之改变，为关节变量其他 3 个参数固定不变，当连杆进行平移时，d_i 随之改变，为移动关节，其他 3 个参数固定不变，如图 3-13 所示。确定连杆的运动类型，同时根据关节变量即可设计关节运动副，从而进行整个机器人的结构设计。已知各个关节变了值，便可从基座固定坐标系通过连杆坐标系的传递，推导出手部坐标系的位姿形态。

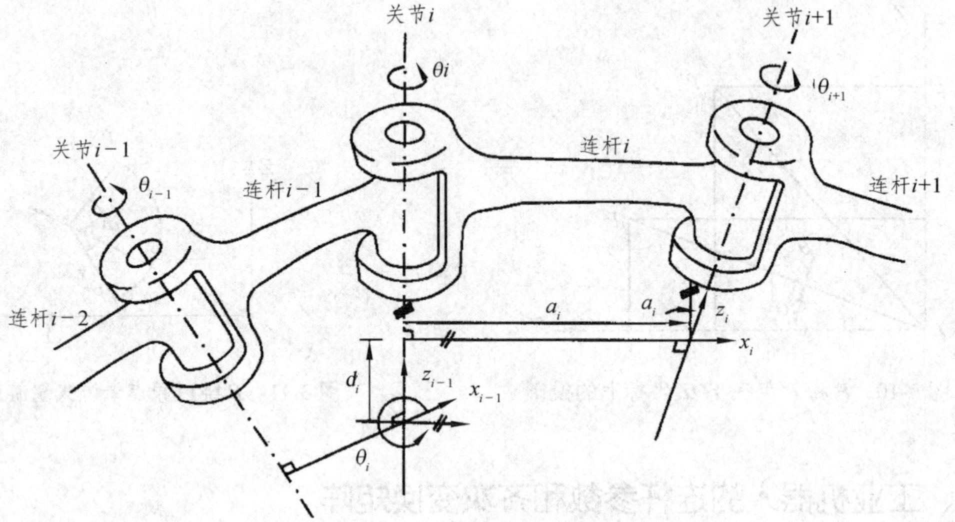

图 3-13　转动关节连杆四参数示

2．连杆坐标系

i 关节机器人需建立 $i+1$ 个坐标系，其中参考坐标系为 $O_0X_0Y_0Z_0$，机械手末端的坐标系为 $O_iX_iY_iZ_i$，第 i 关节上的坐标系为 $O_{i-1}X_{i-1}Y_{i-1}Z_{i-1}$。

（1）建立连杆坐标系的规则。

① 连杆 i 坐标系的坐标原点位于 $i+1$ 关节轴线上，是关节 $i+1$ 的关节轴线与 i 和 $i+1$ 关节轴线公垂线的交点。

② Z 轴与 $i+1$ 关节轴线重合。

③ X 轴与公垂线重合，从 i 指向 $i+1$ 关节。

④ Y 轴按右手螺旋法则确定。

按照这些规则，第 0 号坐标系在机座上的位置和方向可任选，只要 Z_0 轴沿着第 i 关节运动轴。第 i 坐标系可放在手的任何部位，只要 X_i 轴与 Z_{i-1} 轴垂直。

（2）几何参数定义。

① θ_i：绕 Z_{i-1} 轴（右手规则）由 X_{i-1} 轴向 X_i 轴的关节角。

② d_i：从第 $i-1$ 坐标系的原点到 Z_{i-1} 轴和 X_i 轴的交点沿 Z_{i-1} 轴的距离。

③ a_i：从 Z_{i-1} 和 X_i 轴的交点到第 i 坐标系原点沿 X_i 轴的偏移距离（是 Z_{i-1} 轴和 Z_i 两轴间的最小距离）。

④ α_i：绕 X_i 轴（右手规则）由 Z_{i-1} 轴转向 Z_i 轴的偏角。

对于转动关节 d_i、a_i、α_i 是关节参数，θ_i 是关节变量；对于移动关节的关节 a_i、α_i、θ_i 是关节参数参数，d_i 是关节变量。

3．连杆坐标系之间的变换矩阵

建立了各连杆坐标系后，$i-1$ 系与 i 系之间的变换关系可以用坐标系的平移、旋转来实现。从 $i-1$ 系到 i 系的变换步骤如下：

（1）令 $i-1$ 系绕 Z_{i-1} 轴旋转 θ_i 角，使 X_{i-1} 与 X_i 平行，算子为 $\mathrm{Rot}(z,\theta_i)$。

（2）沿 Z_{i-1} 轴平移 d_i，使 X_{i-1} 与 X_i 重合，算子为 $\mathrm{Trans}(0,0,d_i)$。

（3）沿 X_i 轴平移 a_i，使两个坐标系原点重合，算子为 $\mathrm{Trans}(a_i,0,0)$。

（4）绕 X_i 轴旋转 α_i 角，使得 $i-1$ 系与 i 系重合，算子为 $\mathrm{Rot}(x,\alpha_i)$。

该变换过程用一个总的变换矩阵 $\boldsymbol{A}_i$ 来综合表示上述 4 次变换时，应注意到坐标系在每次旋转或平移后发生了变动，后一次变换都是相对于动系进行的，因此在运算中变换算子应该右乘。于是连杆 i 的齐次变换矩阵为

$$\boldsymbol{A}_i=\mathrm{Rot}(Z_{i-1},\theta_i)\mathrm{Trans}(0,0,d_i)\mathrm{Trans}(a_i,0,0)\mathrm{Rot}(X_{i-1},\alpha_i)$$

$$\boldsymbol{A}_i=\begin{bmatrix}\cos\theta_i & -\sin\theta_i & 0 & 0\\ \sin\theta_i & \sin\theta_i & 0 & 0\\ 0 & 0 & 1 & 0\\ 0 & 0 & 0 & 1\end{bmatrix}\begin{bmatrix}1 & 0 & 0 & \alpha_i\\ 0 & 1 & 0 & 0\\ 0 & 0 & 1 & d_i\\ 0 & 0 & 0 & 1\end{bmatrix}\begin{bmatrix}1 & 0 & 0 & 0\\ 0 & \cos\alpha_i & -\sin\alpha_0 & 0\\ 0 & \sin\alpha_i & \cos\alpha_i & 0\\ 0 & 0 & 0 & 1\end{bmatrix}$$

$$=\begin{bmatrix}\cos\theta_i & -\cos\alpha_i\sin\theta_i & \sin\alpha_i\sin\theta_i & \alpha_i\cos\theta_i\\ \sin\theta_i & \cos\alpha_i\cos\theta_i & -\sin\alpha_i\cos\theta_i & \alpha_i\sin\theta_i\\ 0 & \sin\alpha_i & \cos\alpha_i & d_i\\ 0 & 0 & 0 & 1\end{bmatrix} \tag{3-24}$$

上面的齐次变换矩阵为固联坐标系后置（Z_i 位于 $i+1$ 关节轴上）的变换公式。

四、工业机器人的正运动学方程

1．机器人运动学方程

为机器人的每一个连杆建立一个坐标系，并用其次变换来描述这些坐标系间的相对关系，也叫相对位姿。通常把描述一个连杆坐标系与下一个连杆坐标系间的相对关系的变换矩阵叫作 $\boldsymbol{A}_i$ 变换矩阵。$\boldsymbol{A}_i$ 能描述连杆坐标系之间相对平移和旋转的齐次变换。

$\boldsymbol{A}_1$ 点描述第一个连杆对于机身的位姿，$\boldsymbol{A}_2$ 点描述第二个连杆相对于第一个连杆坐标系的位姿。如果已知一点在最末一个坐标系为 n，那么可知此点到基础坐标系的齐次坐标变换矩阵为

$$\boldsymbol{A}_1\boldsymbol{A}_2\boldsymbol{A}_3\cdots\boldsymbol{A}_{n-1}\boldsymbol{A}_n \tag{3-25}$$

若有一个六连杆机器人，机器人末端执行器坐标系（即连杆坐标系 6）的坐标相对于连杆 $i-1$ 坐标系的齐次变换矩阵，用 ${}^{i-1}\boldsymbol{T}_6$ 表示，即

$${}^{i-1}\boldsymbol{T}_6=\boldsymbol{A}_i\boldsymbol{A}_{i+1}\cdots\boldsymbol{A}_6 \tag{3-26}$$

机器人末端执行器相对于机身坐标系的齐次变换矩阵为

$${}^{0}\boldsymbol{T}_6=\boldsymbol{A}_1\boldsymbol{A}_2\cdots\boldsymbol{A}_6 \tag{3-27}$$

该矩阵前 3 列表示手部的姿态；第 4 列表示手部中心点的位置。可写成如下形式：

$$T=[n\ \ o\ \ \alpha\ \ P]=\begin{bmatrix} n_X & o_X & \alpha_X & P_X \\ n_Y & o_Y & \alpha_Y & P_Y \\ n_Z & o_Z & \alpha_Z & P_Z \\ 0 & 0 & 0 & 1 \end{bmatrix} \tag{3-28}$$

2．正向运动学及实例

正向运动学主要解决机器人运动学方程的建立及手部位姿的求解，即已知各个关节的变量，求手部的位姿。

如图 3-14（a）所示，SCARA 机器人的 3 个关节轴线是相互平行的，{0}、{1}、{2}、{3}分别表示固定坐标系、连杆 1 的动坐标系、连杆 2 的动坐标系、连杆 3 的动坐标系，分别位于关节 1、关节 2、关节 3 和手部中心。坐标系 3 即为手部坐标系。连杆运动为旋转运动，连杆参数 θ_n 为变量，其余参数均为常量。该机器人的连杆参数见表 3-1。

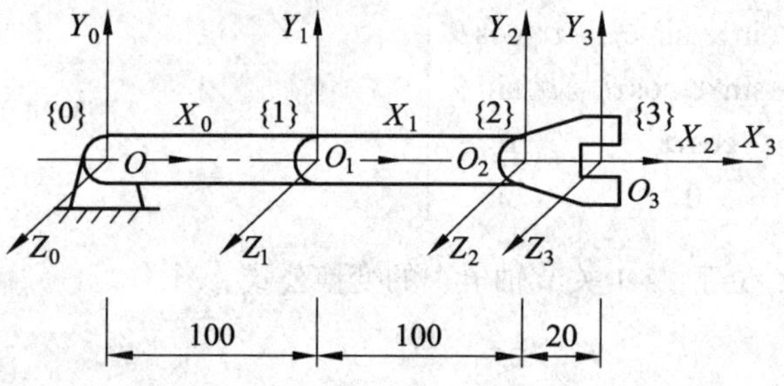

（a）

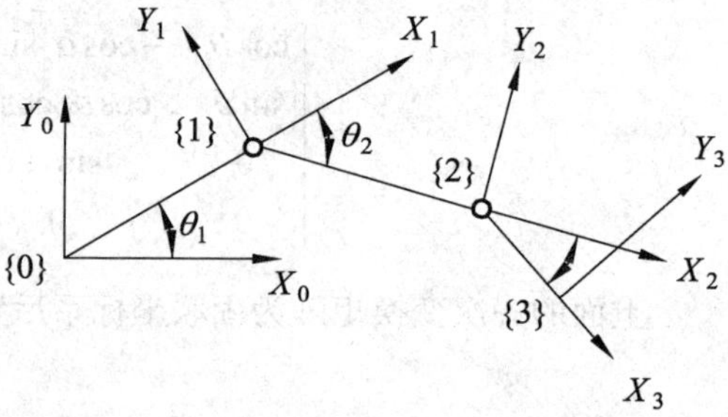

（b）

图 3-14　SCARA 机器人坐标系建立

表 3-1　SCARA 机器人的连杆参数

连杆	转角 θ	两连杆之间距离 d	连杆长度 l	连杆扭角 α
连杆 1	θ_1	$d_1=0$	$l_1=100$	$\alpha_1=0$
连杆 2	θ_2	$d_2=0$	$l_2=100$	$\alpha_2=0$
连杆 3	θ_3	$d_3=0$	$l_3=20$	$\alpha_3=0$

该 SCARA 型工业机器人的运动学方程为：

$$T_3=A_1A_2A_3 \tag{3-29}$$

式中　A_1——连杆 1 坐标系相对于固定坐标系的齐次变换矩阵；

A_2——连杆 2 坐标系相对于连杆 1 坐标系的齐次变换矩阵；

A_3——手部坐标系相对于连杆 2 坐标系的齐次变换矩阵。

各个连杆相对于各个坐标系的齐次变化矩阵如下

（1）$A_1=\mathrm{Rot}(z,\theta_1)\cdot\mathrm{Trans}(l_1,0,0)$

$$
\boldsymbol{A}_1=\begin{bmatrix}\cos\theta_1 & -\sin\theta_1 & 0 & 0\\ \sin\theta_1 & \cos\theta_1 & 0 & 0\\ 0 & 0 & 1 & 0\\ 0 & 0 & 0 & 1\end{bmatrix}\begin{bmatrix}1 & 0 & 0 & l_1\\ 0 & 1 & 0 & 0\\ 0 & 0 & 1 & 0\\ 0 & 0 & 0 & 1\end{bmatrix}=\begin{bmatrix}\cos\theta_1 & -\sin\theta_1 & 0 & l_1\cos\theta_1\\ \sin\theta_1 & \cos\theta_1 & 0 & l_1\sin\theta_1\\ 0 & 0 & 1 & 0\\ 0 & 0 & 0 & 1\end{bmatrix} \tag{3-30}
$$

（2）$\boldsymbol{A}_2=\mathrm{Rot}(z,\theta_2)\cdot\mathrm{Trans}(l_2,0,0)$

$$
\boldsymbol{A}_2=\begin{bmatrix}\cos\theta_2 & -\sin\theta_2 & 0 & 0\\ \sin\theta_2 & \cos\theta_2 & 0 & 0\\ 0 & 0 & 1 & 0\\ 0 & 0 & 0 & 1\end{bmatrix}\begin{bmatrix}1 & 0 & 0 & l_2\\ 0 & 1 & 0 & 0\\ 0 & 0 & 1 & 0\\ 0 & 0 & 0 & 1\end{bmatrix}=\begin{bmatrix}\cos\theta_2 & -\sin\theta_2 & 0 & l_2\cos\theta_2\\ \sin\theta_2 & \cos\theta_2 & 0 & l_2\sin\theta_2\\ 0 & 0 & 1 & 0\\ 0 & 0 & 0 & 1\end{bmatrix} \tag{3-31}
$$

（3）$\boldsymbol{A}_3=\mathrm{Rot}(z,\theta_3)\cdot\mathrm{Trans}(l_3,0,0)$

$$
\boldsymbol{A}_3=\begin{bmatrix}\cos\theta_3 & -\sin\theta_3 & 0 & 0\\ \sin\theta_3 & \cos\theta_3 & 0 & 0\\ 0 & 0 & 1 & 0\\ 0 & 0 & 0 & 1\end{bmatrix}\begin{bmatrix}1 & 0 & 0 & l_3\\ 0 & 1 & 0 & 0\\ 0 & 0 & 1 & 0\\ 0 & 0 & 0 & 1\end{bmatrix}=\begin{bmatrix}\cos\theta_3 & -\sin\theta_3 & 0 & l_3\cos\theta_3\\ \sin\theta_3 & \cos\theta_3 & 0 & l_3\sin\theta_3\\ 0 & 0 & 1 & 0\\ 0 & 0 & 0 & 1\end{bmatrix}
$$

$\boldsymbol{T}_3$ 为手部坐标系{3}（即手部）在固定坐标系中的位置和姿态。由此可写成 4×4 的矩阵形式，即可得到

$$
\boldsymbol{T}_3=\boldsymbol{A}_1\boldsymbol{A}_2\boldsymbol{A}_3=\begin{bmatrix}\mathrm{c}_{123} & -\mathrm{s}_{123} & 0 & l_3\mathrm{c}_{123}+l_2\mathrm{c}_{12}+l_1\mathrm{c}_1\\ \mathrm{s}_{123} & \mathrm{c}_{123} & 0 & l_3\mathrm{s}_{123}+l_2\mathrm{s}_{12}+l_1\mathrm{s}_1\\ 0 & 0 & 1 & 0\\ 0 & 0 & 0 & 1\end{bmatrix} \tag{3-32}
$$

式中 $\mathrm{c}_{123}=\cos(\theta_1+\theta_2+\theta_3)$；

$\mathrm{s}_{123}=\cos(\theta_1+\theta_2+\theta_3)$；

$\mathrm{c}_{12}=\cos(\theta_1+\theta_2)$；

$\mathrm{s}_{12}=\sin(\theta_1+\theta_2)$；

$\mathrm{c}_1=\cos\theta_1$；

$\mathrm{s}_1=\sin\theta_1$。

如图 3-14（b）所示，当转角变量分别为 $\theta_1=30°$，$\theta_2=-60°$，$\theta_3=-30°$ 时，可根据平面关节型机器人运动学方程求解出运动学正解，即手部的位姿矩阵表达式为

$$
T_3=\begin{bmatrix}0.5 & 0.866 & 0 & 183.2\\ -0.866 & 0.5 & 0 & -17.32\\ 0 & 0 & 1 & 0\\ 0 & 0 & 0 & 0\end{bmatrix} \tag{3-33}
$$

例 1：确定图 3-15 所示机器人的连杆及关节参数如表 3-2 所示，请确定其位置和姿态。

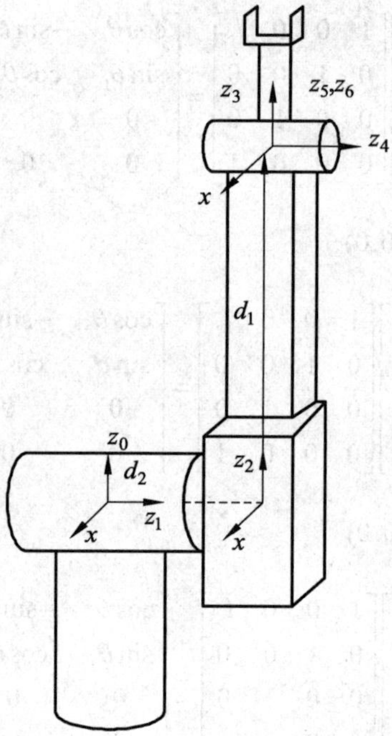

图 3-15 斯坦福（STANFORD）机器人及其坐标系

表 3-2 斯坦福机器人的连杆及关节参数表

连 杆	变 量	α	d	a	$\cos\alpha$	$\sin\alpha$
1	θ_1	−90°	0	0	0	−1
2	θ_2	90°	d_2	0	0	1
3	θ_3	0°	d_3	0	1	0
4	θ_4	−90°	0	0	0	−1
5	θ_5	90°	0	0	0	1
6	θ_6	0°	0	0	1	0

将表 3-2 中的参数分别代入 i 坐标系和 $i-1$ 坐标系的齐次变换矩阵 ${}^{i-1}\boldsymbol{A}_i$

$$
{}^{i-1}\boldsymbol{A}_i=\begin{bmatrix}\cos\theta_i & -\cos\alpha_i\sin\theta_i & \sin\alpha_i\sin\theta_i & a_i\cos\theta_i\\ \sin\theta_i & \cos\alpha_i\cos\theta_i & -\sin\alpha_i\cos\theta_i & a_i\sin\theta_i\\ 0 & \sin\alpha_i & \cos\alpha_i & d_i\\ 0 & 0 & 0 & 1\end{bmatrix}
$$

可得方程：

$$
\boldsymbol{A}_1=\begin{bmatrix}c_1 & 0 & -s_1 & 0\\ s_1 & 0 & c_1 & 0\\ 0 & -1 & 0 & 0\\ 0 & 0 & 0 & 1\end{bmatrix} \tag{3-34}
$$

式中　c_1——$\cos\theta_1$；

s_1——$\sin\theta_1$；

以此类推。

$$\boldsymbol{A}_2=\begin{bmatrix} c_2 & 0 & -s_2 & 0 \\ s_2 & 0 & -c_2 & 0 \\ 0 & 1 & 0 & d_2 \\ 0 & 0 & 0 & 1 \end{bmatrix} \tag{3-35}$$

$$\boldsymbol{A}_3=\begin{bmatrix} 1 & 0 & 0 & 0 \\ 0 & 1 & 0 & 0 \\ 0 & 0 & 1 & d_3 \\ 0 & 0 & 0 & 1 \end{bmatrix} \tag{3-36}$$

$$\boldsymbol{A}_4=\begin{bmatrix} c_4 & 0 & -s_4 & 0 \\ s_4 & 0 & c_4 & 0 \\ 0 & -1 & 0 & 0 \\ 0 & 0 & 0 & 1 \end{bmatrix} \tag{3-37}$$

$$\boldsymbol{A}_5=\begin{bmatrix} c_5 & 0 & s_5 & 0 \\ s_5 & 0 & -c_5 & 0 \\ 0 & 1 & 0 & 0 \\ 0 & 0 & 0 & 1 \end{bmatrix} \tag{3-38}$$

$$\boldsymbol{A}_6=\begin{bmatrix} c_6 & -s_6 & 0 & 0 \\ s_6 & c_6 & 0 & 0 \\ 0 & 0 & 1 & 0 \\ 0 & 0 & 0 & 1 \end{bmatrix} \tag{3-39}$$

由手端坐标逐一向基础坐标变换，其过程如下：

$${}^5\boldsymbol{T}_6=\boldsymbol{A}_6=\begin{bmatrix} c_6 & -s_6 & 0 & 0 \\ s_6 & c_6 & 0 & 0 \\ 0 & 0 & 1 & 0 \\ 0 & 0 & 0 & 1 \end{bmatrix} \tag{3-40}$$

$${}^4\boldsymbol{T}_6=\boldsymbol{A}_5\boldsymbol{A}_6=\begin{bmatrix} c_5c_6 & -c_5s_6 & s_5 & 0 \\ s_5s_6 & -s_5c_6 & -c_5 & 0 \\ 0 & 0 & 0 & 0 \\ 0 & 0 & 0 & 1 \end{bmatrix} \tag{3-41}$$

$$^{2}\boldsymbol{T}_6=\boldsymbol{A}_3\boldsymbol{A}_4\boldsymbol{A}_5\boldsymbol{A}_6=\boldsymbol{A}_3{}^{3}\boldsymbol{T}_6=\begin{bmatrix} c_4c_5c_6-s_4s_6 & -c_4c_5s_6-s_4c_6 & c_4s_5 & 0 \\ s_4s_5c_6+c_4s_6 & -s_4c_5c_6+c_4c_6 & s_4s_5 & 0 \\ -s_5c_6 & s_5c_6 & c_5 & d_3 \\ 0 & 0 & 0 & 1 \end{bmatrix} \tag{3-42}$$

$$^{3}\boldsymbol{T}_6=\boldsymbol{A}_4\boldsymbol{A}_5\boldsymbol{A}_6=\boldsymbol{A}_4{}^{4}\boldsymbol{T}_6=\begin{bmatrix} c_4c_5c_6-s_4s_6 & -c_4c_5s_6-s_4c_6 & c_4s_5 & 0 \\ s_4s_5c_6+c_4s_6 & -s_4c_5c_6+c_4c_6 & s_4s_5 & 0 \\ -s_5c_6 & s_5c_6 & c_5 & d_3 \\ 0 & 0 & 0 & 1 \end{bmatrix} \tag{3-43}$$

$$^{1}\boldsymbol{T}_6=\boldsymbol{A}_2\boldsymbol{A}_3\boldsymbol{A}_4\boldsymbol{A}_5\boldsymbol{A}_6=\boldsymbol{A}_2{}^{2}\boldsymbol{T}_6$$

$$=\begin{bmatrix} c_2(c_4c_5c_6-s_4s_6)-s_2s_5c_6 & -c_2(c_4c_5c_6+s_4s_6)+s_2s_5s_6 & c_2c_4s_5+s_2c_5 & s_2d_3 \\ s_2(c_4c_5c_6-s_4s_6)+c_2s_5c_6 & -s_2(c_4c_5c_6+s_4c_6)-c_2c_5s_6 & s_2c_4s_5-c_2c_5 & -c_2d_3 \\ s_4c_5c_6+c_4s_6 & -s_2s_5s_6+c_4c_5 & s_4c_5 & d_2 \\ 0 & 0 & 0 & 1 \end{bmatrix} \tag{3-44}$$

$$^{0}\boldsymbol{T}_6=\boldsymbol{A}_1\boldsymbol{A}_2\boldsymbol{A}_3\boldsymbol{A}_4\boldsymbol{A}_5\boldsymbol{A}_6=\boldsymbol{A}_1{}^{1}\boldsymbol{T}_6=\begin{bmatrix} n_x & o_x & \alpha_x & p_x \\ n_y & o_y & \alpha_y & p_y \\ n_z & o_z & \alpha_z & p_z \\ 0 & 0 & 0 & 1 \end{bmatrix} \tag{3-45}$$

由公式（3-44）和（3-45）进行等量代换得到以下关系式：

$$n_x=c_1[c_2(c_4c_5c_6-s_4s_6)-s_2s_5c_6]-s_1(s_4c_5c_6+c_4s_6)$$

$$n_y=s_1[c_2(c_4c_5c_6-s_4s_6)-s_2s_5c_6]+c_1(s_4c_5c_6+c_4s_6)$$

$$n_z=-s_2(c_4c_5c_6-s_4s_6)-c_2s_5c_6$$

$$o_x=c_1[-c_2(c_4c_5s_6+s_4c_6)+s_2s_5s_6]-s_1(-s_4c_5s_6+c_4c_6)$$

$$o_y=c_1[-c_2(c_4c_5s_6+s_4c_6)+s_2s_5s_6]-s_1(-s_4c_5s_6+c_4c_6)$$

$$o_z=s_2(c_4c_5s_6+s_4c_6)+c_2s_5s_6$$

$$a_x=c_1(c_2c_4s_5+s_2c_5)-s_1s_4s_5$$

$$a_y=s_1(c_2c_4s_5+s_2c_5)+c_1s_4s_5$$

$$a_z=-s_2c_4s_5+c_2c_5$$

$$p_x=-c_1s_2d_3-s_1d_2$$

$$p_y=s_1s_2d_3+c_1d_2$$

$$p_z=c_2d_3$$

3．反向运动学及实例

机器人运动学逆问题，是已知满足某工作要求时末端执行器的位置和姿态，以及各连杆的结构参数，求关节变量。对于通用机器人，求解各关节相应位置的工作由机器人系统程序完成。

以六自由度斯坦福（STANFORD）机器人为例，其连杆坐标系如图 3-15 所示。

$$^{0}\boldsymbol{T}_6=\boldsymbol{A}_1\boldsymbol{A}_2\boldsymbol{A}_3\boldsymbol{A}_4\boldsymbol{A}_5\boldsymbol{A}_6=\boldsymbol{A}_1^1\boldsymbol{T}_6=\begin{bmatrix} n_x & o_x & \alpha_x & p_x \\ n_y & o_y & \alpha_y & p_y \\ n_z & o_z & \alpha_z & p_z \\ 0 & 0 & 0 & 1 \end{bmatrix}$$

在 $\boldsymbol{T}_6=\boldsymbol{A}_1\boldsymbol{A}_2\boldsymbol{A}_3\boldsymbol{A}_4\boldsymbol{A}_5\boldsymbol{A}_6$ 分别左乘运动方程学 $\boldsymbol{A}_{-1}^1$，即可得

$$\boldsymbol{A}_{-1}^1\boldsymbol{T}_6=\begin{bmatrix} c_1 & s_1 & 0 & 0 \\ 0 & 0 & -1 & 0 \\ -s_1 & c_1 & 0 & 0 \\ 0 & 0 & 0 & 1 \end{bmatrix}\begin{bmatrix} n_x & o_x & \alpha_x & p_x \\ n_y & o_y & \alpha_y & p_y \\ n_z & o_z & \alpha_z & p_z \\ 0 & 0 & 0 & 1 \end{bmatrix} \quad (3\text{-}46)$$

将上式表示为

$$\boldsymbol{A}_{-1}^1\boldsymbol{T}_6 = \begin{bmatrix} f_{11}(n) & f_{11}(o) & f_{11}(a) & f_{11}(p) \\ f_{12}(n) & f_{12}(o) & f_{12}(a) & f_{12}(p) \\ f_{13}(n) & f_{13}(o) & f_{13}(a) & f_{13}(p) \\ 0 & 0 & 0 & 1 \end{bmatrix} \quad (3\text{-}47)$$

式中

$f_{11}(i)=c_1 i_x+s_1 i_y$；

$f_{12}(i)=-i_z$；

$f_{13}(i)=-s_1 i_x+c_1 i_y$；

$i=n,0,a,p$；

$c=\cos\theta$；

$s=\sin\theta$。

$$^{1}\boldsymbol{T}_6=\boldsymbol{A}_2\boldsymbol{A}_3\boldsymbol{A}_4\boldsymbol{A}_5\boldsymbol{A}_6$$

$$=\begin{bmatrix} c_2(c_4c_5c_6-s_4s_6)-s_2s_5c_6 & -c_2(c_4c_5c_6+s_4c_6)+s_2s_5s_6 & c_2c_4s_5+s_2c_5 & s_2d_2 \\ s_2(c_4c_5c_6-s_4s_6)-c_2s_5c_6 & s_2(c_4c_5c_6+s_4c_6)-c_2c_5s_6 & s_2c_4s_5-c_2c_5 & -c_2d_2 \\ s_4c_5c_6+c_4s_6 & -s_2s_5s_6+c_4c_6 & s_4c_5 & d_2 \\ 0 & 0 & 0 & 1 \end{bmatrix} \quad (3\text{-}48)$$

（1）求 θ_1。

式（3-48）中第 3 行、第 4 列的元素为常数，将对应的元素等同起来，可得到

$$f_{13}(p) = d_2 \tag{3-49}$$

$$-s_1 p_x + c_1 p_y = d_2 \tag{3-50}$$

做如下三角代换

$$p_x = r\cos\phi,\ p_y = r\sin\phi \tag{3-51}$$

式中 $$r = \sqrt{p_x^2 + p_y^2},\ \phi = \arctan\left[\frac{p_y}{p_x}\right]$$

进行三角变换后

$$\sin\phi\cos\theta_1 - \cos\phi\sin\theta_1 = d_2 / r \tag{3-52}$$

$$\sin(\phi - \theta_1) = d_2 / r \tag{3-53}$$

由于$0 < d_2 / r \leqslant 1$，说明角度（$\phi - \theta_1$）在$0 \sim \pi$，即

$0 < (\phi - \theta_1) < \pi$

$$\cos(\phi - \theta_1) = \pm\sqrt{1 - \sin^2(\phi - \theta_1)} = \pm\sqrt{1 - (d_2 / r)^2} \tag{3-54}$$

$$\phi - \theta_1 = \arctan\frac{d_2}{\pm\sqrt{r^2 - d_2^2}} \tag{3-55}$$

求出θ_1

$$\theta_1 = \arctan\frac{p_y}{p_x} - \arctan = \frac{d_2}{\pm\sqrt{r^2 - d_2^2}} \tag{3-56}$$

式中，正负号对应于θ_1的两个可能解。

（2）求θ_2和d_3。

根据机器人运动连续性及回避障碍的需要，确定一个θ_1，从而式（3-46）左边已知。由式（3-48）的 1 行 4 列及 2 行 4 列和式（3-47）对应元素相等，列出

$$s_2 d_3 = c_1 p_x + s_1 p_y \tag{3-57}$$

$$-c_2 d_3 = -p_z \tag{3-58}$$

由于$d_3 > 0$，可求

$$\theta_2 = \arctan\frac{c_1 p_x + s_1 p_y}{p_z} \tag{3-59}$$

可求出

$$d_3 = s_2(c_1 p_x + s_1 p_y) + c_2 p_z \tag{3-60}$$

（3）求θ_4。

用 A_1^{-1}、A_2^{-2}、A_3^{-3}、A_4^{-4}、A_5^{-5} 依次左乘以（3-46）得到以下 4 个方程

$$A_2^{-1}A_1^{-1}T_6 = {}^2T_6 = A_3A_4A_5A_6 \tag{3-61}$$

$$A_3^{-1}A_2^{-1}T_6 = {}^3T_6 = A_4A_5A_6 \tag{3-62}$$

$$A_4^{-1}A_3^{-1}A_2^{-1}A_1^{-1}T_6 = {}^4T_6 = A_5A_6 \tag{3-63}$$

$$A_5^{-1}A_4^{-1}A_3^{-1}A_2^{-1}A_1^{-1}T_6 = {}^5T_6 = A_6 \tag{3-64}$$

计算（3-63）得

$$\begin{bmatrix} f_{41}(n) & f_{41}(o) & f_{41}(a) & f_{41}(p) \\ f_{42}(n) & f_{42}(o) & f_{42}(a) & f_{42}(p) \\ f_{43}(n) & f_{42}(o) & f_{42}(a) & f_{42}(p) \\ 0 & 0 & 0 & 1 \end{bmatrix} = \begin{bmatrix} c_5c_6 & -c_5s_6 & s_5 & 0 \\ s_5c_6 & s_5s_6 & -c_5 & 0 \\ s_6 & c_6 & 0 & 0 \\ 0 & 0 & 0 & 1 \end{bmatrix} \tag{3-65}$$

式中

$$\begin{aligned} & f_{41}(i) = c_4[c_2(c_1i_x + s_1i_y) - s_2i_z] + s_4(-s_1i_x + c_1i_y) \\ & f_{42}(i) = -s_2(c_1i_x + s_1i_y) - c_2i_z \\ & f_{43}(i) = -s_4[c_2(c_1i_x + s_1i_y) - s_2i_z] + c_4(-s_1i_x + c_1i_y) \\ & i = n, o, a, p \end{aligned}$$

由式（3-65）第 3 行 3 列为 0，得

$$f_{43}(a) = 0$$

即

$$s_4[c_2(c_1a_x + s_1a_y) - s_2a_z] + c_4(-s_1a_x + c_1a_y) = 0 \tag{3-66}$$

可求出 θ_4

$$\theta_4 = \arctan\frac{-s_1a_x + c_1a_y}{c_2(c_1a_x + s_1a_y) - s_2a_z} \quad (\theta_5 > 0) \tag{3-67}$$

$$\theta_4 = \theta_4 + 180° \quad (\theta_5 < 0) \tag{3-68}$$

（4）求 θ_5。

由式（3-65）第 1 行 3 列和第 2 行 3 列，可得

$$s_5 = c_4[c_2(c_1a_x + s_1a_y) - s_2a_z] + s_4(-s_1a_x + c_1a_y) \tag{3-69}$$

$$c_5 = s_2(c_1a_x + s_1a_y) + c_2a_z \tag{3-70}$$

$$\theta_5 = \arctan\frac{c_4[c_2(c_1a_x + s_1a_y) - s_2a_z] + s_4(-s_2a_x + c_1a_y)}{s_2(c_1a_x + s_1a_y) + c_2a} \tag{3-71}$$

计算（3-64）得

$$\begin{bmatrix} f_{51}(n) & f_{51}(o) & 0 & 0 \\ f_{52}(n) & f_{52}(o) & 0 & 0 \\ f_{53}(n) & f_{53}(o) & 1 & 0 \\ 0 & 0 & 0 & 1 \end{bmatrix} = \begin{bmatrix} c_6 & -s_6 & 0 & 0 \\ s_6 & c_6 & 0 & 0 \\ 0 & 0 & 1 & 0 \\ 0 & 0 & 0 & 1 \end{bmatrix} \tag{3-72}$$

类似有

$$\begin{aligned} s_6 &= -c_6\{c_4[c_2(c_1 o_x + s_1 o_y) - s_2 o_z] + s_4(-s_1 o_x + c_1 o_y)\} + \\ &\quad s_5[s_2(c_1 o_x + s_1 o_y) + c_2 o_z] \\ c_6 &= s_4[c_2(c_1 o_x - s_1 o_y) - s_2 o_z] + c_4(-s_1 o_x + c_1 o_y) \end{aligned} \tag{3-73}$$

$$\theta_6 = \arctan\frac{s_5}{s_6} \tag{3-74}$$

求解过程称为分离变量法，即将一个未知数由矩阵方程的右边移向左边，使其与其他未知数分开，解出这个未知数，再将一个未知数移到左边，重复进行，直到解出所有的未知数。

应该注意，求解时可能存在解不存在或解的多重性等问题。由于旋转关节的范围很难达到 360°，而仅为 360° 的一部分，即机器人都具有一定的工作区域，当给定手部的位置在工作区域外时，则解不存在。

五、工业机器人动力学

稳态下研究的机器人运动学分析只限于静态位置问题的讨论，未涉及机器人运动的力、速度、加速度等动态过程。实际上，机器人是一个复杂的动力学系统。机器人系统在外载荷和关节驱动力矩（驱动力）的作用下将发生运动变化。机器人的动态性能不仅与运动学因素有关，还与机器人的结构形式、质量分布、执行机构的位置、传动装置等对动力学产生重要影响的因素有关。

机器人动力学主要研究机器人运动和受力之间的关系，目的是对机器人进行控制、优化设计和仿真。机器人动力学主要解决动力学正问题和逆问题两类问题：动力学正问题是根据各关节的驱动力（或力矩），求解机器人的运动（关节位移、速度和加速度），主要用于机器人的仿真；动力学逆问题是已知机器人关节的位移、速度和加速度，求解所需要的关节（或力矩），是实时控制的需要。

在机器人雅可比矩阵分析的基础上进行机器人的静力分析、讨论动力学的基本问题，对机器人的动态特性做简要论述，以便为机器人编程、控制等打下基础。

1．雅可比矩阵的定义

利用雅可比矩阵可以建立起机器人手端在基础坐标中的速度与各关节速度间的关系，以及手部与外界接触力与对应各关节力间的关系，因此机器人雅可比矩阵在机器人技术中占有重要地位。

对于一个 n 自由度机器人，其关节变量向量可写为

$$\boldsymbol{Q}=[q_1,q_2,\cdots,q_n]^T \tag{3-75}$$

设机器人手部在基础坐标中的位置和姿态为 P，则

$$\begin{aligned}\boldsymbol{P}&=[x_e \quad y_e \quad z_e \quad \theta_{ex} \quad \theta_{ey} \quad \theta_{ez}]^T \\ &=[p_1 \quad p_2 \quad p_3 \quad p_4 \quad p_5 \quad p_6]\end{aligned} \tag{3-76}$$

其中前 3 个元素表示位置，后 3 个元素表示姿态。它们都是 n 个关节变量的函数，也可写为

$$\boldsymbol{P}=\boldsymbol{\Phi}[q_1,q_2,\cdots q_n]^T \tag{3-77}$$

为了求手部在基础坐标中的速度，可对上式求导

$$\frac{\mathrm{d}\boldsymbol{P}}{\mathrm{d}t}=\frac{\partial\boldsymbol{\Phi}}{\partial Q}\cdot\frac{\partial Q}{\partial t} \tag{3-78}$$

简写成

$$\dot{\boldsymbol{P}}=\boldsymbol{J}\dot{\boldsymbol{Q}} \tag{3-79}$$

式（3-77）或式（3-78）表示手部在基础坐标中的速度与关节速度间的关系，连接它们的纽带为矩阵 J，称其为雅可比矩阵，它的展开式为

$$\boldsymbol{J}=\frac{\partial\boldsymbol{\Phi}}{\partial\boldsymbol{Q}}=\begin{bmatrix}\dfrac{\partial p_1}{\partial q_1} & \cdots & \dfrac{\partial p_1}{\partial q_n} \\ \vdots & & \vdots \\ \dfrac{\partial p_6}{\partial q_1} & \cdots & \dfrac{\partial p_6}{\partial q_6}\end{bmatrix}_{6\times n} \tag{3-80}$$

式（3-79）为机器人运动学正问题，即已知各关节速度，求手部末端速度。

2．工业机器人速度雅可比及速度分析

（1）工业机器人速度雅可比矩阵。

机器人雅可比矩阵（简称雅可比）揭示了操作空间与关节空间的映射关系，是一个把关节速度向量转换为手爪相对基坐标的广义速度向量的变换矩阵。

如图 3-16 所示，二自由度平面关节型机器人（2R 机器人），端点位置 X、Y 与关节 θ_1 、θ_2 的关系为

$$\begin{cases}X=l_1\mathrm{c}\theta_1+l_2\mathrm{c}_{12}\\ Y=l_1\mathrm{s}\theta_1+l_2\mathrm{s}_{12}\end{cases} \tag{3-81}$$

$$\begin{cases}X=X(\theta_1,\theta_2)\\ Y=Y(\theta_1,\theta_2)\end{cases} \tag{3-82}$$

将其微分得

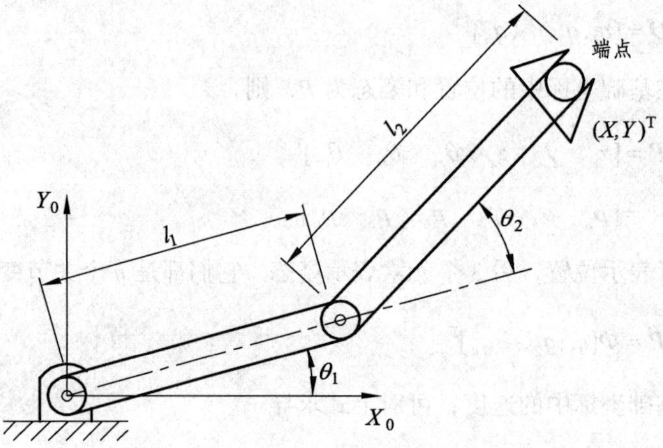

图 3-16　二自由度

$$\begin{cases} \mathrm{d}X = \dfrac{\partial X}{\partial \theta_1}\mathrm{d}\theta_1 + \dfrac{\partial X}{\partial \theta_2}\mathrm{d}\theta_2 \\ \mathrm{d}Y = \dfrac{\partial Y}{\partial \theta_1}\mathrm{d}\theta_1 + \dfrac{\partial Y}{\partial \theta_2}\mathrm{d}\theta_2 \end{cases} \tag{3-83}$$

写成矩阵形式为

$$\begin{bmatrix} \mathrm{d}X \\ \mathrm{d}Y \end{bmatrix} = \begin{bmatrix} \dfrac{\partial X}{\partial \theta_1} & \dfrac{\partial X}{\partial \theta_2} \\ \dfrac{\partial Y}{\partial \theta_1} & \dfrac{\partial Y}{\partial \theta_2} \end{bmatrix} \begin{bmatrix} \mathrm{d}\theta_1 \\ \mathrm{d}\theta_2 \end{bmatrix} \tag{3-84}$$

令

$$\boldsymbol{J} = \begin{bmatrix} \dfrac{\partial X}{\partial \theta_1} & \dfrac{\partial X}{\partial \theta_2} \\ \dfrac{\partial Y}{\partial \theta_1} & \dfrac{\partial Y}{\partial \theta_2} \end{bmatrix} \tag{3-85}$$

于是有

$$\mathrm{d}X = \boldsymbol{J}\mathrm{d}\theta \tag{3-86}$$

式中

$$\mathrm{d}X = \begin{bmatrix} \mathrm{d}X \\ \mathrm{d}Y \end{bmatrix}, \ \mathrm{d}\theta = \begin{bmatrix} \mathrm{d}\theta_1 \\ \mathrm{d}\theta_2 \end{bmatrix} \tag{3-87}$$

J 称为图 3-16 中 2R 机器人的速度雅可比，它反映了关节空间微小运动 $\mathrm{d}\theta$ 与手部作业空间微小位移 $\mathrm{d}X$ 的关系。

若对图 3-16 的运动方程进行运算，则该 2R 机器人的雅可比可写为

$$J=\begin{bmatrix}-l_1s_1-l_2s_{12} & -l_2s_{12}\\ l_1c_1+l_2c_{12} & l_2c_{12}\end{bmatrix} \tag{3-88}$$

从 J 中元素的组成可见，J 阵的值是关于 θ_1 及 θ_2 的函数。

推而广之，对于 n 自由度机器人关节变量可用广义关节变量 q 表示，即 $q=[q_1,q_2,\cdots,q_n]^T$，当关节为转动关节时 $q_i=\theta_i$；当关节为移动关节时，$q_i=d_i$，$q=[dq_1,dq_2,\cdots,dq_n]^T$ 反映了关节空间的微小运动。机器人末端在操作空间的位置和方位可用末端手爪的位姿 X 表示，它是关节变量的函数 $X=X(q)$，并且是一个 6 维列矢量。反映了操作空间的微小运动，它由机器人末端微小线位移和微小角位移（微小转动 ）组成。因此，可写为

$$dX=J(q)dq \tag{3-89}$$

式中　$J(P)$——是 $6\times n$ 维偏导数矩阵，称为 n 自由度机器人速度雅可比。

（2）工业机器人的速度分析。

用机器人速度雅可比对机器人进行速度分析。对式（3-87）左、右各除以 dt 得

$$\frac{dX}{dt}=J(q)\frac{dq}{dt}$$

$$J(q)=\frac{\partial X}{\partial q^T}=\begin{bmatrix}\frac{\partial X}{\partial q_1} & \frac{\partial X}{\partial q_2} & \cdots & \frac{\partial X}{\partial q_n}\\ \frac{\partial Y}{\partial q_1} & \frac{\partial Y}{\partial q_2} & \cdots & \frac{\partial Y}{\partial q_n}\\ \frac{\partial Z}{\partial q_1} & \frac{\partial Z}{\partial q_2} & \cdots & \frac{\partial Z}{\partial q_n}\\ \frac{\partial \varphi_X}{\partial q_1} & \frac{\partial \varphi_X}{\partial q_2} & \cdots & \frac{\partial \varphi_X}{\partial q_n}\\ \frac{\partial \varphi_Y}{\partial q_1} & \frac{\partial \varphi_Y}{\partial q_2} & \cdots & \frac{\partial \varphi_Y}{\partial q_n}\\ \frac{\partial \varphi_Z}{\partial q_1} & \frac{\partial \varphi_Z}{\partial q_2} & \cdots & \frac{\partial \varphi_Z}{\partial q_n}\end{bmatrix} \tag{3-90}$$

或表示为

$$v=X=J(q)q \tag{3-91}$$

式中　v ——机器人末端在操作空间中的广义速度；

q——机器人关节在关节空间中的速度；

$J(q)$——确定关节空间速度 q 与操作空间速度 v 之间关系的雅可比矩阵。

对于图 3-16 所示，2R 机器人而言，若把式（3-88）$J(q)$ 矩阵的第 1 列与第 2 列矢量记为 J_1、J_2，则有

$$v=J_1\theta_1+J_2\theta_2 \tag{3-92}$$

式中　$J_1\theta_1$——仅由第一个关节运动引起的端点速度；

$\boldsymbol{J}_2\boldsymbol{\theta}_2$——仅由第二个关节运动引起的端点速度。

总的端点速度为这两个速度矢量的合成，因此机器人速度雅可比的每一列表示其他关节不动而某一关节运动产生的端点速度。

图 3-16 所示二自由度机器人手部的速度为

$$\boldsymbol{v}=\begin{bmatrix} v_x \\ v_y \end{bmatrix}=\begin{bmatrix} -l_1 s_1 - l_2 s_{12} & -l_2 s_{12} \\ l_1 c_1 + l_2 c_{12} & l_2 c_{12} \end{bmatrix}\cdot\begin{bmatrix} \theta_1 \\ \theta_2 \end{bmatrix} \tag{3-93}$$

若已知关节上 θ_1 与 θ_2 是时间的函数，$\theta_1 = f_1(t)$，$\theta_2 = f_2(t)$，则可求出该机器人手部在某一时刻的速度 $v = f(t)$，即手部瞬时速度。

反之，假如给定机器人手部速度，可解出相应的关节速度为

$$\boldsymbol{q}=\boldsymbol{J}^{-1}\boldsymbol{v} \tag{3-94}$$

式中　$\boldsymbol{J}^{-1}$——机器人逆速度雅可比。

式（3-94）是一个很重要的公式。例如，工业机器人手部在空间按规定的速度进行作业，那么用式（3-94）可以计算出沿路径上每一瞬间相应的关节速度。但是，一般来说，求逆速度雅可比是比较困难的，有时还会出现奇异解，就无法解算关节速度。通常可能出现机器人逆速度雅可比出现奇异解的两种情况。

（1）工作域边界上奇异。当机器人臂全部伸展开或全部折回而使手部处于机器人工作域的边界上或边界附近时，出现逆雅可比奇异，这时机器人相应的形位叫作奇异形位。

（2）工作域内部奇异。奇异并不一定发生在工作域边界上，也可以是两个或更多个关节轴线重合所引起的。

当机器人处在奇异形位时会产生退化现象，丧失一个或更多的自由度。这意味着在工作空间的某个方向上，不管怎样选择机器人关节速度，手部也不可能实现移动。

3．工业机器人力雅可比及静力分析

机器人在工作状态下会与环境之间引起相互作用的力和力矩。机器人各关节的驱动装置提供关节力和力矩，通过连杆传递到末端执行器，克服外界作用力和力矩。关节驱动力和力矩与末端执行器施加的力和力矩之间的关系是机器人操作臂力控制的基础。

本部分讨论操作臂在静止姿态下力的平衡关系。

假定各关节“锁定”机器人成为一个机构。该锁定用的关节力与手部所支持的载荷或受到外界环境作用力取得静力平衡。求解这种锁定用的关节力或求解在已知驱动力矩作用下手部的输出力就是对机器人操作臂的静力计算。

（1）操作臂中的静力。

如果已知外界环境对机器人最末杆的作用力和力矩，则可以先分析最后一个连杆对前一个连杆的力和力矩，依次回推，直到分析完第一个连杆对机座的力和力矩，从而计算出每个连杆上的受力情况。操作臂中第 i 个杆件受力如图 3-17 所示，即杆 i 通过关节 i 和 $i+1$ 分别与杆 $i-1$ 和 $i+1$ 相连接，建立两个坐标系 $\{i-1\}$ 和 $\{i\}$。

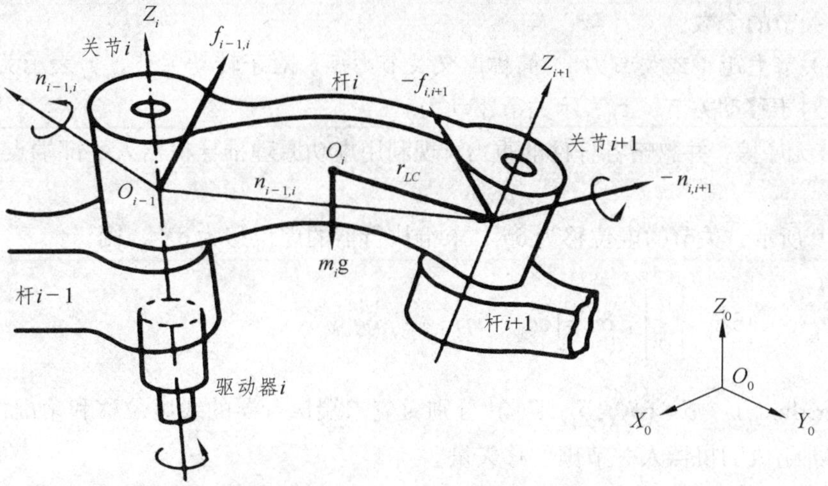

图 3-17　操作臂中第 i 个杆件受力图

定义如下变量：

$f_{i-1,i}$ 及 n_{i-1} ——$i-1$ 杆通过关节作用在 i 杆上的力和力矩；

$f_{i,i+1}$ 及 $n_{i,i+1}$ ——i 杆通过关节 $i+1$ 作用在 $i+1$ 杆上的力和力矩；

$-f_{i,i+1}$ 及 $-n_{i,i+1}$ ——$i+1$ 杆通过关节 $i+1$ 作用在 i 杆上的反作用力和反作用力矩；

$f_{n,n+1}$ 及 $n_{n,n+1}$ ——机器人最末杆对外界环境的作用力和力矩；

$-f_{n,n+1}$ 及 $-n_{n,n+1}$ ——外界环境对机器人最末杆的作用力和力矩；

$f_{0,1}$ 及 $n_{o,1}$ ——机器人机座对杆 1 的作用力和力矩；

$m_i g$ ——连杆 i 的重量，作用在质心 c_i 上。

连杆的静力平衡条件为其上所受的合力和合力矩为零，因此力和力矩平衡方程式为

$$f_{i-1,i} + (-f_{i,i+1}) + m_i g = 0 \tag{3-95}$$

$$n_{i-1,i} + (-n_{i,i+1}) + (r_{i-1,i} + r_i c_i)\times f_{i-1,i} + (r_i c_i)\times(-f_{i,i+1}) = 0 \tag{3-96}$$

式中　r_{i-1} ——坐标系 $\{i\}$ 的原点相对于坐标系 $\{i+1\}$ 的位置矢量；

$r_i c_i$ ——质心相对于坐标系 $\{i\}$ 的位置矢量。

（2）机器人力雅可比矩阵。

利用静力平衡条件，杆上所受合力和合力矩为零。为了便于表示机器人手部端点力（简称为端点广义力 F），可将 $f_{n,n+1}$ 和 $n_{n,n+1}$ 合并写成一个 6 维矢量，即

$$F = \begin{bmatrix} f_{n,n+1} \\ n_{n,n+1} \end{bmatrix} \tag{3-97}$$

各关节驱动器的驱动力或力矩可写成 n 维矢量的形式，即

$$\tau = \begin{bmatrix} \tau_1 \\ \tau_2 \\ \vdots \\ \tau_n \end{bmatrix} \tag{3-98}$$

式中　n——关节的个数；

τ——关节力矩（或关节力），简称广义关节力矩。对于转动关节，τ_i 表示关节驱动力矩；对于移动关节，τ_i 表示关节驱动力。

假定关节无摩擦，并忽略各杆件的重力，现利用虚功原理推导机器人手部端点力 F 与关节力矩 τ 的关系。

如图 3-19 所示，关节的虚位移为 δq，末端执行器的虚位移为 δX，则

$$\delta X = \begin{bmatrix} d \\ \delta \end{bmatrix},\ \delta q = [\delta q_1 \quad \delta q_2 \quad \cdots \quad \delta q_n] \tag{3-99}$$

式中，$\mathrm{d} = (\mathrm{d}x, \mathrm{d}y, \mathrm{d}z)$，$\delta = (\delta_{\varphi X}, \delta_{\varphi Y}, \delta_{\varphi Z})^{\mathrm{T}}$ 分别对应末端执行器的线虚位移和角虚位移；δq 为由关节虚位移 δq_i 组成的机器人关节虚位移矢量。

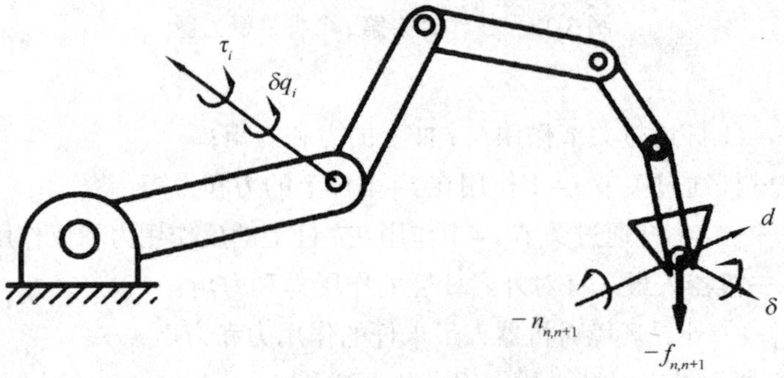

图 3-18　末端执行器及各关节的虚拟位移

假设发生上述虚位移时，各关节力矩为 $\tau_i (i = 1,2,3,\cdots,n)$，环境作用在机器人手部端点上的力和力矩分别为 $-f_{n,n+1}$ 和 $n_{n,n+1}$，由上述力和力矩所作的虚功可以由下式求出：

$$\delta W = \tau_1 \delta q_1 + \tau_2 \delta q_2 + \cdots + \tau_n \delta q_n - f_{n,n+1} d + n_{n,n+1} \delta \tag{3-100}$$

或写成

$$\delta W = \tau^{\mathrm{T}} \delta q - F^T \delta X \tag{3-101}$$

根据虚位移原理，机器人处于平衡状态的充分必要条件是对任意符合几何约束的虚位移有 $\delta W = 0$，并注意到虚位移 δq 和 δX 之间符合杆件的几何约束条件。利用式 $\delta X = J\delta q$，将上式写成：

$$\delta W = \tau^{\mathrm{T}} \delta q - F^T J \delta q = (\tau - J^T F)^T \delta q \tag{3-102}$$

式中　δq——从几何结构上允许位移的关节独立变量。

对任意的 δq 欲使 $\delta W = 0$ 成立，必有

$$\boldsymbol{\tau} = \boldsymbol{J}^{\mathrm{T}} \boldsymbol{F} \tag{3-103}$$

上式表示了在静态平衡状态下，手部端点力 F 和广义关节力矩 $\boldsymbol{\tau}$ 之间的线性映射关系。上式

中 $\boldsymbol{J}^{\mathrm{T}}$ 与手部端点力 $\boldsymbol{F}$ 和广义关节力矩 $\boldsymbol{\tau}$ 之间的力传递有关，称为机器人力雅可比。显然，机器人力雅可比 $\boldsymbol{J}^{\mathrm{T}}$ 是速度雅可比 $\boldsymbol{J}$ 的转置矩阵。

（3）工业机器人静力学的两个问题。

机器人操作臂静力计算两类问题：

① 已知外界环境对机器人手部的作用力 F，即手部端点力 $\boldsymbol{F}-\boldsymbol{F}'$，求相应的满足静力平衡条件的关节驱动力矩。

② 已知关节驱动力矩 $\boldsymbol{\tau}$，确定机器人手部对外界环境的作用力或负载的质量。

第二类问题是第一类问题的逆解。逆解的关系式为

$$\boldsymbol{F}=(\boldsymbol{J}^{\mathrm{T}})^{-1}\boldsymbol{\tau} \tag{3-104}$$

机器人的自由度不是 6 时，如 $n>6$ 时，力雅可比矩阵就不是方阵，则 $\boldsymbol{J}^{\mathrm{T}}$ 就没有逆解。所以，对第二类问题的求解就困难得多，一般情况不一定能得到唯一的解。如果 F 的维数比 $\boldsymbol{\tau}$ 的维数低，且 J 满秩，则可利用最小二乘法求得 F 的估计值。

4．工业机器人动力学分析

随着工业机器人向高精度、高速、重载及智能化方向发展，对机器人设计和控制方面的要求越来越高，尤其是对控制方面，机器人要求动态实时控制的场合越来越多。所以，机器人的动力学分析尤为重要。机器人是一个非线性的复杂动力学系统。动力学问题的求解比较困难，而且需要较长的运算时间。因此，简化求解的过程、最大限度地减少工业机器人动力学在线计算的时间是一个备受关注的研究课题。

（1）机器人动力学分析的两类问题。

① 给出已知的轨迹点上的 θ、$\dot{\theta}$ 及 $\ddot{\theta}$，即机器人关节位置、速度和加速度，求相应的关节力矩向量 τ。这对实现机器人动态控制是相当有用的。

② 已知关节驱动力矩，求机器人系统相应的各瞬时的运动。也就是说，给出关节力矩向量 τ，求机器人所产生的运动 θ、$\dot{\theta}$ 及 $\ddot{\theta}$。这对模拟机器人的运动是非常有用的。

（2）拉格朗日方程。

在机器人的动力学研究中，主要应用拉格朗日方程建立起机器人的动力学方程。这类方程可直接表示为系统控制输入的函数，若采用齐次坐标，递推的拉格朗日方程也可建立比较方便而有效的动力学方程。

对于任何机械系统，拉格朗日函数 L 定义为系统总动能 E_{K} 与总势能 E_{P} 之差，即

$$L=E_{\mathrm{k}}-E_{\mathrm{p}} \tag{3-105}$$

由拉格朗日函数 L 所描述的系统动力学状态的拉格朗日方程（简称 $L-E$，E_{K} 和 E_{P} 方程，K 和 P 可以用任何方便的坐标系来表示）为

$$F_i=\frac{\mathrm{d}}{\mathrm{d}t}\left(\frac{\partial L}{\partial q_i}\right)-\frac{\partial L}{\partial q_i},\ i=1,2,\cdots,n \tag{3-106}$$

式中　L——拉格朗日函数（又称拉格朗日算子）；

n——连杆数目；

q_i——系统选定的广义坐标，单位为 m 或 rad，具体选 m 还是 rad，由直线坐标还是转角坐标来决定；

$\dot{q}_i$——广义速度（广义坐标对时间的一阶导数），单位为 m/s 或 rad/s，具体选 m/s 还是 rad/s 由 $\dot{q}_i$ 是线速度还是角速度来决定；

F_i——作用在第 i 个坐标上的广义力或力矩，单位为 N 或 N·m，具体选 N 还是 N · m 由 q_i 是直线坐标还是转角坐标来决定。

考虑式（3-106）中不含 $\dot{q}$，上式可写成

$$F_i=\frac{\mathrm{d}}{\mathrm{d}t}\frac{\partial E_{\mathrm{k}}}{\partial \dot{q}_i}-\frac{\partial E_{\mathrm{k}}}{\partial q_i}+\frac{\partial E_{\mathrm{p}}}{\partial q_i},\ i=1,2,\cdots,n \tag{3-107}$$

用拉格朗日方程建立动力学方程的具体推导过程如下：

① 选取坐标系，选定完全且独立的广义关节变量 q_i，$i=1,2,\cdots,n$。

② 确定相应关节上的广义力 F_i：当 q_i 是位移变量时，F_i 为力：当 q_i 是角度变量时，F_i 为力矩。

③ 求出机器人各构件的动能和势能，构造拉格朗日函数。

④ 代入拉格朗日方程求得机器人系统的动力学方程。

（3）关节空间和操作空间动力学。

关节空间即 n 个自由度操作臂末端位姿 X 是由 n 个关节变量决定的，这 n 个关节变量叫 n 维关节矢量 q，q 所构成的空间称为关节空间。末端操作器的作业是在直角坐标空间中进行的，位姿 X 是在直角坐标空间中描述的，这个空间叫操作空间。关节空间动力学方程为

$$\tau D=q(\ddot{q})=H(q,\dot{q})+G(q) \tag{3-108}$$

式中 $\boldsymbol{\tau}=\begin{bmatrix}\tau_1\\ \tau_2\end{bmatrix}$；$\boldsymbol{q}=\begin{bmatrix}\theta_1\\ \theta_2\end{bmatrix}$；$\dot{q}=\begin{bmatrix}\dot{\theta}_1\\ \dot{\theta}_2\end{bmatrix}$；$\ddot{q}=\begin{bmatrix}\ddot{\theta}_1\\ \ddot{\theta}_2\end{bmatrix}$。

所以

$$\boldsymbol{D}(\boldsymbol{q})=\begin{bmatrix}m_1p_1^2+m_2(l_1^2+p_2^2+2l_1p_2\mathrm{c}\theta_2 & m_2(p_2^2+l_1p_2\mathrm{c}\theta_2)\\ m_2(p_2^2+l_1p_2\mathrm{c}\theta_2) & m_2p_2^2\end{bmatrix} \tag{3-109}$$

$$\boldsymbol{H}(\boldsymbol{q},\dot{\boldsymbol{q}})=\begin{bmatrix}-m_2l_1p_2\mathrm{s}\theta_2\theta_2^2-2m_2l_1p_2\mathrm{s}\theta_2\dot{\theta}_1\dot{\theta}_2\\ m_2l_1p_2\mathrm{s}\theta_2\theta_1^2\end{bmatrix} \tag{3-110}$$

$\boldsymbol{G}(\boldsymbol{q})$ 是（$n\times1$）的重力矢量，与操作臂的形位 q 有关，二自由度平面关节机器人有

$$\boldsymbol{G}(\boldsymbol{q})=\begin{bmatrix}(m_1p_1+m_2l_1)s_1+m_2p_2s_{12}\\ m_2p_2s_{12}\end{bmatrix}g \tag{3-111}$$

式（1-108）就是操作臂在关节空间的动力学方程的一般结构形式，它反映了关节力矩与关节变量、速度、加速度之间的函数关系。对于 n 个关节的操作臂，$\boldsymbol{D}(\boldsymbol{q})$ 是 $\boldsymbol{n}\times\boldsymbol{n}$ 的正定对称矩阵，是 q 的函数，称为操作臂的惯性矩阵；$\boldsymbol{H}(\boldsymbol{q},\boldsymbol{q})$ 是 $\boldsymbol{n}\times1$ 的离心力和科氏力矢量；$\boldsymbol{G}(\boldsymbol{q})$ 是 $\boldsymbol{n}\times1$ 的重

力矢量，与操作臂的形位 q 有关。

与关节空间动力学方程相对应，在笛卡儿操作空间中可以用直角坐标变量即末端操作器位姿的矢量 X 表示机器人动力学方程。因此，操作力 F 与末端加速度 $\ddot{X}$ 之间的关系可表示为

$$\boldsymbol{F}=\boldsymbol{M}_x(\boldsymbol{q})\ddot{\boldsymbol{X}}+\boldsymbol{U}_x(\boldsymbol{q},\dot{\boldsymbol{q}})+\boldsymbol{G}_x(\boldsymbol{q}) \tag{3-112}$$

式中　$\boldsymbol{M}_X(\boldsymbol{q})\ddot{\boldsymbol{X}}$ 、$\boldsymbol{U}_x(\boldsymbol{q},\dot{\boldsymbol{q}})$ 、$\boldsymbol{G}_X(\boldsymbol{q})$ ——操作空间惯性矩阵、离心力和科氏力矢量、重力矢量，它们都是在操作空间中表示的；

$\boldsymbol{F}$ ——广义操作力矢量。关节空间动力学方程和操作空间动力学方程之间的对应关系可以通过广义操作力 $\boldsymbol{F}$ 与广义关节力 $\boldsymbol{\tau}$ 之间的关系：

$$\boldsymbol{\tau}=\boldsymbol{J}^{\mathrm{T}}(\boldsymbol{q})\boldsymbol{F} \tag{3-113}$$

和操作空间与关节空间之间的速度、加速度的关系式求出：

$$\begin{cases}\dot{\boldsymbol{X}}=\boldsymbol{J}(\boldsymbol{q})\dot{\boldsymbol{q}}\\ \ddot{\boldsymbol{X}}=\boldsymbol{J}(\boldsymbol{q})\ddot{\boldsymbol{q}}+\dot{\boldsymbol{J}}(\boldsymbol{q})\dot{\boldsymbol{q}}\end{cases} \tag{3-114}$$

知识拓展

旋转的齐次变换应用

如图 3-19 所示的单臂操作手，手腕也具有一个自由度。已知手部起始位姿矩阵为

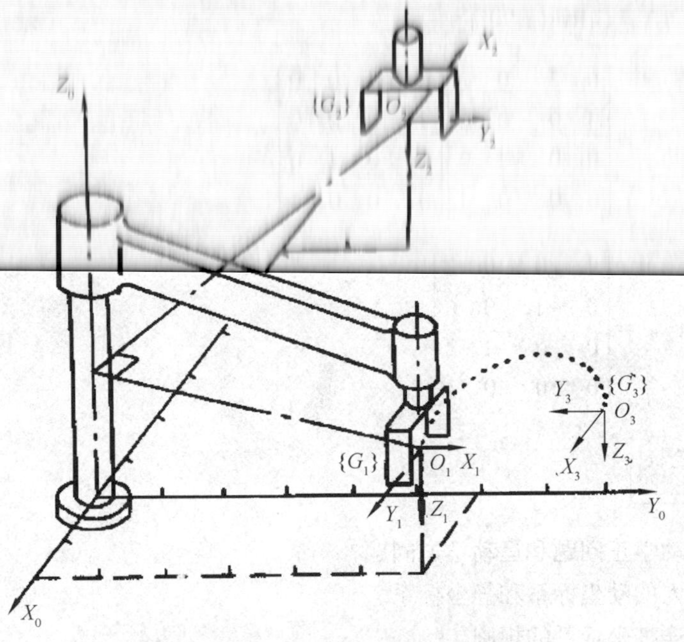

图 3-19　手臂旋转变换示意图

$$G_1 = \begin{bmatrix} 0 & 1 & 0 & 2 \\ 1 & 0 & 0 & 6 \\ 0 & 0 & -1 & 2 \\ 0 & 0 & 0 & 1 \end{bmatrix} \tag{3-115}$$

若手臂绕 Z_0 轴旋转 $+90°$，则手部到达 G_2，若手臂不动，仅手部绕手腕 Z_1 轴旋转 $+90°$，则手部到达 G_3。写出手部坐标系 $\{G_2\}$ 及 $\{G_3\}$ 的矩阵表达式。

（1）若手手臂绕 Z_0 轴旋转 $+90°$，则手部到达 G_2，这是手臂绕定轴转动是相对固定坐标系作旋转变换，所以

$$G_2 = \underrightarrow{\mathrm{Rot}(z,90°)}G_1$$

$$= \begin{bmatrix} 0 & -1 & 0 & 0 \\ 1 & 0 & 0 & 0 \\ 0 & 0 & 1 & 0 \\ 0 & 0 & 0 & 1 \end{bmatrix} \begin{bmatrix} 0 & 1 & 0 & 2 \\ 1 & 0 & 0 & 6 \\ 0 & 0 & -1 & 2 \\ 0 & 0 & 0 & 1 \end{bmatrix}$$

$$= \begin{bmatrix} -1 & 0 & 0 & -6 \\ 0 & 1 & 0 & 2 \\ 0 & 0 & -1 & 2 \\ 0 & 0 & 0 & 1 \end{bmatrix} \tag{3-116}$$

（2）若手臂不动，仅手部绕手腕 Z_1 轴旋转 $+90°$，则手部到达 G_3，这时手部绕手腕轴旋转是相对动坐标系做旋转变换，所以

$$G_3 = \underleftarrow{G_1\mathrm{Rot}(z,90°)}$$

$$= \begin{bmatrix} 0 & 1 & 0 & 2 \\ 1 & 0 & 0 & 6 \\ 0 & 0 & -1 & 2 \\ 0 & 0 & 0 & 1 \end{bmatrix} \begin{bmatrix} 0 & -1 & 0 & 0 \\ 1 & 0 & 0 & 0 \\ 0 & 0 & 1 & 0 \\ 0 & 0 & 0 & 1 \end{bmatrix}$$

$$= \begin{bmatrix} 1 & 0 & 0 & 2 \\ 0 & -1 & 0 & 6 \\ 0 & 0 & -1 & 2 \\ 0 & 0 & 0 & 1 \end{bmatrix} \tag{3-117}$$

巩固练习

（1）什么是运动学正问题和运动学逆问题？

（2）简述机器人的动坐标系和静坐标系。

（3）简述建立连杆坐标系的规则。

（4）建立运动方程需要哪些参数。

模块二 工业机器人的轨迹规划

学习目标

（1）理解路和轨迹的概念。

（2）理解轨迹规划的原理。

（3）理解关节轨迹规划。

知识导入

工业机器人路径规划是生产自动化系统的必要组成部分，确保路径规划得精准、安全、高效，极其重要。

一、路径和轨迹

机器人轨迹泛指工业机器人在运动过程中的运动轨迹，即运动点的位移、速度和加速度。轨迹的生成一般是先给定轨迹上的若干个点，如图 3-20 所示，将其经运动学反解映射到关节空间，对关节空间中的相应点建立运动方程，然后按这些运动方程对关节进行插值，从而实现作业空间的运动要求，这一过程通常称为轨迹规划。

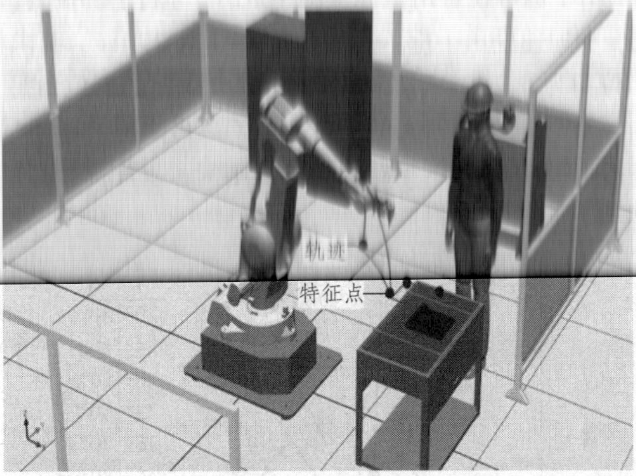

图 3-20　机器人轨迹的规划

路径是机器人位姿的一定序列，而不考虑机器人位姿参数随时间变化的因素。如图 3-21 所示，如果有关机器人从 A 点运动到 B 点，再到 C 点，那么这中间位姿序列就构成了一条路径。而轨迹则与何时到达路径中的每个部分有关，强调的是时间。因此，图中不论机器人何时到达 B 点和 C 点，其路径是一样的，而轨迹则依赖于速度和加速度，如果机器人抵达 B 点和 C 点的时间不同，则相应的轨迹也不同。我们的研究不仅要涉及机器人的运动路径，而且还要关注其速度和加速度。

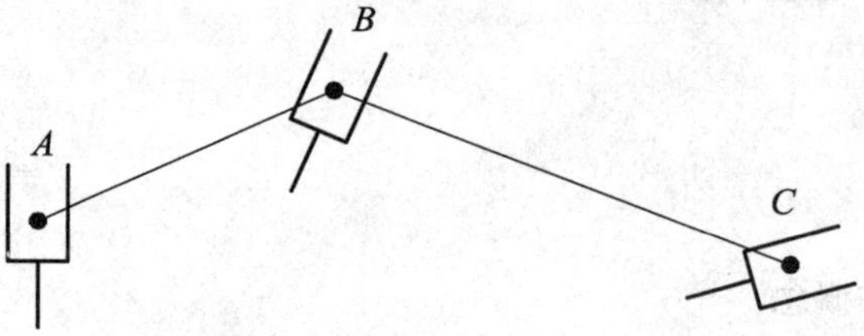

图 3-21　机器人在路径上的依次运动

二、轨迹规划

轨迹规划是指根据作业任务要求确定轨迹参数并实时计算和生成运动轨迹。轨迹规划的一般问题有 3 个：

（1）对机器人的任务进行描述，即运动轨迹的描述。

（2）根据已经确定的轨迹参数，在计算机上模拟所要求的轨迹。

（3）对轨迹进行实际计算，即在运行时间内按一定的速率计算出位置、速度和加速度，从而生成运动轨迹。

在规划中，不仅要规定机器人的起始点和终止点，而且要给出中间点（路径点）的位姿及路径点之间的时间分配，即给出两个路径点之间的运动时间。

轨迹规划既可在关节空间中进行，即将所有的关节变量表示为时间的函数，用其一阶、二阶导数描述机器人的预期动作，也可在直角坐标空间中进行，即将手部位姿参数表示为时间的函数，而相应的关节位置、速度和加速度由手部信息导出。如图 3-22 所示，要求机器人从 A 点运动到 B 点。机器人在 A 点时形位角为 $\alpha=20°$，$\beta=30°$；达到 B 点时的形位角是 $\alpha=40°$，$\beta=80°$。两关节运动的最大速率均为 10°/s。当机器人的所有关节均以最大速度运动时，下方的连杆将用 2 s 到达，而上方的连杆还需再运动 3 s，可见路径是不规则的，手部掠过的距离点也是不均匀的。

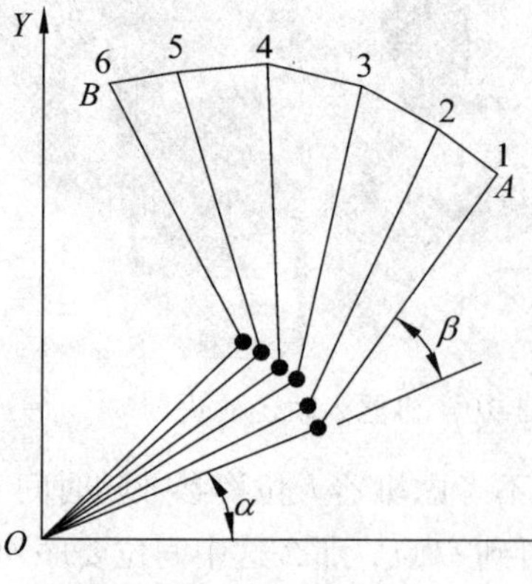

α	β
20°	30°
24°	40°
28°	50°
32°	60°
36°	70°
40°	80°

图 3-22　二自由度平面关节机器人轨迹规划

将机器人手臂两个关节的运动用有关公共因子做归一化处理，使手臂运动范围较小的关节运动成比例地减慢。这样，两个关节就能够同步开始和结束运动，即两个关节以不同速度一起连续运动，速率分别为 4°/s 和 10°/s。如图 3-23 所示为该机器人两关节运动轨迹，与前面的不同，其运动更加均衡，且实现了关节速率归一化。

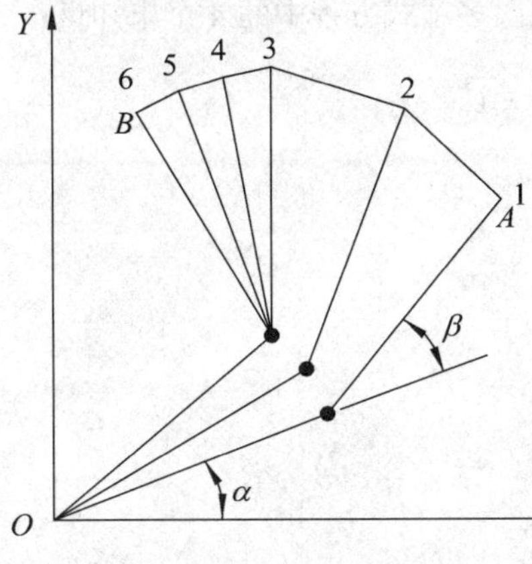

α	β
20°	30°
30°	40°
40°	50°
40°	60°
40°	70°
40°	80°

图 3-23　二自由度机器人关节空间的归一化运动

如果希望机器人的手部可以沿 *AB* 这条直线运动，最简单的方法是将该直线等分为几部分，如图 3-24 所示， 然后计算出各个点所需的形位角 α 和 β 的值，这一过程称为两点间的插值。可以看出，这时路径是一条直线，而形位角变化并不均匀。很显然，如果路径点过少，将不能保证机器人在每一小段内的严格直线轨迹。因此，为获得良好的沿循精度，应对路径进行更加细致的分割。由于对机器人轨迹的所有运动段的计算均基于直角坐标系，因此该法属直角坐标空间的轨迹规划。

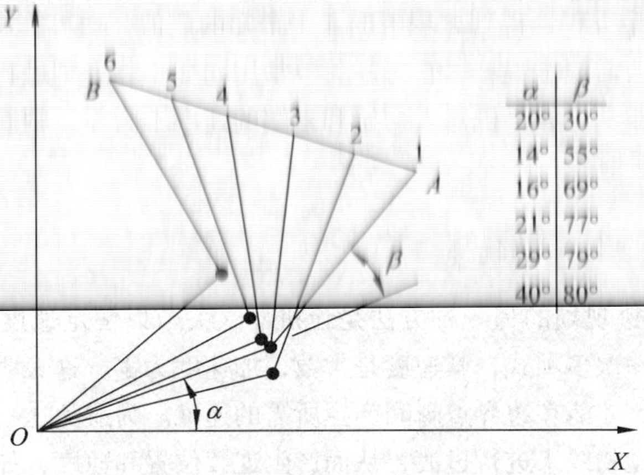

α	β
20°	30°
14°	55°
16°	69°
21°	77°
29°	79°
40°	80°

图 3-24　二自由度机器人直角坐标空间的运动

三、关节空间的轨迹规划

1. 三次多项式轨迹规划

假设机器人的初始位姿是已知的，通过求解逆运动学方程可以求得机器人期望的手部位姿对应的形位角。若考虑其中某一关节的运动开始时刻 t_i 的角度为 θ_i，希望该关节在时刻 t_f 运动到新的角度 θ_f。轨迹规划的一种方法是使用多项式函数以使得初始和末端的边界条件与已知条件相匹配，这些已知条件为 θ_i 和 θ_f 及机器人在运动开始和结束时的速度，这些速度通常为 0 或其他已知值。这 4 个已知信息可用来求解下列三次多项式方程中的 4 个未知量：

$$\theta(t)=c_0+c_1t+c_2t^2+c_3t^3 \tag{3-118}$$

这里初始和末端条件是

$$\begin{cases}\theta(t_i)=\theta_i\\ \theta(t_f)=\theta_f\\ \dot{\theta}(t_i)=0\\ \dot{\theta}(t_f)=0\end{cases} \tag{3-119}$$

对式（3-118）求一阶导数得到：

$$\dot{\theta}(t)=c_1+2c_2t+3c_3t^2 \tag{3-120}$$

将初始和末端条件代入式（3-118）和（3-120）得到：

$$\begin{cases}\theta(t_i)=c_0=\theta_i\\ \theta(t_f)=c_0+c_1t_f+c_1t_f^2+c_3t_f^2\\ \dot{\theta}(t_i)=c_1=0\\ \dot{\theta}(t_f)=c_1+2c_2t_f+3c_3t_f^2=0\end{cases} \tag{3-121}$$

通过联立求解这 4 个方程，得到方程中的 4 个未知的数值，便可算出任意时刻的关节位置，控制器则据此驱动关节所需的位置。尽管每一关节是用同样步骤分别进行轨迹规划的，但是所有关节从始至终都是同步驱动。如果机器人初始和末端的速率不为零，则同样可以通过给定数据得到未知的数值。

2．抛物线过渡的线性运动轨迹

在关节空间进行轨迹规划的另一种方法是让机器人关节以恒定速度在起点和终点位置之间运动，轨迹方程相当于一次多项式，其速度是常数，加速度为零。这表明在运动段的起点和终点的加速度必须为无穷大，才能在边界点瞬间产生所需的速度。为避免这一现象出现，线性运动段在起点和终点处可以用抛物线来进行过渡，从而产生连续位置和速度，如图 3-25 所示。

假设 $t_i=0$ 和 t_f 时刻对应的起点和终点位置为 θ_i 和 θ_f 抛物线与直线部分的过渡段在时间 t_b 和 t_f-t_b 处是对称的，得到

$$\begin{cases}\theta(t)=c_0+c_1t+\dfrac{1}{2}c_2t^2\\ \dot{\theta}(t)=c_1+c_2t\\ \ddot{\theta}(t)=c_2\end{cases} \tag{3-122}$$

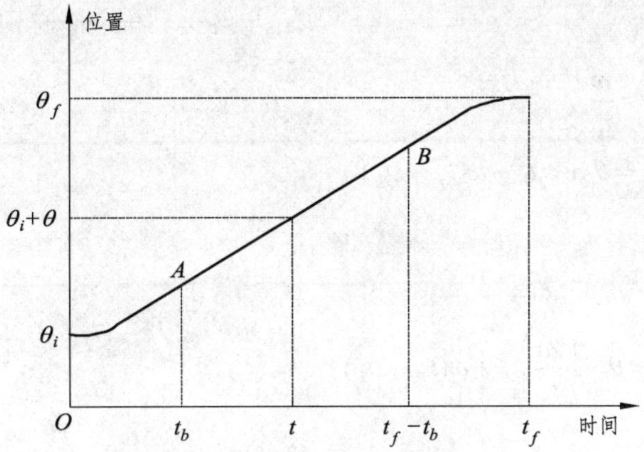

图 3-25　抛物线过渡的线性段规划方法

显然，这时抛物线运动段的加速度是一个常数，并在公共点 A 和 B（称这些点为节点）上产生连续的速度。将边界条件代入抛物线段的方程，得到：

$$\begin{cases}\theta(0)=\theta_i=c_0\\ \dot{\theta}(0)=0=c_1\\ \ddot{\theta}(t)=c_2\end{cases}\tag{3-123}$$

整理得

$$\begin{cases}c_0=\theta_i\\ c_1=0\\ c_2=\ddot{\theta}\end{cases}\tag{3-124}$$

从而简化抛物线段的方程为

$$\begin{cases}\theta(t)=\theta_i+\dfrac{1}{2}c_2t^2\\ \dot{\theta}(t)=c_2t\\ \ddot{\theta}(t)=c_2\end{cases}\tag{3-125}$$

显然，对于直线段，速度将保持为常数，可以根据驱动器的物理性能来加以选择。将零初速度、线性段常量速度 ω 以及零末端速度代入式（3-125）中，可得 A 点和 B 点以及终点的关节位置和速度如下：

$$\begin{cases}\theta_A=\theta_i+\dfrac{1}{2}c_2t_b^2\\ \dot{\theta}_A=c_2t_b=\omega\\ \theta_B=\theta_A+\omega[(t_f-t_b)-t_b]=\theta_A+\omega(t_f-2t_b)\\ \dot{\theta}_B=\dot{\theta}_A=\omega\\ \theta_f=\theta_B+(\theta_A-\theta_i)\\ \dot{\theta}_f=0\end{cases}\tag{3-126}$$

由上式可以求得

$$\begin{cases} c_2 = \dfrac{\omega}{t_b} \\ \theta_f = \theta_i + c_2 t_b^2 + \omega(t_f - 2t_b) \end{cases} \tag{3-127}$$

把 $c_2 = \dfrac{\omega}{t_b}$ 代入得

$$\theta_f = \theta_i + \left(\frac{\omega}{t_b}\right) t_b^2 + \omega(t_f - 2t_b) \tag{3-128}$$

进而求出过渡时间 t_b：

$$t_b = \frac{\theta_i - \theta_f + \omega t_f}{\omega} \tag{3-129}$$

t_b 不能总大于总时间 t_f 的一半，否则，在整个过程中将没有直线运动段，而只有抛物线加速和抛物线减速段。由 t_b 表达式可以计算出对应的最大速度：

$$\omega_{\max} = \frac{2(\theta_f - \theta_i)}{t_f} \tag{3-130}$$

如果初始时间不是零，则可采用平移时间轴的方法使初始时间为零。终点的抛物线段和起点的抛物线段是对称的，只不过加速度为负，因此可以表示为

$$\theta(t) = \theta_f - \frac{1}{2} c_2 (t_f - t)^2 \tag{3-131}$$

其中，$c_2 = \omega / t_b$，从而得到

$$\begin{cases} \theta(t) = \theta_f - \dfrac{\omega}{2t_b}(t_f - t)^2 \\ \dot{\theta}(t) = \dfrac{\omega}{t_b}(t_f - t) \\ \ddot{\theta}(t) = -\dfrac{\omega}{t_b} \end{cases} \tag{3-132}$$

知识拓展

奇异形位

对于关节空间的某些形位，机械手的雅可比矩阵的秩减少，这些形位称为操作臂（机械手）的奇异形位。

当 $\theta_2 = 0°$ 或 $\theta_2 = 180°$ 时，机械手的雅可比行列式为 0，矩阵的秩为 1，因此处于奇异状态。在奇异形位时，机械手在操作空间的自由度将减少，如图 3-26 所示。

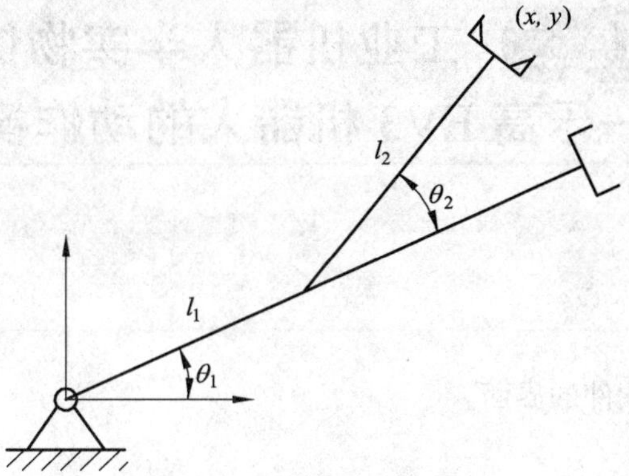

图 3-26　两自由度平面机械手

由于雅可比矩阵 $\boldsymbol{J}(\boldsymbol{q})$ 是关节变量 q 的函数，总会存在一些位形，在这些位形处，$|\boldsymbol{J}(\boldsymbol{q})|=0$，即 $\boldsymbol{J}(\boldsymbol{q})$ 为奇异矩阵，这些位形就叫奇异位形。

一般，奇异位形有两种类型：

一、工作域边界上的奇异

这种奇异位形出现在机器人的机械手工作区的边界上时，也就是在机器人手臂全部展开或全部折回时出现。这种奇异位形并不是特别严重，只要机器人末端执行器远离工作区边界即可。

二、工作域内部奇异

这种奇异位形出现在两个或多个关节轴线重合时很难处理，因为它可能出现在工作区的任何位置，并且机器人的末端执行器在这种奇异位形附近的可操作性会变坏，这样极大地减少了机器人的可行区。

对机器人通过奇异位形时轨迹控制方法的研究可以大致分为如下 4 种方法：

（1）回避机器人操作器的奇异位形。

预测奇异位形的可能出现位置，并避免它。理论上对给定的机器人操作器只要令其雅可比行列式的值等于零，即可找到它的奇异位形。

（2）根据机构的各向同性原理设计机器人操作器。

通过设计上的优化，能使得机器人机构在一个比较大的区域内保持各向同性，即在各个方向的可能误差和施加的力都是相同的。

（3）利用降秩雅可比矩阵求近似反解。

在奇异位形附近利用矩阵论中的伪逆矩阵理论，通过定义一种伪逆雅可比矩阵，将雅可比矩阵降秩处理，求解近似反解。

（4）利用具有冗余度的机器人操作器。

使机器人通过奇异位形时给机械臂增加多余的关节。

巩固练习

（1）什么是动力学正问题和动力学逆问题？

（2）什么是机器人雅克比矩阵？

（3）轨迹规划的一般问题有哪几个？

模块三 工业机器人半实物仿真
——乐高 EV3 机器人的动作模块

学习目标

（1）认识机器人编程软件的界面。

（2）理解输入和输出。

（3）认识动作模块、并可以用动作模块正确编程。

知识导入

一个人想要奔跑，先要学会如何行走。同样，机器人若想要胜任复杂的工作，首先要能够完成简单任务。本节课将学习如何让乐高机器人小东（见图 3-27）直线移动，即用软件为机器人编写直线前进程序。将程序输入到控制核心中，控制核心便可以控制机器人动起来。

图 3-27　乐高机器人小车

知识讲解

一、认识大型电机

搭建机器人的移动基座需要 2 个大型电机（见图 3-28）。大型电机是一个强大的智能电机，它有一个内置角度传感器，分辨率为 1°，可实现精确控制。

大型电机为机器人提供动力，通过使用软件中的“移动转向”或“移动槽”编程模块使机器人进行移动，两个大型电机可以一起工作。

轮毂和轮胎结合，固定在大型电机上构成机器人的主动轮。这里选用宽而扁平的低轮胎（见图 3-29），增加了与地面接触的面积，加大了摩擦力，从而提升了机器人的抓地力。

图 3-28　乐高机器人大型电机

图 3-29　低轮胎

二、搭建机器人移动小车

按照学习情境一模块四的机器人移动小车的搭建方法搭建机器人移动小车（见图 3-30）。

图 3-30　机器人移动小车模型

三、编程基础

1．编程软件界面

编程软件界面，如图 3-31 所示。

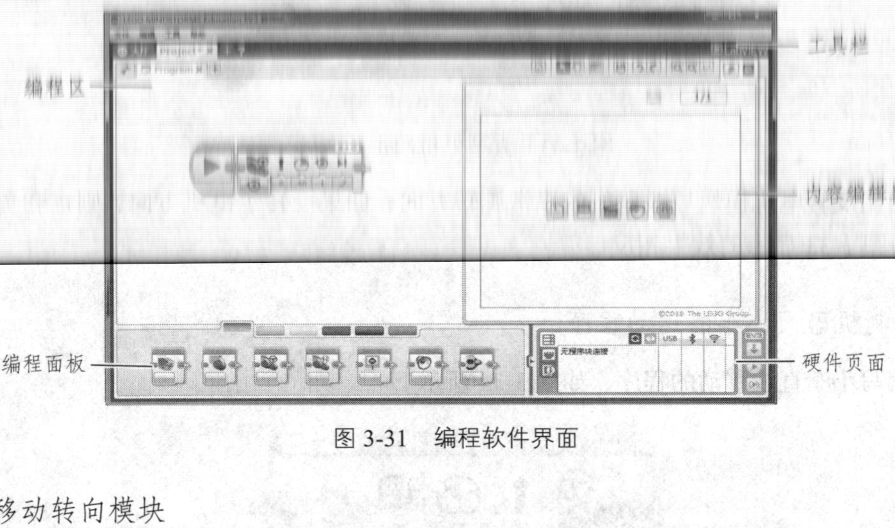

图 3-31　编程软件界面

2．移动转向模块

在 EV3 机器人编程软件中，绿色代表动作类模块，橘色为流程控制类模块，黄色是传感器类模块，红色是数据操作类模块，蓝色是高级类模块，浅蓝色是自定义类模块。

点击绿色的动作类模块，选择其中的“移动转向”，便出现了一个移动转向模块。移动转向模块可以使机器人向前、向后驱动，转弯或停止。可以调整转向使机器人直行、弧形驱动或急转弯。

这里可以对具有两个大型电机的机器人车辆使用移动转向模块（一个电机驱动车辆左侧，另一个驱动右侧）。移动转向模块会同时控制两个电机，实现安装所需方向驱动车辆。移动转向模块在 EV3 软件中的显示如图 3-32 所示。

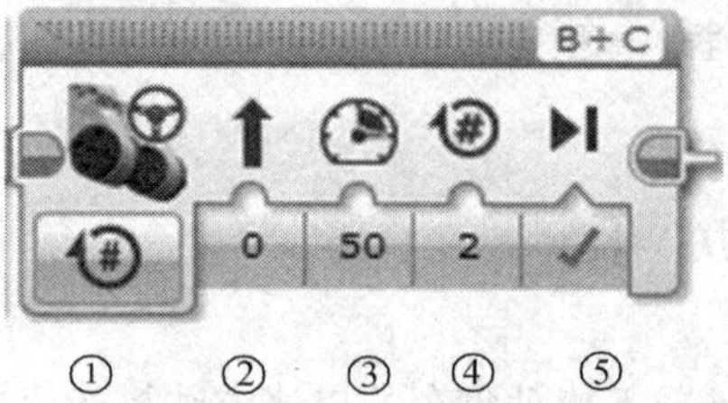

图 3-32　移动转向模块的功能

移动转向模块的功能如下：

① 移动转向的功能选项，分为开启、关闭、开启指定秒数、开启指定度数、开启指定圈数。

② 转向。

③ 大型电机运转时的功率。

④ 电机转动圈数。

⑤ 结束时制动。

在移动转向模块中，可以选择所需要的驱动方式。例如，可以让小车根据电机转动的时间前进，或者可以通过电机转动的角度控制小车前进的距离。

在进行功率输入时，可以输入 – 100 ~ 100 的数字，正数和负数功率使大型电机向不同的方向转动，如图 3-33 所示。

图 3-33　大型电机的正、反转

可以使用反转电机模块更改电机的正常旋转方向，如果反转了电机方向，则正和负功率级别的效果会与图 3-33 显示的效果相反。

3．编制机器人小车的运动程序

（1）编写小车直线移动的程序，如图 3-34 所示。

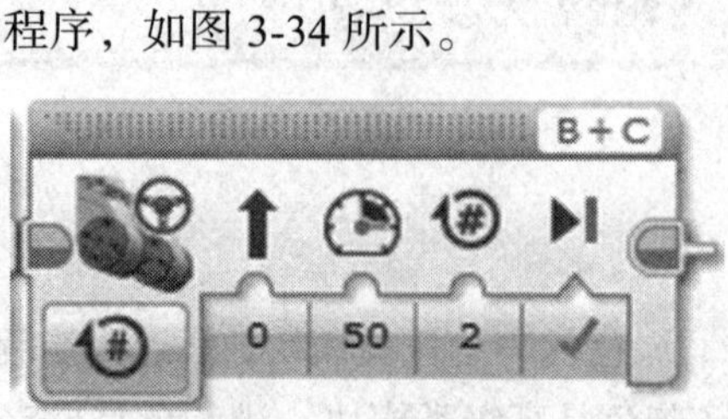

图 3-34　直线编程参考

（2）编写让小车先前进再后退的程序，如图 3-35 和表 3-1 所示。

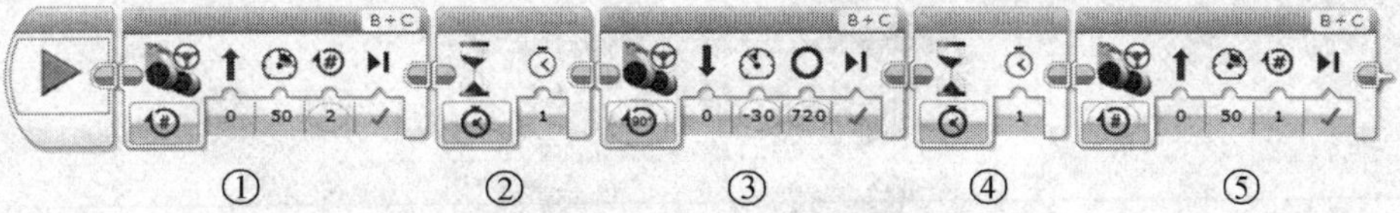

图 3-35　小车进、退参考程序

表 3-1　小车进、退程序编程所用模块的类别及设置

模块名称	所属类别	模块设置
① 移动转向	动作类	大型电机——移动转向开启指定圈数；转向 0；功率 50；圈数 2；结束时间制动——真
② 等待	流程控制类	等待——时间；1 s
③ 移动转向	动作类	移动转向——开启指定度数；方向——后退；功率 −50；移动转向度数 720；结束时制动——真
④ 等待	流程控制类	等待——时间；1 s
⑤ 移动转向	动作类	移动转向——秒数；转向 0；功率 50；移动时间 1；结束时间制动——真

至此，机器人小车向前并向后行驶的程序就完成了，其中包含了多种模块类型。这里你可以发挥自己的创意，用多种编程方式完成这个任务。

知识拓展

一、认识移动槽模块

移动槽模块可以使机器人向前、向后驱动，转向或停止。移动槽模块可以为有两个大型电机的机器人小车编程。机器人的一个电机驱动左侧车辆，另一个驱动右侧车轮。

移动槽模块可以使两个电机以不同速度或不同方向运行，以便使机器人发生转向。

图 3-36 所示是一个移动槽模块，请注意该模块中左、右两个功率值（分别为“40”和“−40”）。这个模块能让机器人做出原地旋转。

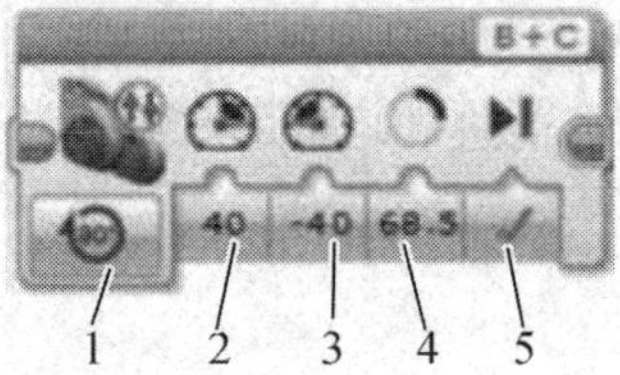

① 移动槽功能选项：开启/关闭；开启指定秒数；开启指定度数；开启指定圈数
② 左边功率
③ 右边功率
④ 角度
⑤ 结束时制动

图 3-36　移动槽功能

二、创建机器人转圈模块

创建一个能让机器人转圈的模块，参数设置如图 3-37 所示。

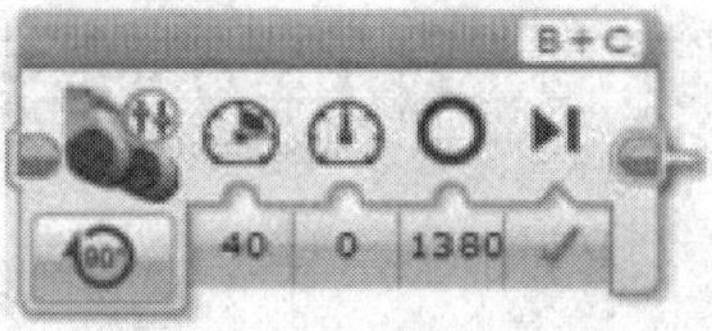

图 3-37　移动槽功能

该模块与控制机器人原地旋转的模块相同，都是移动槽模块，但是请注意左、右两个功率值的变化。这个模块控制一个驱动轮转动，同时另一个驱动轮静止，使机器人实现转圈操作。

三、编写转圈和原地旋转程序

编写一个能让机器人既能原地旋转又能转圈的程序，如图 3-38 和表 3-2 所示。

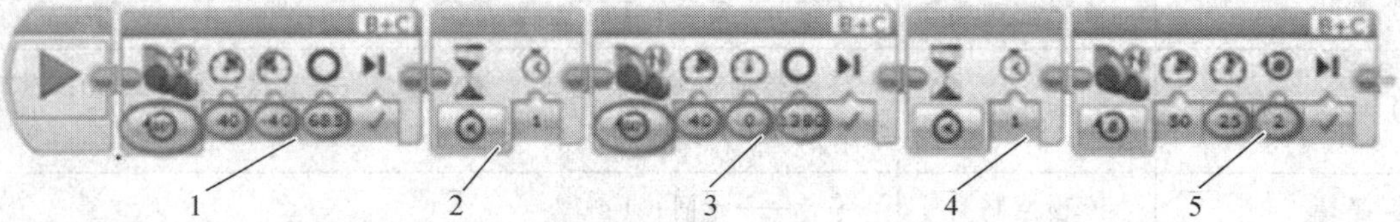

图 3-38　参考程序及编程所用模块设置

表 3-2　机器人转圈和旋转所用模块的类别和设置

模块名称	所属类别	模块设置
① 移动槽	动作类	移动槽——开启指定度数；左功率 40；右功率 40；度数 685；结束时制动——真
② 等待	流程控制类	等待——时间：1 s
③ 移动槽	动作类	移动槽——开启指定度数；左功率 40；右功率 0；度数 1 380；结束时制动——真
④ 等待	流程控制类	等待——时间：1 s
⑤ 移动槽	动作类	移动槽——开启指定度数；左功率 50；右功率 25；大型电机转动圈数 2；结束时制动——真

巩固练习

（1）尝试设计移动速度更快的机器人。

（2）挑战“定点停车”。在机器人能够前进和后退的基础上，为机器人编写新的程序，让其实现定点停车。

学习情境四

工业机器人传感器及应用

模块一 工业机器人触觉传感器

学习目标

（1）了解触觉传感器的发展历程。

（2）掌握工业机器人触觉传感器的分类及作用。

知识导入

传感器作为一种检测装置，通过接收被测量的信息，按一定规律变换成电信号或其他方式的信息输出，以满足信息的传输、处理、存储、显示、记录和控制等要求，它是实现自动检测和自动控制的首要环节。传感器的特点包括微型化、数字化、智能化、多功能化、系统化、网络化。因为传感器的存在，让机器人有了触觉、味觉和嗅觉。表 4-1 所示为机器人传感器的分类及应用。

表 4-1　机器人传感器的分类及应用

类　别	检测内容	应用目的	传感器件
明暗觉	是否有光，亮度多少	判断有无对象，并得到定量结果	光敏管、光电断续器
色　觉	对象的色彩及浓度	利用颜色识别对象的场合	彩色摄影机、滤色器、彩色CCD
位置觉	物体的位置、角度、距离	物体空间位置，判断物体移动	光敏阵列、CCD 等

续表

类　别	检测内容	应用目的	传感器件
形状觉	物体的外形	提取物体轮廓及固有特征，识别物体	光敏阵列、CCD 等
接触觉	与对象是否接触，接触的位置	决定对象位置，识别对象形态，控制速度，安全保障，异常停止，寻径	光电传感器、微动开关、薄膜接点、压敏高分子材料
压　觉	对物体的压力、握力、压力分布	控制握力，识别握持物，测量物体弹性	压电元件、导电橡胶、压敏高分子材料
力　觉	机器人有关部件（如手指）所受外力及转矩	控制手腕移动，伺服控制，正确完成作业	应变片、导电橡胶
接近觉	与对象物是否接近，接近距离，对象面的倾斜度	控制位置，寻径，安全保障，异常停止	光传感器、气压传感器、超声波传感器、电涡流传感器、霍尔传感器
滑　觉	垂直于握持面方向物体的位移，旋转重力引起的变形	修正握力，防止打滑，判断物体质量及表面状态	球形接点式、光电式旋转传感器、角编码器、振动检测器

从上表可知，机器人传感器可被认为是对人类感觉的模仿，而上表的机器人传感器并不是都用在一个机器人上，如有些工业机器人突出滑觉，有些工业机器人突出触觉，有些工业机器人突出视觉等等。

知识讲解

一、触觉传感器的发展历程

20 世纪 70 年代，国外的机器人研究已成热点，但触觉技术的研究才开始且很少。当时对触觉的研究仅限于与对象的接触与否、接触力大小，虽有一些好的设想，但研制出的传感器少且简陋。

20 世纪 80 年代是机器人触觉传感技术研究、发展的快速增长期，此期间对传感器设计、原理和方法做了大量研究，主要有电阻、电容、压电、热电磁、磁电、力、光、超声和电阻应变等原理和方法。从总体上看 80 年代的研究可分为传感器研制、触觉数据处理、主动触觉感知三部分，其突出特点是以传感器装置研究为中心，主要面向工业自动化。

20 世纪 90 年代对触觉传感技术的研究继续保持增长并多方向发展。有关触觉研究的文献可分为传感技术与传感器设计、触觉图像处理、形状辨识、主动触觉感知、结构与集成。

2002 年，美国科研人员在内窥镜手术的导管顶部安装触觉传感器，可检测疾病组织的刚度，根据组织柔软度施加合适的力度，保证手术操作的安全。

2008 年，日本 Kazuto Takashima 等人设计了压电三维力触觉传感器，将其安装在机器人灵巧手指端，并建立了肝脏模拟界面，外科医生可以通过对机器人灵巧手的控制，感受肝脏病变部位的信息，进行封闭式手术。

2009 年，德国菲劳恩霍夫制造技术和应用材料研究院的马库斯-梅瓦尔研制出具有新型触觉系统的章鱼水下机器人，可精确地感知障碍物状况，可以自动完成海底环境的勘测工作。

二、工业机器人触觉传感器

为使机器人准确地完成工作，需时刻检测机器人与对象物体的配合关系。触觉是机器人获取环境信息的一种仅次于视觉的重要知觉形式，是机器人实现与环境直接作用的必需媒介。与视觉不同，触觉本身有很强的敏感能力，可直接测量对象和环境的多种性质特征，因此触觉不仅仅只是视觉的一种补充。

机器人触觉传感器有两大主要功能：一是检测功能，包括对操作对象的状态、机械手与操作对象的接触状态、操作对象的物理性质进行检测；二是识别功能，是在检测的基础上提取操作对象的形状、大小、刚度等特征，以进行分类和目标识别。

机器人触觉可分为力觉、压觉、滑觉和接触觉等几种。

1．力觉传感器

力觉是指对机器人的指、肢和关节等运动中所受力的感知，力觉传感器是机器人重要的传感器之一。

根据被测对象的负载，可以把力觉传感器分为关节力传感器（测量驱动器本身的输出力和力矩）、腕力传感器（测量作用在末端执行器上的各向力和力矩）、手指传感器（检测夹持物体手指的受力情况）和六轴力觉传感器。

根据力的检测方式不同，力觉传感器可以分为检测应变或应力的应变片式，利用压电效应的压电元件式，用位移计测量负载产生的位移的差动变压器、电容位移计式，电感式传感器等，其中应变片被工业机器人广泛采用。

图 4-1 所示为一个十字梁腕力传感器，该传感器的弹性元件用铝材制造，加工成十字框架，

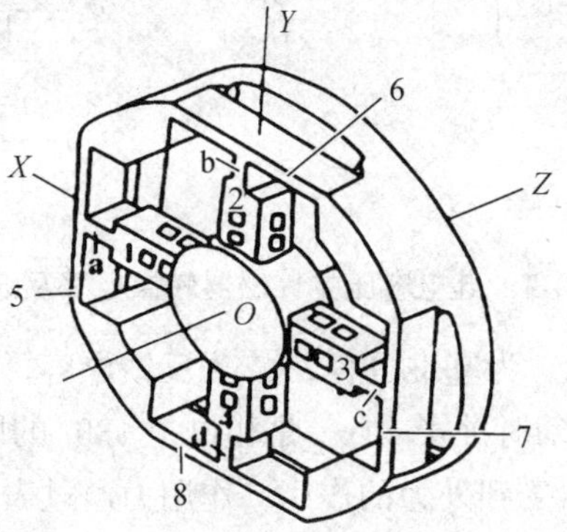

图 4-1　十字梁腕力传感器

中心圆孔用于固定手腕关节，4 个悬臂梁的外端固定在圆形前手腕关节的方形内侧孔中。这样，当前手腕关节与后手腕关节之间传递力矩时，十字梁就会产生形变。应变片贴于十字梁上，每根梁的上下左右侧面各贴一片应变片，相对面上的两片应变片构成一组半桥，通过测量每一个半桥的输出，即可检测该方向的力矩参数。整个手腕通过应变片可测量出 8 个参数，利用这些参数，可以计算出手腕 X，Y，Z 三个方向的力 F_x，F_y，F_z 和力矩 T_x，T_y，T_z。

2．压觉传感器

压觉传感器位于手指握持面上，用来检测机器人手指握持面上承受的压力大小和分布，它是利用弹性体材料的电阻率随压力大小的变化而变化的性质制成的，它可以把接触面上的压力信号变为电信号。图 4-2 为智能压觉传感器的示意。

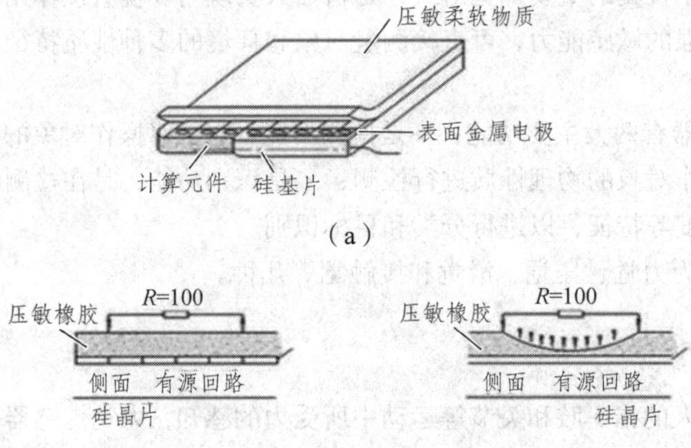

图 4-2　智能压觉传感器

硅电容压觉传感器是由若干个电容器均匀地排列成一个简单的电容器阵列，其转换电路如图 4-3 所示。

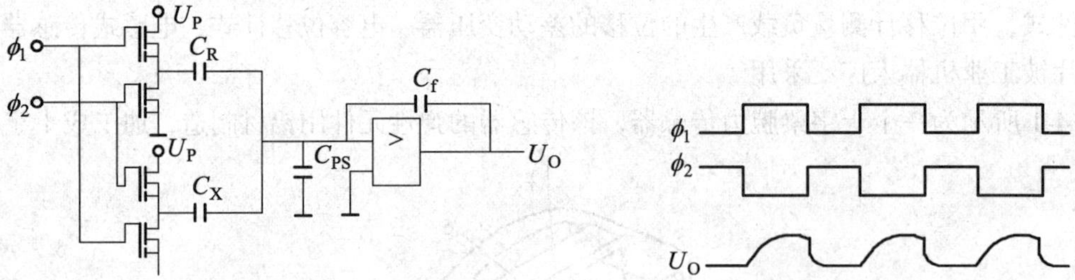

图 4-3　硅电容压觉传感器转换电路及波形

图中，C_X 为传感器电容，C_R 为基准电容，C_f 为反馈电容，电路以交流调制电源供电，电源峰值为 U_D，图 4-3（b）中的驱动时钟 Φ_1、Φ_2 是相位差 180° 的脉冲调制信号。

当手指握持物体时，传感器受到外力的作用，作用力通过表皮层和垫片层传到电容极板上，从而引起电容 C_X 的变化，其电容量随作用力的大小而改变，转换电路输出电压为

$$U_o = U_P[(C_X - C_R)/C_f]$$

该电压反馈给计算机，经与标准值比较后输出指令给执行机构，使手指保持适当握紧力。

目前出现的“人工皮肤”，实际上就是一种超高密度排列的阵列传感器，主要用于表面形状和表面特性的检测。而压电材料则是另一种有潜力的触觉敏感材料，其原理是利用晶体的压电效应，在晶体上施压时，一定范围内施加的压力与晶体的电阻成比例关系。但是一般晶体的脆性比较大，作为敏感材料时很难制作。另外，还有一种聚合物材料具有良好的压电性，且柔性好、易制作，可望成为新的触觉敏感材料。其他常用敏感材料还有利用了应变变形原理的半导体应变计等。

3．滑觉传感器

机器人的手爪要抓住属性未知的物体，必须对物体作用最佳大小的握持力，以保证既能握住物体，又不使被抓物滑落，还不至于因用力过大而使物体产生变形而损坏。在手爪间安装滑觉传感器就能检测出手爪与物体接触面之间相对运动（滑动）的大小和方向。

检测滑动的方法有以下几种：

（1）根据滑动时产生的振动检测，如图 4-4（a）所示。

（2）把滑动的位移变成转动，检测其角位移，如图 4-4（b）所示。

（3）根据滑动时手指与对象物体间动静摩擦力来检测，如图 4-4（c）所示。

（4）根据手指压力分布的改变来检测，如图 4-4（d）所示。

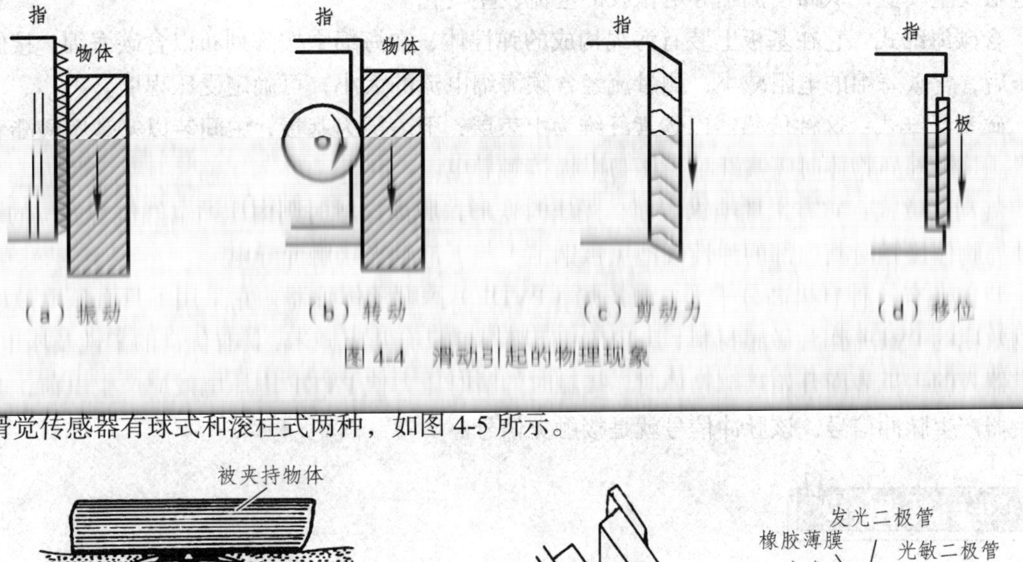

（a）振动　（b）转动　（c）剪切力　（d）移位

图 4-4　滑动引起的物理现象

滑觉传感器有球式和滚柱式两种，如图 4-5 所示。

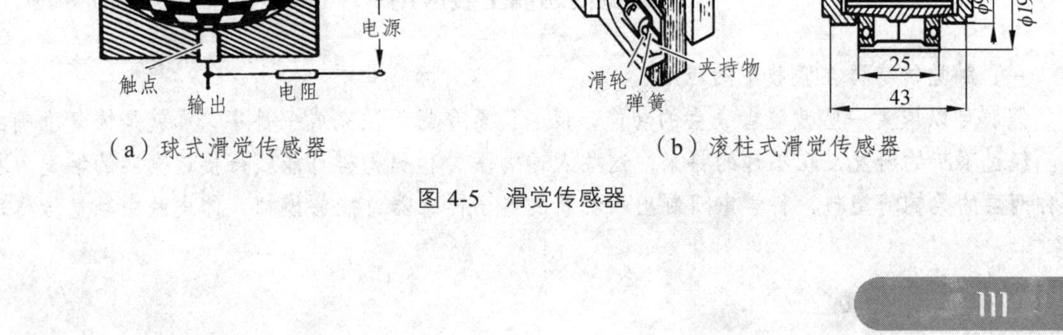

（a）球式滑觉传感器　（b）滚柱式滑觉传感器

图 4-5　滑觉传感器

球式滑觉传感器由一个金属球和触针组成，金属球表面分成许多个间隔排列的导电和绝缘小格。触针头很细，每次只能触及一格。当工件滑动时，金属球也随之转动，在触针上输出脉冲信号。脉冲信号的频率反映了滑移速度，脉冲信号的个数对应滑移的距离。接触器触头面积小于球面上露出的导体面积，它可以做得很小，从而提高了检测灵敏度。球与被握物体相接触，无论滑动方向如何，只要球一转动，传感器就会产生脉冲输出。该球体在冲击力作用下不转动，因此抗干扰能力强。

滚柱式滑觉传感器比较实用，小型滚轮安装在机器人手指上，其表面稍突出于手指表面，将物体的滑动变成滚轮的转动。滚轮表面贴有高摩擦系数的弹性物质，一般用橡胶薄膜。用板型弹簧将滚轮固定，可以使滚轮与物体紧密接触，并使滚轮不产生纵向位移。滚轮内部装有发光二极管和光电三极管，通过圆盘形光栅把光信号转变为脉冲信号。

4．接触觉传感器

接触觉传感器是用来判断机器人是否接触到外界物体或测量被接触物体的特征的传感器，主要有以下几种类型。

微动开关式：它由弹簧和触头构成。触头接触外界物体后离开基板，造成信号通路断开，从而测到与外界物体的接触。

导电橡胶式：它以导电橡胶为敏感元件。当触头接触外界物体受压后，压迫导电橡胶，使它的电阻发生改变，从而使流经导电橡胶的电流发生变化。

含碳海绵式：它在基板上装有海绵构成的弹性体，在海绵中按阵列布以含碳海绵。接触物体受压后，含碳海绵的电阻减小，测量流经含碳海绵电流的大小，可确定受压程度。

碳素纤维式：这种传感器以碳素纤维为上表层，下表层为基板，中间装以氨基甲酸酯和金属电极。接触外界物体时碳素纤维受压与电极接触导电。

气动复位式：它有柔性绝缘表面，受压时变形，脱离接触时则由压缩空气作为复位的动力。与外界物体接触时其内部的弹性圆泡（铍铜箔）与下部触点接触而导电。

目前还有一种有机高分子聚二氟乙烯（PVDF）接触觉传感器，它采用了具有压电效应和热释电效应的 PVDF 作为敏感材料，其 PVDF 薄膜厚度只有几十微米，具有优良的柔性及压电特性。当机器人的手爪表面开始接触物体时，接触时的瞬时压力使 PVDF 因压电效应产生电荷，经电荷放大器产生脉冲信号，该脉冲信号就是接触觉信号。

知识拓展

触觉传感器主要应用

一、触觉传感器在假肢中的应用

假肢可以恢复一些截肢者失去的功能，但它们至今尚无法完成一件事，那就是恢复准确的触觉。经过不断的研发，在不远的将来，这些人造的手臂和腿脚有可能获得接近真实的触觉。利用一种两层的柔韧薄塑料，科学家研制出一种新的电子传感器，能够模拟人体皮肤中触觉传感器的神经信息而向小脑组织传送信号。

当人体中的机械性感受器感受到压力后，它们会发送一段神经脉冲，压力越大，脉冲频率越高。而之前的触觉传感器在更大的压力下会产生更强的电信号，而不是高频脉冲流。电信号必须被发送到另一个处理芯片，该处理芯片将信号的强度转换成一个数字脉冲流，然后才被发送到周围神经或脑组织中去。

二、触觉传感器在工业制造中的应用

如今大热的工业互联网中重要的角色就是工业机器人。著名汽车制造商，如特斯拉、宝马等的车间几乎见不到一个人，全靠工业机器人完成组装、喷漆、检测等工作。富士康在国内引进数千机器人取代工人更是证明了未来制造业采用工业机器人是大势所趋。力传感器赋予机器人的手腕触觉。力传感器安装在机器人和它操作的机台之间，这样两者间的所有力都能被机器人和机台感知和监控。

三、触觉传感器在可穿戴电子产品中的应用

近年来，便携式智能电子产品发展日新月异，出现了众多多功能的可穿戴器件。将电子产品像手镯、眼镜和鞋子等随身穿戴品一样“穿戴”在身上已然成为一种新时尚。其中，穿戴式触觉传感器是当下科技圈最前沿的领域之一，可模仿人与外界环境直接接触时的触觉功能，主要包括对力信号、热信号和湿信号的探测，是物联网的神经末梢和辅助人类全面感知自然及自己的核心元件。

巩固练习

（1）工业机器人触觉传感器的功能是什么？

（2）工业机器人触觉传感器可以分为哪几类？各有什么作用？

模块二 工业机器人位移传感器

学习目标

（1）了解位移传感器的分类。

（2）掌握电阻式、电容式、电感式、编码式、霍尔式、光栅式位移传感器的原理及特点。

知识导入

位移是指物体的某个表面或某点相对于参考表面或参考点位置的变化。位移有线位移和角位移两种。线位移是指物体沿着某一条直线移动的距离；角位移是指物体绕着某一定点旋转的角度。在机械工程中经常要精确测量零部件的位移或位置，并且力、压力、扭矩、速度、加速度、温度、流量等参数也可转换为位移进行测量。位移测量时，首先要根据不同的测量对象，选择适当的测量点、测量方向和测量仪器。

位移传感器是用来测量位移、距离、位置、尺寸、角度、角位移等几何量的一种传感器，这种传感器有两种分类方式：

（1）按传感器的信号输出形式分：模拟式和数字式，如图 4-6 所示。

（2）按被测物体的运动形式分：线性位移传感器和角位移传感器。

位移传感器是应用最多的传感器之一，品种繁多。在工业机器人中，常见的有电阻式、电容式、电感式、编码式、霍尔式、光栅式位移传感器等。

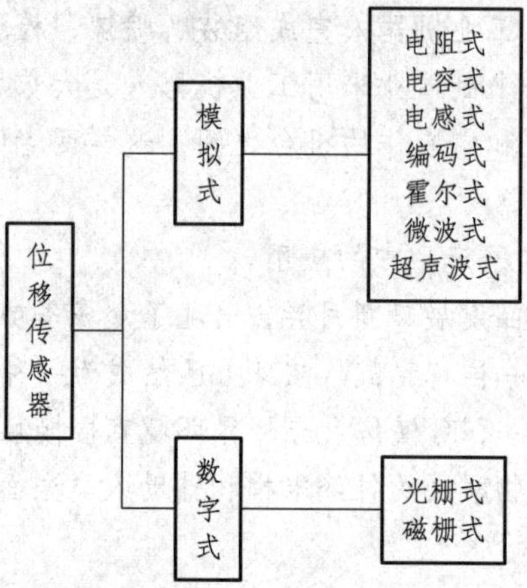

图 4-6　位移传感器的分类

知识讲解

一、电阻式位移传感器

电阻式位移传感器包括电位器式和电阻应变式两类，适用于几毫米到几百毫米的位移测量。

1．电位器式位移传感器

电位器是人们常用到的一种电子元件，它作为传感器可以将机械位移或其他能变换成位移的非电量变换为电阻值的变化，进一步容易转换成电压的变化。电位器式传感器具有结构简单，价格低廉，性能稳定，对环境条件要求不高，输出信号大，易于转换，便于维修的优点。其缺点是存在摩擦，分辨力有限，精度不够高，动态响应较差，仅适于测量变化较缓慢的量，常用作位置信号发生器。

（1）绕线型电位器式位移传感器。

由图 4-7 可知，这类传感器的电阻体是由电阻系数很高的极细均匀导线，按照一定的规律整齐地绕在一个绝缘的骨架上制成的。滑动触点（电刷）在移动过程中，从一匝滑到另一匝时，电阻值随位移发生变化。

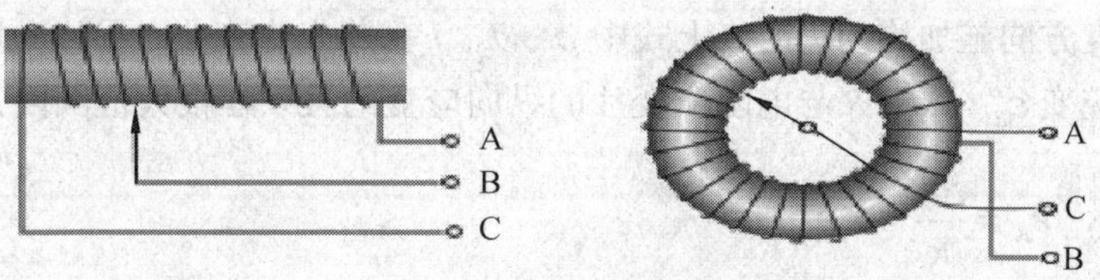

图 4-7　绕线型电位器式位移传感器

（2）非绕线型电位器式传感器。

① 合成膜电位器。

合成膜电位器的电阻体是用具有某一电阻值的悬浮液喷涂在绝缘骨架上形成电阻膜而制成的。其优点是分辨率较高，阻值范围很宽（100 Ω ~ 4.7 MΩ），耐磨性较好，工艺简单，成本低，线性度好等；主要缺点是接触电阻大，功率不够大，容易吸潮，噪声较大等。

② 金属膜电位器。

金属膜电位器由合金、金属或金属氧化物等材料通过真空溅射或电镀方法，在瓷基体上沉积一层薄膜而制成。金属膜电位器具有无限分辨力，接触电阻很小，耐热性好，满负荷达 70 °C。与线绕电位器相比，它的分布电容和分布电感很小，特别适合在高频条件下使用，它的噪声仅高于线绕电位器。金属电位器的缺点是耐磨性较差，阻值范围窄，一般在 10 ~ 100 Ω。由于这些缺点，限制了它的使用范围。

③ 导电塑料电位器。

导电塑料电位器又称实心电位器，这种电位器的电阻是由塑料粉及导电材料的粉料经塑压而成的。导电塑料电位器的耐磨性很好，使用寿命较长，允许电刷的接触压力很大，在振动、冲击等恶劣环境下仍能可靠工作。此外，它的分辨率较高，线性度较好，阻值范围大，能承受较大的功率。导电塑料电位器的缺点是阻值易受湿度影响，故精度不易做得很高。导电塑料电位器的标准阻值有 1 kΩ、2 kΩ、5 kΩ和 10 kΩ，线性度为 0.1% 和 0.2%。

④ 导电玻璃釉电位器。

导电玻璃釉电位器又称金属陶瓷电位器，它是以合金、金属氧化物或难熔化合物等为导电材料，以玻璃釉粉为黏合剂，混合烧结在陶瓷或玻璃基体上制成的。导电玻璃釉电位器的耐高温性、耐磨性好，有较宽的阻值范围，电阻温度系数小且抗湿性强。导电玻璃釉电位器的缺点是接触电阻变化大、噪声大、不易保证测量的高精度。

2．应变式位移传感器

应变式位移传感器是根据应变原理，通过应变片和弹性元件将机械构件的应变或应力转换为电阻的微小变化再进行电量测量的装置。

（1）应变效应。

导体或半导体材料在外界力作用下产生机械形变，其电阻值也随之发生变化的现象称为应变效应。电阻应变片就是利用这一现象而制成的，其电阻为

$$R=\rho\frac{L}{A}=\rho\frac{L}{\pi r^2}$$

当沿金属丝的长度方向施加均匀力时，上式中 ρ 、L、r 都将发生变化，导致电阻值发生变化。电阻应变片的电阻应变 $\varepsilon_R = \Delta R / R$ 与电阻应变片的纵向应变的关系在很大范围内是线性的，即

$$\varepsilon_R = \frac{\Delta R}{R} = K\varepsilon_x$$

（2）应变片的结构类型。

金属电阻应变片由敏感栅、基片、覆盖层和引线等部分组成，如图 4-8 所示。应变片规格一般用面积或电阻值来表示，如 5 mm × 10 mm 或 100 Ω。

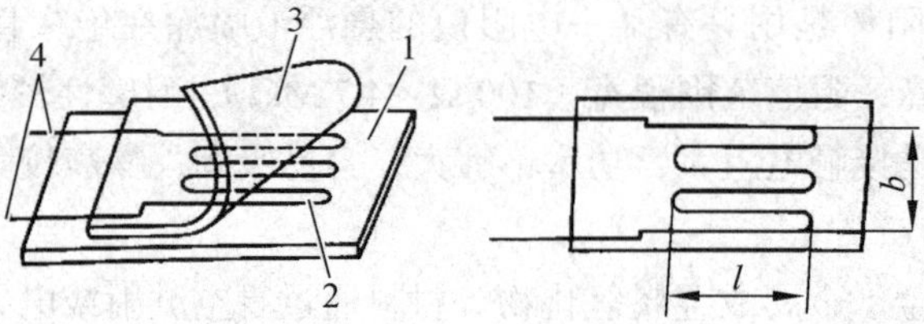

1—基片；2—敏感栅；3—覆盖层；4—引线。

图 4-8　金属电阻应变片的结构

其中敏感栅是应变片的核心部分，一般用铜镍合金、镍铬合金等制成，其作用是将应变量转换成电阻量，要求其灵敏系数大且稳定，电阻率高，电阻温度系数小，易加工成细丝或箔材，具有良好的焊接性能和抗氧化性能。

基片一般用纸或有机高分子材料，如环氧树脂等制成，其作用是保持敏感栅、引线的几何形状及其相对位置，将被测构件上的应变不失真地传递到敏感栅上。另外，基片必须具有良好的机械特性和电绝缘性能。

覆盖层的作用是保护敏感栅免受机械损伤和空气污染，要求具有良好的机械特性。一般也是由纸或有机高分子材料等制成。

引线是用来连接敏感栅和测量电路的，要求其灵敏系数大且稳定，电阻率高，电阻温度系数小，具有良好的焊接性能和抗氧化性能。一般用表面镀锡或镀银紫铜制成。

电阻应变片的类型有金属应变片和半导体应变片两种。其中金属应变片可分为以下 3 种：

① 金属丝应变片：精度高、测量范围大、易于制作、性能稳定。

② 箔式应变片：散热好，允许通过的电流较大，蠕变较小，可制成各种所需的形状，便于批量生产。

③ 薄膜式应变片：应变灵敏度系数大，允许电流密度大，工作范围广，便于工业化生产。

而半导体应变片是利用半导体应变材料作敏感栅而做成的。其工作原理是基于半导体材料压阻效应，即指半导体材料在某一轴向受外力作用时，其电阻率 ρ 发生变化的现象。半导体应变片的特点是灵敏度高、热稳定差，电阻与应变区非线性区域大，应用时须进行温度和非线性补偿。

二、电容式位移传感器

电容式位移传感器是一种能将被测非电量转换成电容量变化的传感器件。电容式传感器体积

小，灵敏度高，启动特性好，能在恶劣环境下使用。由绝缘介质分开的两个平行金属板组成的平板电容器，如果不考虑边缘效应，其电容量为

$$C=\frac{\varepsilon A}{d}$$

式中　ε——电容极板间介质的介电常数，$\varepsilon=\varepsilon_0\varepsilon_r$，其中$\varepsilon_0$为真空介电常数，$\varepsilon_r$为极板间介质相对介电常数；

A——两平行板所覆盖的面积；

d——两平行板之间的距离。

当被测量A，d，ε三个参数中任何一项发生变化时，电容量就要随之发生变化。工程上就是利用这一原理设计了变面积型、变极距型和变介质型3种类型的电容式位移传感器。

1．变面积型电容式位移传感器

变面积型电容式位移传感器的结构原理如图4-9所示。图中1为固定板，2是与被测物相连的可动板，当被测物体带动可动板2发生位移时，就改变了可动板与固定板之间的相互遮盖面积，并由此引起电容量C发生变化。这种传感器输出特性呈线性，其量程不受线性范围限制，适合测量较大的直线位移和角位移。

（a）单边直线位移式　　（b）电容式角位移传感器原理图

1—固定板；2—可动板。

图4-9　变面积型电容式传感器

2．变极距型电容式传感器

变极距型电容C与间隙d之间的变化特性如图4-10所示，变极距型电容式传感器的灵敏度用S表示，其计算公式为

$$S=\varepsilon A/d^2$$

实际应用时，通常采用图4-11所示的差分式结构。这种差分式传感器与非差分式相比，灵敏度可提高一倍，并且可降低非线性误差。

变极距型电容式传感器主要用于微位移测量。

3．变介质型电容式传感器

变介质型电容式传感器的结构原理如图4-12所示。

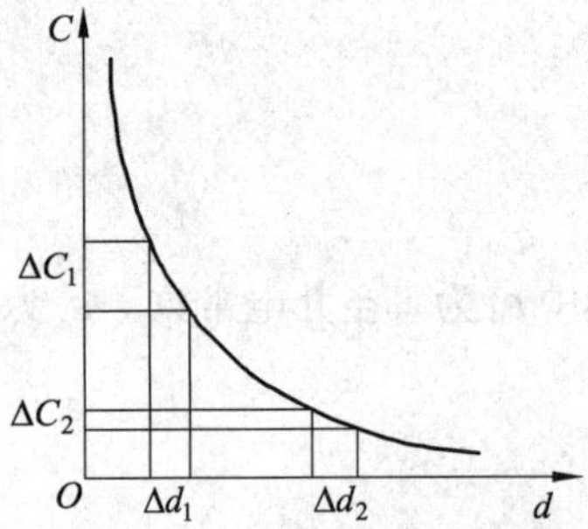

图 4-10　C 与间隙 d 的变化特性

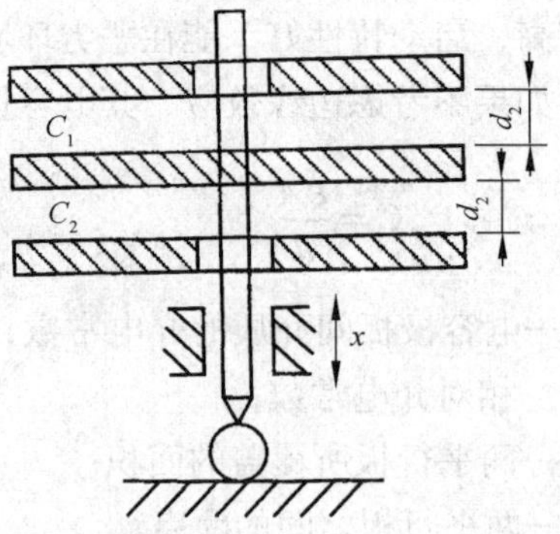

图 4-11　差分式电容式传感器示意图

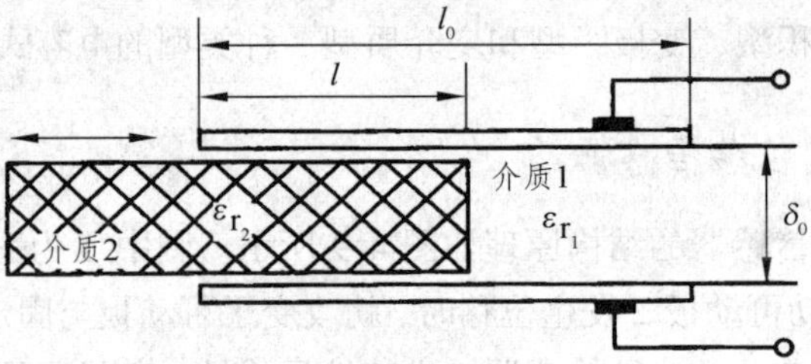

图 4-12　变介质型电容式传感器

图中的两平行极板为固定板，极距为 d_0，不同 ε 的电介质以不同深度插入电容器两极板间。于是传感器总的电容量 C 应等于两个电容 C_1 和 C_2 的并联之和，即

$$C = C_1 + C_2 = \left(\frac{\varepsilon_0 \delta_0}{d_0}\right)[\varepsilon_{r_1}(l_0 - l) + \varepsilon_{r_2} l]$$

式中　C_1，C_2——未插入电介质和插入电介质的电容量；

l_0，δ_0——极板的长度和宽度；

l——第二种介质进入极板间的长度。

当介质 1 为空气，$l = 0$ 时，传感器的初始电容 $C_0 = \varepsilon_0 \varepsilon_r l_0 \delta_0 / d_0$；当介质 2 进入极板间 l 距离后，所引起电容的相对变化为

$$\frac{\Delta C}{C_0} = \frac{C - C_0}{C_0} = \frac{(\varepsilon_{r_2} - l)l}{l_0}$$

可见，电容的变化与介质 2 的移动量 l 呈线性关系。

三、电感式位移传感器

电感位移传感器可分为自感式和互感式（即差分式），其中自感式又可分为变间隙型、变截面积型和螺线管型三种类型。

1．变间隙型

变间隙型电感式位移传感器的结构如图 4-13 所示。

传感器由线圈、铁心和衔铁组成，可动衔铁与被测物体连接。工作时，被测物体的位移通过可动衔铁的上、下（或左、右）移动，将引起空气气隙的距离发生变化，即气隙磁阻发生相应的变化，从而导致线圈电感量发生变化。实际检测时，正是利用这一变化来判定被测物体的移动量及运动方向的。

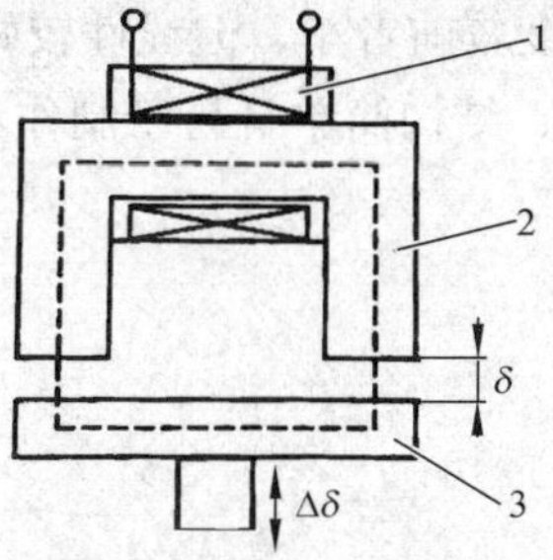

1—线圈；2—铁心；3—可动衔铁。

图 4-13　变间隙型电感传感器

2．变截面积型

传感器工作时，当气隙长度保持不变，而铁心与衔铁之间相对覆盖面积（即磁通截面）因被测量的变化而改变时，将导致电感量发生变化。这种类型的电感式传感器被称为变截面积式电感式传感器，其结构如图 4-14 所示。

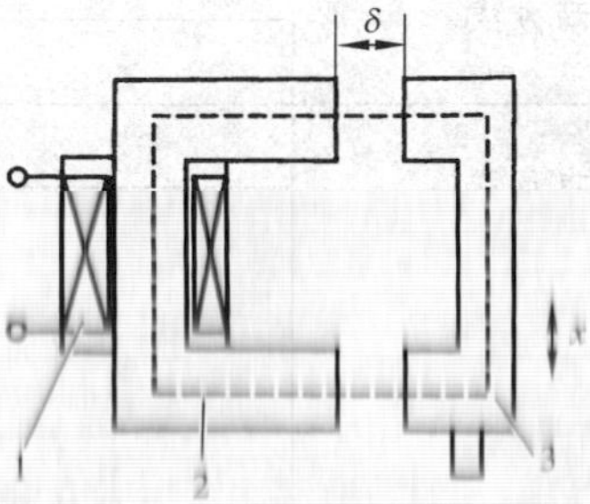

1—线圈；2—铁心；3—可动衔铁。

图 4-14　变截面积式电感传感器

3．螺线管型

螺线管型电感式位移传感器结构如图 4-15 所示。

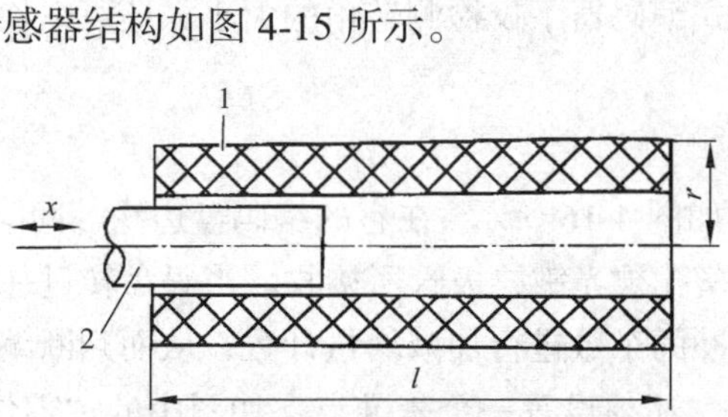

1—线圈；2—衔铁

图 4-15　螺线管型电感式位移传感器

当传感器的衔铁随被测对象移动时，将引起线圈磁力线路径上的磁阻发生变化，从而导致线圈电感量随之变化。线圈电感量的大小与衔铁插入线圈的深度有关。

通过以上三种形式的电感式传感器的分析，可以得出以下几点结论：

① 变间隙式电感传感器灵敏度较高，但非线性误差较大，且制作装配比较困难。

② 变截面积式电感传感器灵敏度较前者小，但线性较好，量程较大，使用比较广泛。

③ 螺线管式电感传感器量程大、结构简单且易于制作和批量生产，但灵敏度较低，常用于测量精度要求不太高的场合。

四、编码式位移传感器

编码器是将直线运动和转角运动变换为数字信号进行测量的一种传感器，它有光电式、电磁式和接触式等类型。光电编码器是用光电方法将转角和位移转换为各种代码形式的数字脉冲传感器。从器件外形尺寸、分辨率、动态响应、可靠性、多种规格和成本等指标综合评价来看，光电编码器具有最广泛的应用。

表 4-2 所列为按构造和数字脉冲的性质进行分类的光电编码器。

表 4-2　光电编码器的分类

构造类型	转动方式	直线——线性编码器	
		转动——转轴编码器	
	光束形式	透射式	
		反射式	
信号性质	增里式	辨别方向	可辨向的增量式编码器
			不可辨向的脉冲发动器
		零位信号	有零位信号
			无零位信号
	绝对式	绝对式编码器	

光电式编码器按照编码旋转的规律可以分为绝对式编码器和增量式编码器。绝对式编码器用来检测转角的绝对值，增量式编码器不仅检测转角的大小，还可以检测到转角的方向。

1. 增量式光电编码器

增量式光电编码器结构如图 4-16 所示。在它的编码盘边缘等间隔地制出 n 个透光槽。发光二极管（LED）发出的光透过槽孔被光敏二极管所接收。当码盘转过 $1/n$ 圈时，光敏二极管即发出一个计数脉冲，计数器对脉冲的个数进行加减增量计数，从而判断编码盘旋转的相对角度。为了得到编码器转动的绝对位置，还须设置一个基准点，如图中的“零位标志槽”。为了判断编码盘转动的方向，实际上设置了两套光电元件，如图中的正弦信号接收器和余弦信号接收器。

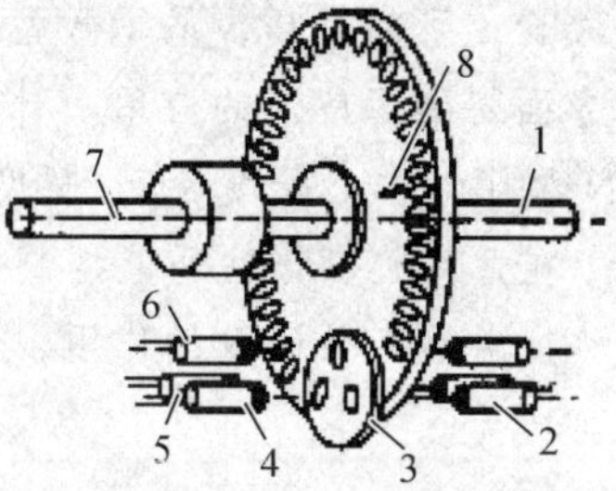

1—均匀分布透光槽的编码盘；2—LED 光源；3—狭缝；
4—正弦信号接收器；5—余弦信号接收器；
6—零位读出光电元件；7—转轴；
8—零位标志槽。

图 4-16　增量式光电编码器结构示意图

2．绝对式光电编码器

绝对式光电编码器（见图 4-17）的编码盘由透明及不透明区组成，这些透明及不透明区按一定编码构成，编码盘上码道的条数就是数码的位数。每一条码道有一个光电元件，当码道处于不同角度时，经光电转换的输出就呈现出不同的数码。它的优点是没有触点磨损，因而允许转速高，最外层缝隙宽度可做得更小，所以精度也很高，其缺点是结构复杂，价格高，光源寿命短。

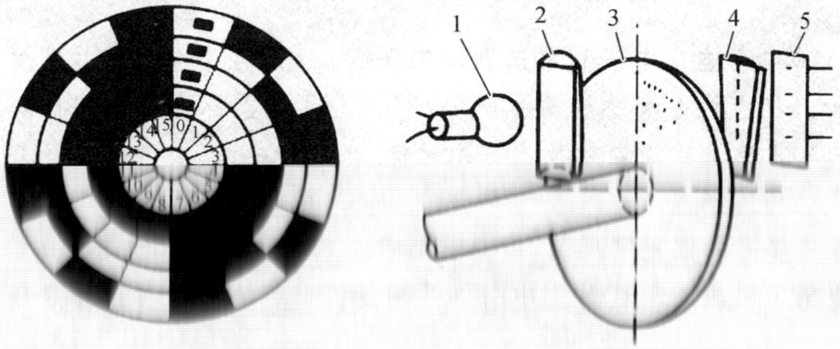

1—光源；2—透镜；3—编码盘；4—狭缝；5—光电元件。

图 4-17　绝对式光电编码器

知识拓展

其他典型位移传感器

一、霍尔式位移传感器

金属或半导体薄片置于磁场中，当有电流流过时，在垂直于电流和磁场的方向上将产生电动势，这种物理现象称为霍尔效应。

霍尔式位移传感器是基于霍尔效应原理而将被测量转换成电动势输出的一种传感器。霍尔式位移传感器具有结构简单，体积小，坚固，频率响应宽（从直流到微波），动态范围大（输出电动势的变化）大，无触点，使用寿命长，可靠性高，易于微型化和集成电路化等优点，因此在测量技术、自动化技术和信息处理等方面得到了广泛的应用。

如图 4-18 所示，假设薄片为 N 型半导体，长度为 l，宽度为 b，厚度为 d。在垂直于薄片的方向上施加磁感应强度为 B 的磁场，在薄片长度方法通以控制电流 I，那么半导体中的载流子（电子）将沿着与电流 I 相反的方向运动。由于外磁场 B 的作用，使电子受到磁场力 f_L（洛伦兹力）而发生偏转，受力方向可由左手定则判定。

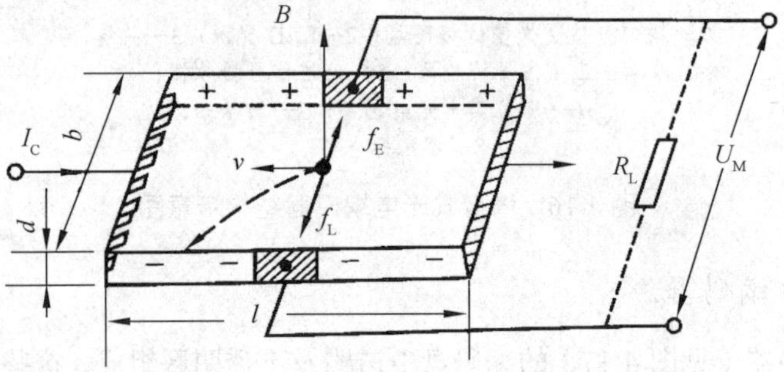

图 4-18　霍尔元件原理图

由于洛伦兹力的作用，自由电子会向一侧偏转，结果在半导体的前端面上电子积累带负电，而后端面缺少电子带正电，即在薄片的宽度方向形成电场，该电场产生的电场力 f_E 阻止电子继续偏转。

当 f_E 和 f_L 相等时，自由电子积累达到动态平衡。这时在半导体薄片宽度方向锁建立的电场称为霍尔电场，相应的电势称为霍尔电势 U_H，上述现象称为半导体材料的霍尔效应。这种薄片（一般为半导体）称为霍尔片或霍尔元件。

二、光栅式位移传感器

光栅位移传感器（简称光栅尺），是利用光栅的光学原理工作的测量反馈装置。光栅尺位移传感器经常应用于机床、现代加工中心以及测量仪器等方面，可用作直线位移或者角位移的检测。

常见光栅的工作原理都是根据莫尔条纹（见图 4-19）的形成原理进行工作的。当指示光栅上的线纹和标尺光栅上的线纹之间形成一个小角度 θ，并且两个光栅尺刻面相对平行放置时，在光源的照射下，位于几乎垂直的栅纹上，形成明暗相间的条纹，这种条纹被称为“莫尔条纹”。

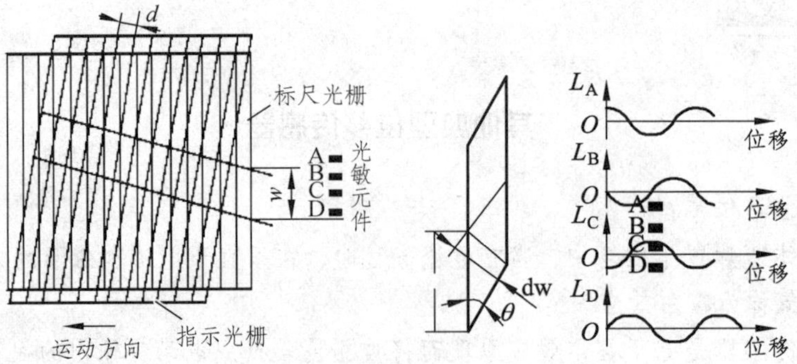

图 4-19　莫尔条纹的形成原理

光栅式位移传感器具有测量精度高、动态测量范围广、可进行无接触测量且易实现系统的自动化和数字化等优点。

巩固练习

（1）位移传感器是如何分类的？

（2）什么是霍尔效应？

（3）变间隙式电感式传感器的工作原理是怎样的？

模块三 工业机器人半实物仿真——乐高 EV3 机器人的传感器模块

学习目标

（1）认识颜色传感器、超声波传感器。

（2）能用颜色传感器、超声波传感器的乐高机器人。

（3）能正确对颜色传感器、超声波传感器进行编程。

知识导入

日本盛行一种叫作“相扑”的比赛，比赛时两位大力士在一个圆圈内相互角力，一方把另一方推出圈外后就会获得比赛的胜利，如图 4-20 所示。你能做一个机器人大力士吗？让机器人去参加“相扑”比赛。

图 4-20 相扑运动

相扑机器人如果做成人形进行角斗是最理想的，但人形机器人的制作比较复杂，再去进行比赛就更难实现了。为降低难度，可以利用机器人小车来代替机器人大力士。

任务挑战

机器人相扑，如图 4-21 所示。

（1）机器人大力士不能出圈。

（2）遇到对手时要相互角力。

图 4-21　机器人相扑

知识讲解

机器人大力士在行走的过程中是不能主动出圈的，出圈后比赛就输了。要使机器人不出圈主要是要让机器人能够准确识别黑线，那机器人如何能够识别黑线呢？这就要依靠机器人的眼睛——颜色传感器。

一、颜色传感器

EV3 套装中提供了颜色传感器，如图 4-22 所示，颜色传感器就像机器人的眼睛一样，它可以识别颜色或光的强度。颜色传感器提供了三种功能：颜色、反射光线强度和环境光强度。

图 4-22　颜色传感器

机器人大力士主要利用颜色传感器的“反射光线强度”功能，它的原理是颜色传感器的发射端口将会发射红光，红光从物体反射回来被接收端口接收。将反射红光的强度与原光线的强度进行对比，百分比数值为 0 ~ 100，数值越小代表光线越弱，数值越大光线越强。反射的数值会受到物体的颜色、材质或环境光线的影响。

二、颜色传感器安装

颜色传感器的端口要朝下，如图 4-23 所示，并且要考虑到当前机器人测试的环境，如果安装到小车的前方就要注意环境光对传感器的影响。因此，为了将影响降到最低，我们通常将颜色传感器安装到机器人的车底，如图 4-24 所示。这样既可以避免环境光对颜色传感器的干扰，而且在机器人相互碰撞的时候也不会把传感器撞歪或撞掉。颜色传感器通过数据传输线连接到控制器输入端口 3。

图 4-23　颜色传感器的端口朝下

图 4-24　颜色传感器安装到车底

三、算法与程序

1．算　法

当机器人前进的时候，会始终通过颜色传感器检测地面光强，如果是白色，地面机器人会一直前进；如果遇到黑线，机器人就会停止，后退并转向，然后朝其他方向继续前进。

2．程　序

（1）选择“移动转向”模块。注意这里要选择“开启”选项，如图 4-25 所示，电机会一直转动。如果选择时间或角度，经过所设置的时间或角度后，电机会停止，这样机器人就会一直停下来。这是初学者经常会犯的错误，需要在编程的时候要注意这个问题，设置好电机方向和电机功率的模块程序如图 4-26 所示。

图 4-25　选择“开启”

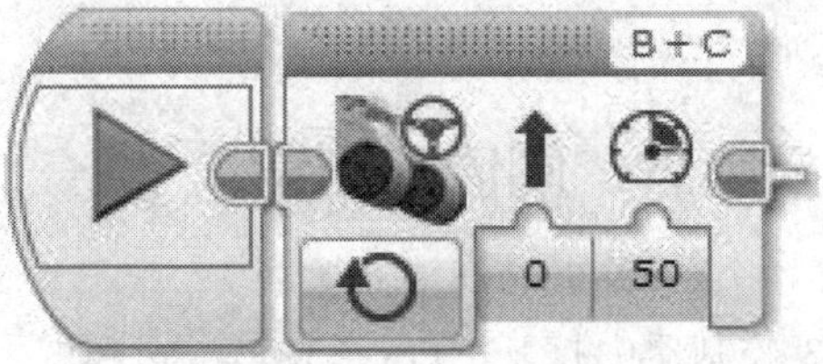

图 4-26　电机模块以及电机参数

（2）选择“流程控制”类中的“等待”模块。这个模块的作用是当条件不成立的时候会始终运行前一个模块的动作，一旦条件成立，就会执行后面的模块，我们经常会把它比喻成生活当中的门，当条件不成立的时候门是不开的，只能执行前面的模块；当条件成立时门就开了，就可以执行后面的模块了。在我们需要设置等待时间或等待一个条件时经常会用到这个模块，如图 4-27 所示。

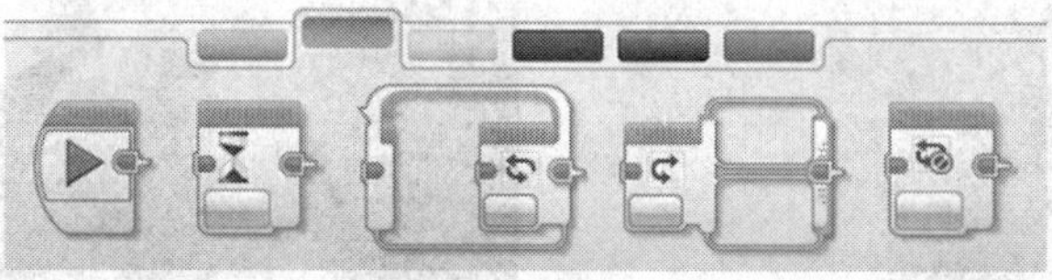

图 4-27　等待模块

（3）在“等待”模块中选择“颜色传感器”→“比较”→“反射光线强度”，如图 4-28 所示。在右上角端口设置为 3，注意端口所设置的数值一定要与传感器连接的端口一致。

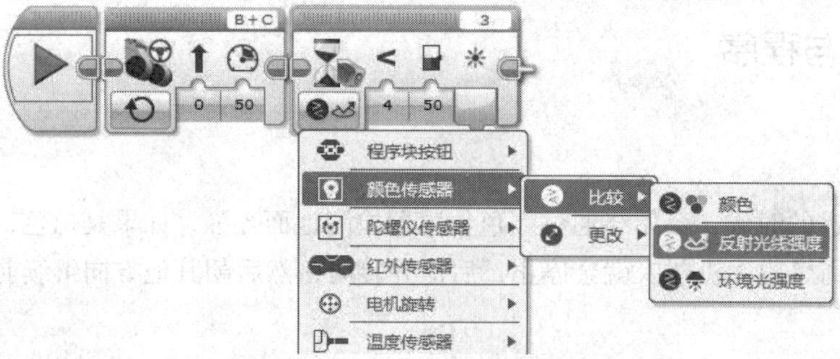

图 4-28　选择反射光线强度

这里要强调一下阈值的输入问题。阈值是条件的比较值，在这里阈值应该是黑色和白色的中间值，举个例子，当黑色光值为 40，白色光值为 60 时，我们会选择中间的一个值，如 45 或 55 为阈值。

如果在机器人前进的过程中，它测到的光值小于阈值，这时机器人会知道当前位置是在黑线上；当前光值大于阈值即认定为在白色区域上。由此机器人就可以通过比较来判断当前的位置是白色区域还是黑线。

四、技能牌：阈值的测量

在 EV3 控制器中打开“Port View”程序块，如图 4-29 所示。选择 COL-REFLECT 功能，即“反射光线强度”功能。在端口查看中可以看到 1 端口颜色传感器的数值（0 ~ 100）。测量的时候测两次，传感器放在白色区域读一次值，值为 96，如图 4-30 所示。放在黑色区域读一次值，值为 4，如图 4-31 所示。

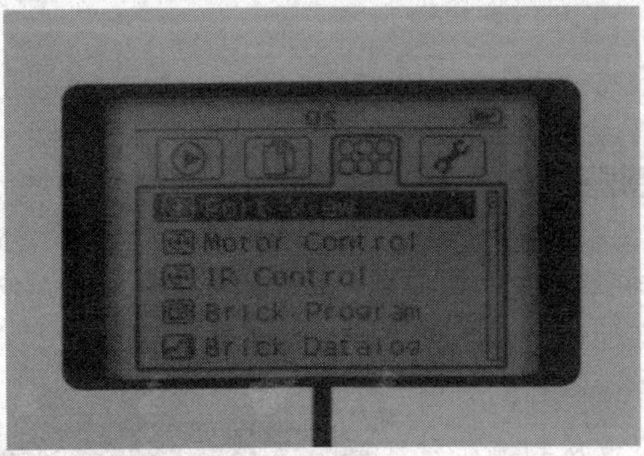

图 4-29 打开“Port View”程序块

图 4-30 读白色值

图 4-31 读黑色值

测量值的大小会受到场地材质的影响，不同材质下的测量值差别较大。通过实测，本例中最终阈值取值为 50。

检测到黑线后，让机器人停止，并向后退 1 s，然后转向 1 s，如图 4-32 所示。这里要设置一个让机器人向后退的动作，因为当检测到黑线后，机器人已经处在黑线的上方，如果直接转动，很容易让传感器接触到圈外，可能导致直接判负。

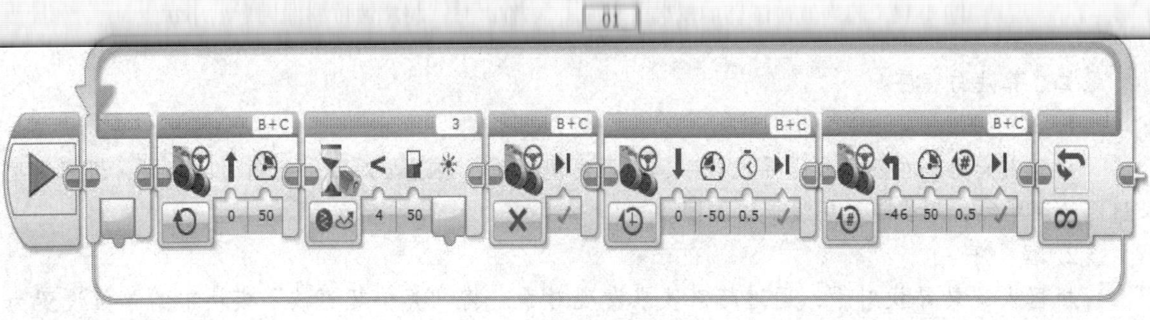

图 4-32 检测黑线后向后退 1 s

下载程序，在运行时，可以看到机器人碰到黑线后会停下，并后退、转向，后退和转向的时间可以根据实际场地进行取值。当然，也可以将电机由时间控制转换为角度控制。

知识拓展

超声波传感器

我们已经完成了让机器人大力士在圆圈内行走的任务，但是机器人不能自动找到对手，它只是随机地进行移动。下面我们将进行改进，利用乐高的超声传感器来找到对手并进行角力。

超声波传感器可以测量前方物体与机器人之间的距离，如图 4-33 所示。它的原理是超声传感器发出超声波，超声波从物体反射回来被超声传感器接收，根据声波发射与接收的时间计算出机器人与物体之间的距离。超声波传感器的测量范围：0～255 cm。

图 4-33　超声波传感器

一、安装超声波传感器

超声波传感器安装在机器人的前方，将发射口一面朝前安装，如图 4-34 所示。这里要注意传感器的安装高度，不要安装得过高，要根据对方机器人的高度进行安装，否则会检测不到对手。将传感器通过数据线连接到控制器的输入口 4，如图 4-35 所示。

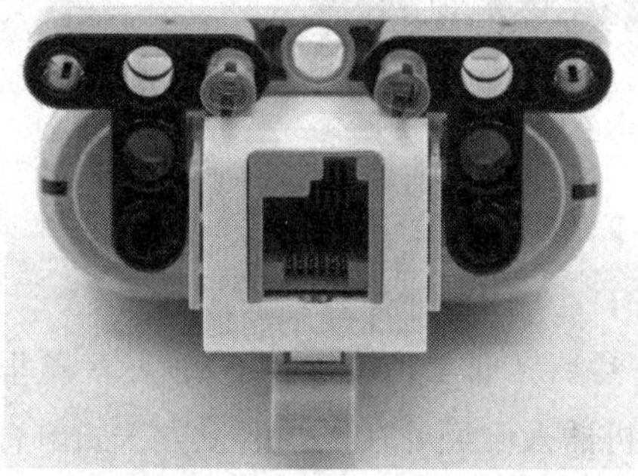

图 4-34　超声波传感器的安装

图 4-35　超声波传感器固定到小车上

二、算法与程序

1. 算　法

机器人大力士在圈内旋转寻找对手，一旦发现对手，前进与对手进行角力，同时，机器人要随时检测黑线，不能超越黑线走出圆圈。

2. 程　序

机器人旋转寻找对手，通过超声波来发现对手。将“等待超声波”模块中的单位设置为厘米（cm），在距离小于 30 cm 时可以发现对方，如图 4-36 所示。距离远近可以视比赛场地自行调整。

图 4-36　等待超声波小于 30 cm

发现对手后，要与对手角力，但是机器人始终要监测超声测距和地面黑线检测两个条件，因此，光值的判断不能使用等待模块，在这里我们要使用切换模块。

切换模块可以进行条件的比较或者是多种条件的选择。切换模块实际整合了程序设计中的分支语句和多条件选择语句，如图 4-37 所示。

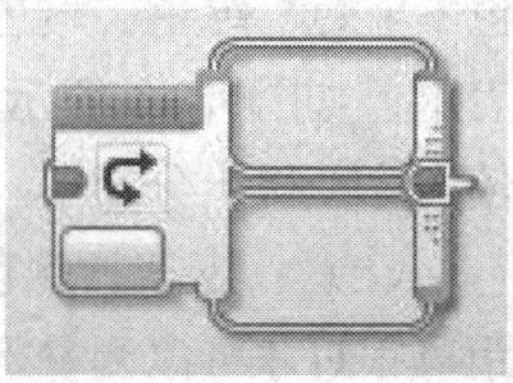

图 4-37　切换模块

用切换模块判断颜色传感器是否检测到地面黑线。当颜色传感器检测到黑线时，机器人后退并且转动；反之没有检测到黑线，机器人会向前行进 0.2 s，如图 4-38 所示。

图 4-38　切换模块控制机器人识别黑线并控制电机

相扑机器人的完整程序，如图 4-39 所示。

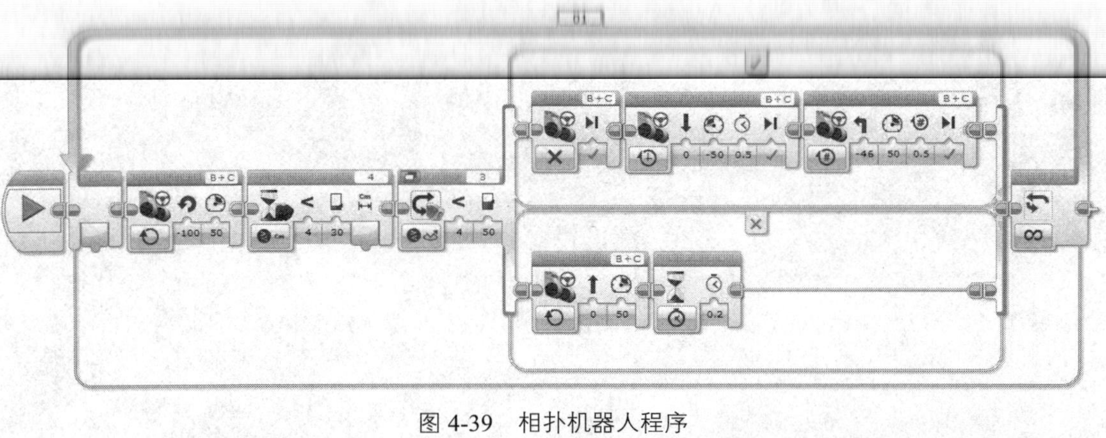

图 4-39　相扑机器人程序

经过改完成以后，机器人大力士就可以寻找到对手，并与对手进行角力，这将会让机器人相扑比赛变得更加精彩！

巩固练习

（1）当测量黑线时，为什么光线强度值会小？

（2）颜色传感器离物体的距离是否会影响光线反射回来的比值？如何影响？

（3）利用颜色传感器的“颜色”功能，让机器人能够自动识别颜色，如检测红色时，让机器人发出语音信息“Red”。

提示：选择颜色传感器“颜色”功能后，机器人可以识别无颜色、黑色、蓝色、绿色、黄色、红色、白色和棕色 8 种颜色，分别用数值 0 ~ 7 来表示，如图 4-40 所示。另外，用颜色传感器的切换语句进行多条件比较会使程序变得十分简单。

注意：当选择颜色传感器“颜色”功能后，传感器与被测颜色之间要距离很近才可以测量得准确。

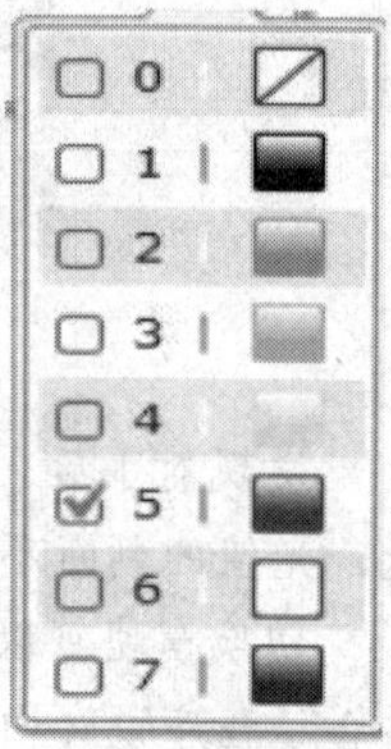

图 4-40　0 ~ 7 代表的 8 种颜色

学习情境五

工业机器人控制系统

模块一 工业机器人控制系统的组成及控制方式

学习目标

（1）掌握工业机器人控制系统的组成。

（2）掌握工业机器人的控制方式。

知识导入

工业机器人系统把工业机器人本体、机器人控制器（硬件）、控制软件和应用软件（软件）与机器人外围设备结合起来，应用于焊接、搬运、插装、喷涂、机床上下料等领域。

知识讲解

一、机器人控制系统

控制系统是工业机器人的重要组成部分，它的作用相当于人脑。拥有一个功能完善、灵敏可靠的控制系统是工业机器人与设备协调动作、共同完成作业任务的关键。工业机器人的控制系统一般由机器人对其自身运动的控制和工业机器人与周边设备的协调控制两部分组成。

（一）基本特点、要求、功能

1．机器人控制系统的基本特点

（1）机器人控制系统本质上是一个非线性系统。

（2）机器人控制系统是由多关节组成的一个多变量控制系统，且各关节间具有耦合作用。
（3）机器人系统是一个时变系统，其动力学参数随着关节运动位置的变化而变化。
（4）较高级的机器人要求对环境条件、控制指令进行测定和分析，自动选择最佳控制规律。

2．机器人控制系统的基本要求

（1）多轴运动的协调控制，以产生要求的工作轨迹。
（2）较高的位置精度，很大的调速范围。
（3）系统的静差率要小，即要求系统具有较好的刚性。
（4）位置无超调，动态响应快。
（5）需采用加减速控制。
（6）各关节的速度误差系数应尽量一致。
（7）从操作的角度看，要求控制系统具有良好的人机界面，尽量降低对操作者的要求。
（8）从系统的成本角度看，要求尽可能地降低系统的硬件成本，更多地采用软件伺服的方法来完善控制系统的性能。

3．机器人控制系统的基本功能

（1）记忆功能。
能存储作业顺序、运动路径、运动方式、运动速度和与生产工艺有关的信息。
（2）示教功能。
能离线编程，在线示教，间接示教。在线示教包括示教盒示教和导引示教两种方式。
（3）与外围设备联系功能。
有输入和输出接口、通信接口、网络接口、同步接口。
（4）人机接口。
人机接口包括示教盒、操作面板、显示屏。
（5）传感器接口。
传感器接口包括位置检测、视觉、触觉、力觉等。
（6）位置伺服功能。
位置伺服功能包括机器人多轴联动、运动控制、速度和加速度控制、动态补偿等。
（7）故障诊断安全保护功能。
该功能包括运行时系统状态监视、故障状态下的安全保护和故障自诊断。

（二）硬件结构

机器人控制系统的硬件组成，如图 5-1 所示。

1．基本控制结构

（1）传感器：获取内部和外部环境状态信息，确定机械部件各部分的运行轨迹、状态、位置和速度等信息，使机械部件各部分按预定程序和工作需要进行动作。

（2）控制器：各种处理器以及控制算法。

（3）驱动器：电机、液压、气动或者三种的综合。

2．层次控制体系

（1）主机：主要完成人机交互（操作员控制或者调试机器）、高级运算（机器人运动规划等）。

（2）运动控制器：主要用于改善机器人动力学（Robot Dynamics）。

（3）伺服驱动器：主要用于改善电机动力学（Motor Dynamics）。

（4）电机：充当执行器，将电信号转化为机械运动。

（5）机械本体：被控制的终极对象。

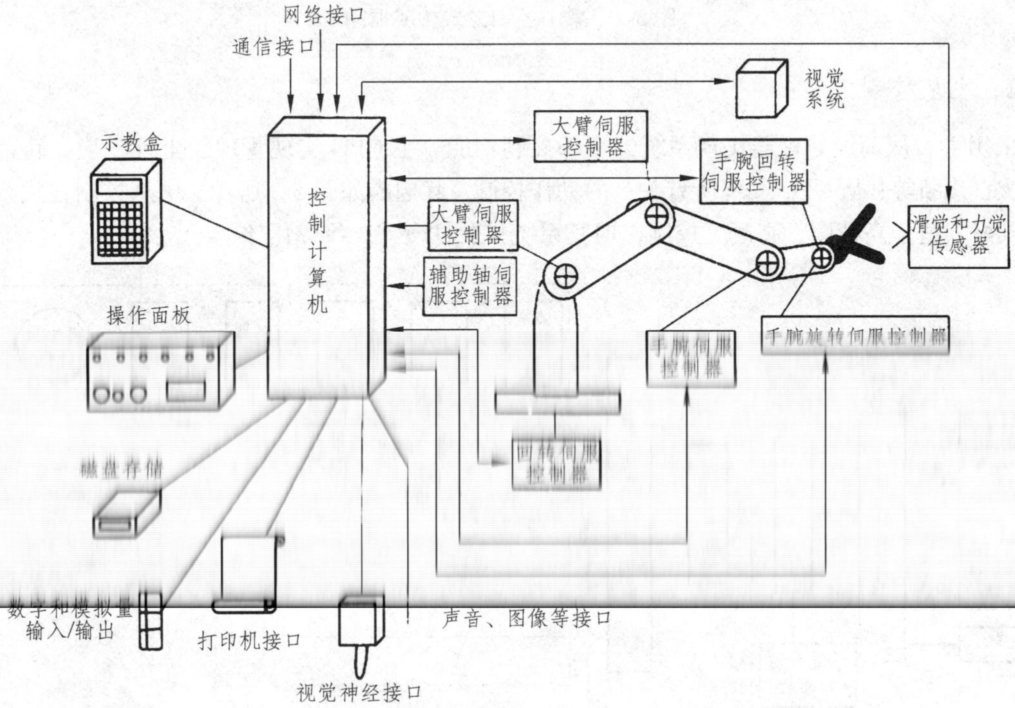

图 5-1　机器人控制系统的硬件组成

（三）机器人控制系统的控制方式

1．集中控制方式

用一台计算机实现全部控制功能，结构简单，成本低，但实时性差，难以扩展，其构成如图5-2所示。

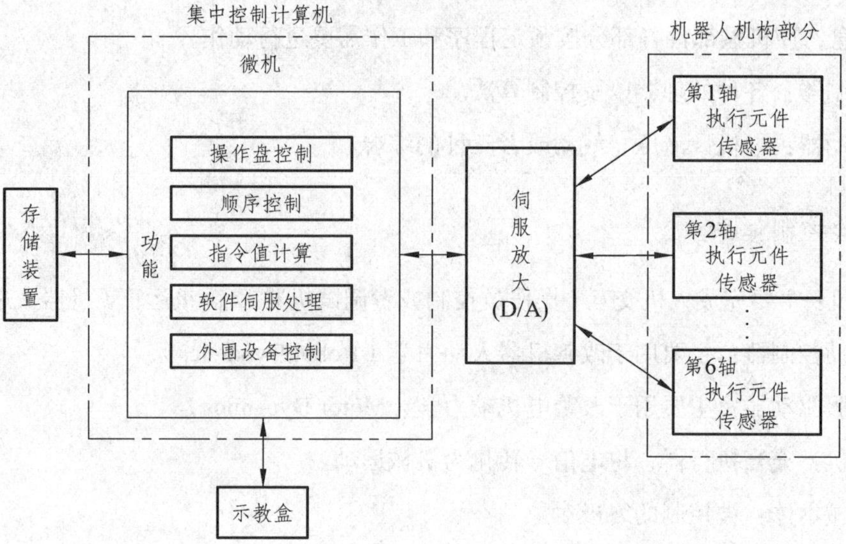

图 5-2　集中控制方式构成框图

2．主从控制方式

采用主、从两级处理器实现系统的全部控制功能。主 CPU 实现管理、坐标变换、轨迹生成和系统自诊断等；从 CPU 实现所有关节的动作控制。其构成如图 5-3 所示。主从控制方式系统实时性较好，适于高精度、高速度控制，但其系统扩展性较差，维修困难。

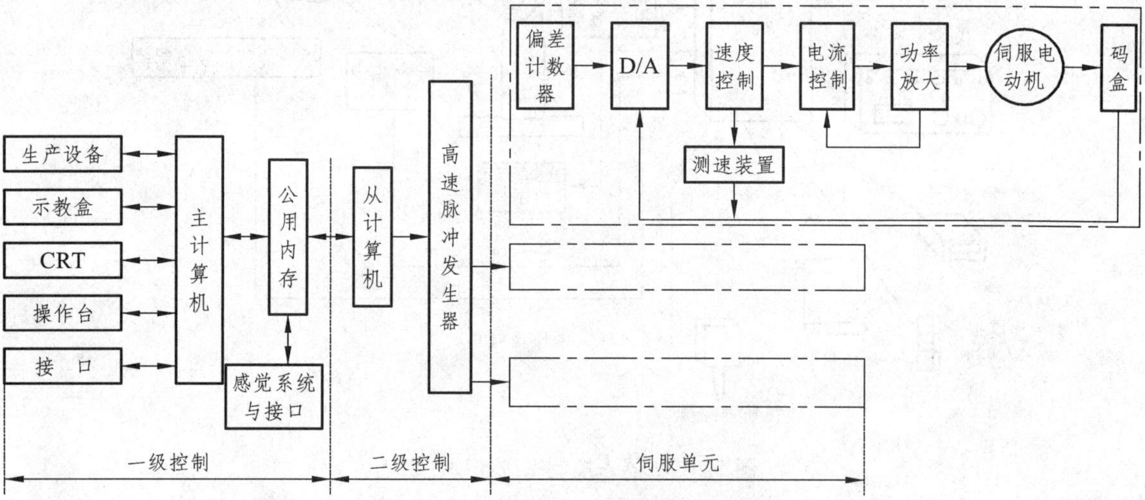

图 5-3　主从控制方式构成框图

3．分散控制方式

按系统的性质和方式将系统控制分成几个模块，每一个模块各有不同的控制任务和控制策略，各模式之间可以是主从关系，也可以是平等关系。这种方式实时性好，易于实现高速、高精度控制，易于扩展，可实现智能控制，是目前流行的方式，其构成如图 5-4 所示。

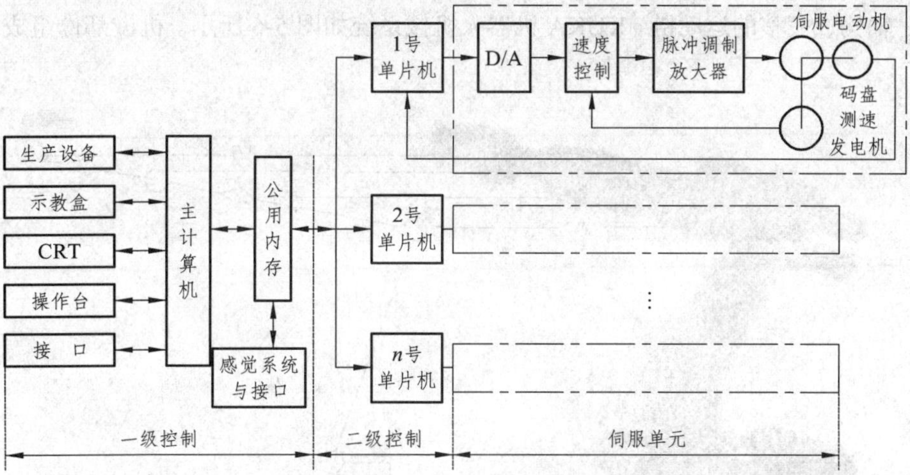

图 5-4　分散控制方式构成框图

二、KUKA 机器人系统机构与功能

（一）KUKA 机器人系统的组成

KUKA 机器人系统主要由控制柜、机械系统及 smartPAD 三个部分组成，如图 5-5 所示。保护装置、皮带输送机、传感器、外接轴、工具等不包括在工业机器人系统内的设备被称为外围设备。

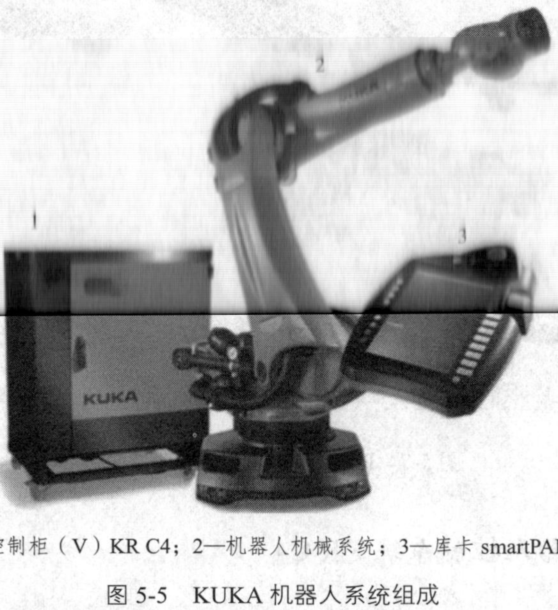

1—控制柜（V）KR C4；2—机器人机械系统；3—库卡 smartPAD。

图 5-5　KUKA 机器人系统组成

（二）KUKA 机器人的机械系统

机械手是机器人机械系统主体。KUKA 机器人一般由 6 个连接在一起的活动关节（轴）组成，

A_1轴到A_6轴构成完整的运动链。KUKA机器人机械系统如图5-6所示。机械部件组成，如图5-7所示。

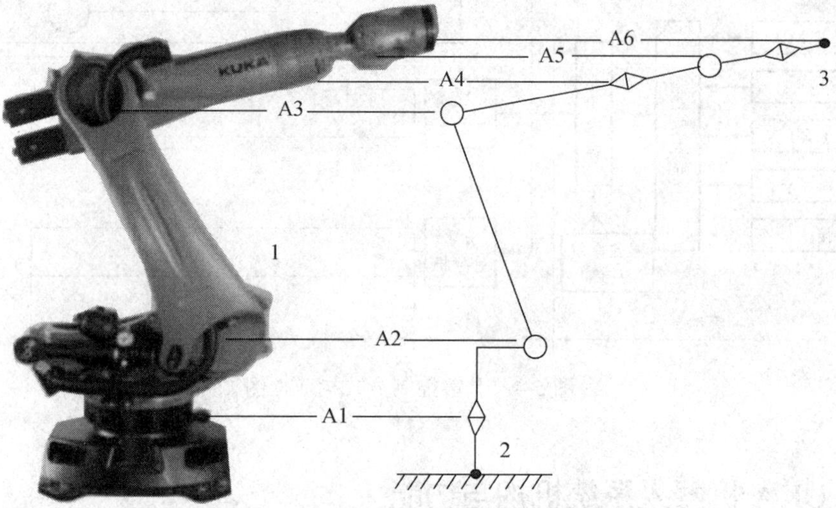

1—机械手（机器人机械系统）；2—运动链的起点：机器人足部（ROBROOT）；
3—运动链的开放端：法兰（FLANGE）；A1～A6：机器人轴1至轴6。

图5-6 KUKA机器人的机械系统

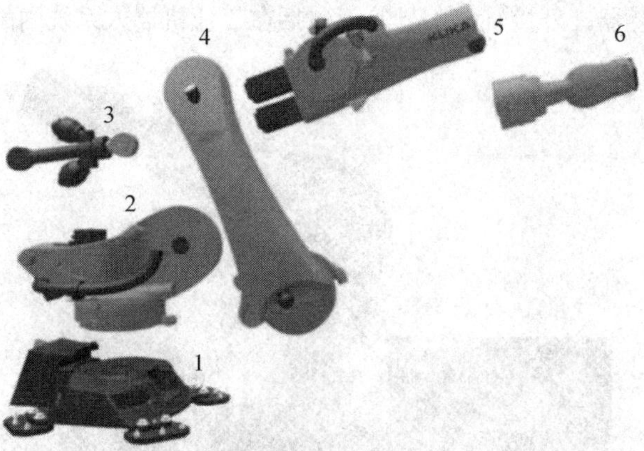

1—底座；2—转盘；3—平衡配重；4—连杆臂；5—手臂；6—手。

图5-7 KUKA机器人机械部件组成

（三）KUKA机器人控制系统KR C4

KR C4控制系统包括机器人控制系统、流程控制系统、安全控制系统、运动控制系统、总线系统通信［可编程控制器（PLC）、其他控制系、传感器和执行器］、网络通信（主机、其他控制系统），如图5-8所示。

图 5-8　KUKA 机器人控制系统 KR4

1．KR C4 轴调节

KR C4 控制系统能对机械手的 6 个轴及另外的最多 2 个附加轴进行控制（6＋2），如图 5-9 所示。

图 5-9　KR C4 轴调节

2．KR C4 的通信途径

控制柜通信支持各式 PS/2 线、网线，如图 5-10 所示。

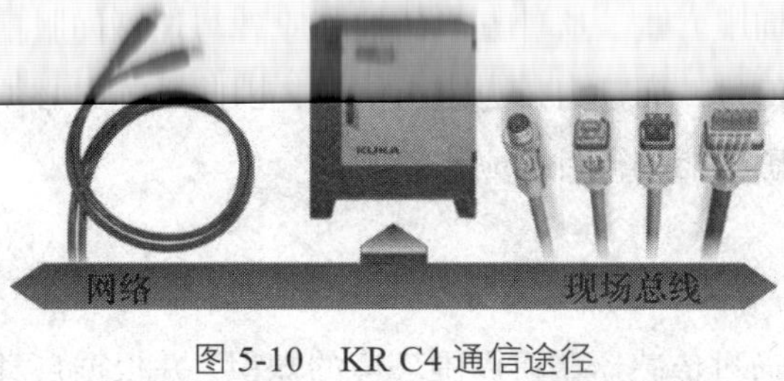

图 5-10　KR C4 通信途径

三、工业机器人的控制方式

1．点位控制方式（PTP）

这种控制方式的特点是只控制工业机器人末端执行器在作业空间中某些规定的离散点上的

位姿。控制时只要求工业机器人快速、准确地实现相邻各点之间的运动，而对达到目标点的运动轨迹则不做任何规定，如图 5-11（a）所示。这种控制方式的主要技术指标是定位精度和运动所需的时间。由于其控制方式易于实现、定位精度要求不高，因而常被应用在上下料、搬运、点焊和在电路板上安插元件等只要求目标点处保持末端执行器位姿准确的作业中。一般来说，这种方式比较简单，但要达到 2 ~ 3 μm 的定位精度是相当困难的。

2．连续轨迹控制方式（CP）

这种控制方式的特点是连续地控制工业机器人末端执行器在作业空间中的位姿，要求其严格按照预定的轨迹和速度在一定的精度范围内运动，而且速度可控，轨迹光滑，运动平稳。工业机器人各关节连续、同步地进行相应的运动，其末端执行器即可形成连续的轨迹，如图 5-11（b）所示。这种控制方式的主要技术指标是工业机器人末端执行器位姿的轨迹跟踪精度及平稳性。通常弧焊、喷漆、去毛边和检测作业机器人都采用这种控制方式。

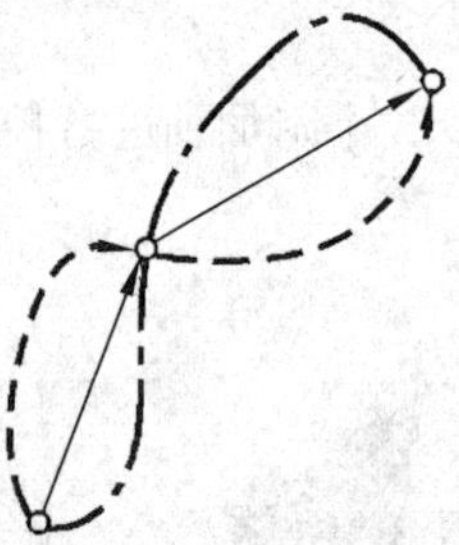
(a) 点位控制

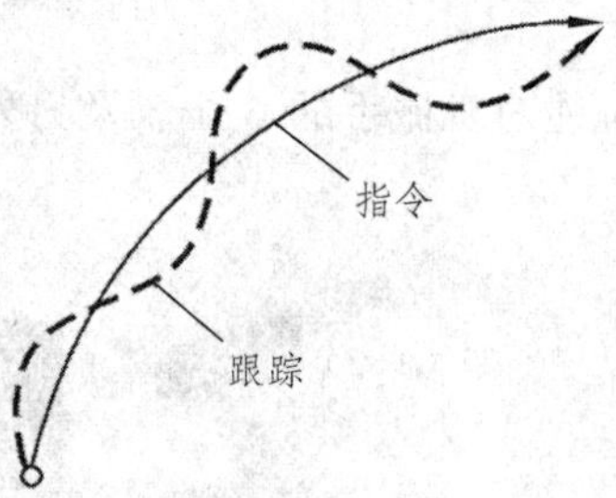

(b) 连续轨迹控制

图 5-11　点位控制与连续轨迹控制

3．力（力矩）控制方式

在完成装配、抓放物体等工作时，除要准确定位之外，还要求使用适度的力或力矩进行工作，这时就要利用力（力矩）伺服方式。这种方式的控制原理与位置伺服控制原理基本相同，只不过输入量和反馈量不是位置信号，而是力（力矩）信号，因此系统中必须有力（力矩）传感器。有时也利用接近、滑动等传感功能进行自适应式控制。

4．智能控制方式

机器人的智能控制是通过传感器获得周围环境的知识，并根据自身内部的知识库做出相应的决策。以在各种坐标下进行描述，并根据需要选择不同的参考坐标系，并做适当的坐标变换。这种控制方式经常要求正向运动学和反向运动学的解，除此之外还要考虑惯性力、外力（包括重力）、科氏力及向心力的影响。采用智能控制技术，使机器人具有了较强的环境适应性及自学能力。智能控制技术的发展有赖于近年来人工神经网络、基因算法、遗传算法、专家系统等人工智能的迅速发展。

知识拓展

工业机器人的控制策略

机器人的控制策略花样繁多、层出不穷，这里介绍一些常见的控制策略。

一、重力补偿

在机器人系统，特别是关节机器人中，手臂的自重相对关节点会产生一个力矩，这个力矩的大小随手臂所处的空间位置变化，显然这个力对控制系统来说是不利的，但这个力矩的变化是有规律的，它可以通过传感器测出手臂的转角，再利用三角函数和坐标变换计算出来。如果在伺服系统的控制量中实时地加入一个抵消重力影响的量，那么控制系统就会大为简化。如果机械结构是平衡的，则不必补偿。力矩的计算要在自然坐标系中进行，重力补偿可以是各个关节独立进行的，称之为单级补偿。也可以考虑其他关节的重力进行补偿，称之为多级补偿。

二、前馈和超前控制

在轨迹式控制方式中，根据事先给定的运动规律，就可以从给定信号中提取速度、加速度信号，把它加在伺服系统的适当部位上，以消除系统的速度和加速度跟踪误差，这就是前馈。前馈控制不影响系统的稳定性，控制效果却十分显著。

同样，由于运动规律是已知的，可以根据某一时刻的位置与速度，估计下一时刻的位置误差，并把这个估计量加到下一时刻的控制量中，这就是超前控制。

超前控制与前馈控制的区别在于前者是指控制量在时间上提前，后者是指控制信号的流向是向前的。

三、耦合惯量及摩擦力的补偿

在一般情况下，只要外关节的伺服带宽大于内关节的伺服带宽，就可以把各关节的伺服系统看成是独立的，这样处理可以使问题大为简化。剩下的问题仅仅是怎样把“工作任务”分配给各伺服系统了。然而在高速、高精度机器人中，必须考虑一个关节运动会引起机器人进行加速度补偿。另一个关节的等效转动惯量的变化，也就是耦合惯量问题。要解决耦合惯量问题则需要对机器人进行加速度补偿。

高精度机器人中还要考虑摩擦力的补偿。由于静摩擦与动摩擦力的差别很大，因此系统启动时刻和启动后的补偿量是不同的，摩擦力的大小可以通过实验测得。

四、传感器位置反馈

在点位控制方式中，单靠提高伺服系统的性能来保证精度要求有时是比较困难的。但是可以在程序控制的基础上，再用一个位置传感器进一步消除误差。传感器可以是简易的，感知范围也可以较小。这种系统虽然在硬件上有所增加，但软件的工作量却可以大大减少。这种系统就是传感器闭环系统或大环伺服系统。

五、记忆-修正控制

在轨迹控制方式中，可以利用计算机的记忆和计算功能，记忆前一次的运动误差，改进后一次控制量，经过若干次修正可以逼近理想轨迹。这种系统称为记忆-修正控制系统，它适用于重复操作的场合。

六、触觉控制

机器人的触觉可以判别物体的有无，也可以判断物体的形状。前者可以用于控制动作的启、停；后者可以用于选择零件、改变行进路线等。人们还经常利用滑觉（切向力传感器）来自动改变机器人加持器的握力，使物体不致滑落，同时又不至破坏物体。触觉控制可以使机器人具有某种程度的适应性，也可以把它看成是一种初级的“智能”。

七、听觉控制

有的机器人可以根据人的口头命令给出回答或执行任务，这是利用了声音识别系统。该系统首先提取所收到的声音信号的特征，如幅度特征、过零率、音调周期、线性预测系数、升到共振峰等特性，然后与事先存储在计算机内的“标准模板”进行比较，这种系统可以识别特定人的有限词汇，较高级的声音识别系统还可以用句法分析的手段识别较多的语言内容。

八、视觉控制

利用视觉系统可以大量获取外界信息，但由于计算机容量及处理速度的限制，所处理的信息往往是有限的。机器人系统常用视觉系统判别物体形状和物体之间的关系，也可以用来测量距离、选择运动路径等。无论是光导摄像管，还是电荷耦合器件都只能获取二维图像信息。为获取三维视觉信息，可以使用两台或多台摄像机，也可以从光源上想办法，如使用结构光。获得的信息用模式识别的办法进行处理。由于视觉系统结构复杂、价格昂贵，一般只用于比较高级的机器人中。在其他情况下，可以考虑使用简易视觉系统。光源也不仅限于普通光，还可以使用激光、红外线、X光、超声波等。

九、最佳控制

在高速机器人中，除选择最佳路径之外，还普遍采用最短时间控制，即所谓“砰砰”控制。简单地说，机械臂的动作分为两步：先以最大能力加速，然后以最大能力减速，中间选择一个最佳切换时间，这样可以保证速度最快。

十、自适应控制

很多情况下，机器人手臂的物理参数是变化的。例如，夹持不同的物体处于不同的姿态下，质量和惯性矩都是在变化的，因此运动方程式中的参数也在变化。工作过程中，还存在着未知的干扰。实时地辨识系统参数并调整增益矩阵，才能保证跟踪目标的准确性。这就是典型的自适应控制问题。由于系统复杂，工作速度快与一般的过程控制中的自适应控制相比，问题要复杂得多。

十一、解耦控制

机器人手臂的运动会对其他运动产生影响，即各自由度之间存在着耦合，即某处的运动对另处的运动有影响，在耦合较弱的情况下，可以把它当作一种干扰，在设计中留有余地就可以了。在耦合严重的情况下，必须考虑些解耦措施，使各自由度相对独立。

十二、递阶控制

智能机器人具有视觉、触觉或听觉等多种传感器，自由度的数目往往较多，各传感器系统要对信息进行实时处理，各关节都要进行实时控制。它们是并行的，但需要有机地协调起来。因此控制必然是多层次的。每一层次都有独立的工作任务，它给下一层次提供控制指令和信息；下一层次又把自身的状态及执行结果反馈给上一层次。最低一层是各关节的伺服系统，最高一层是管理（主）计算机，称为协调级。由此可见，某些大系统控制理论可以用在机器人系统之中。

巩固练习

（1）KUKA 工业机器人系统由哪些部分组成？
（2）KUKA 工业机器人机械部件有哪些？
（3）工业机器人的控制方式有哪些？

模块二 工业机器人示教编程

学习目标

（1）掌握 KUKA 机器人运动指令 PTP、LIN、CIRC、样条曲线。
（2）掌握沿轨迹运动的姿态引导。
（3）程序流程控制编程：if、switch-case 分支、循环编程。
（4）程序调用指令。
（5）逻辑编程（out、in、wait、wait for）。
（6）掌握示教编程的方法。

知识导入

工业机器人常用的编程方式有示教再现编程和离线编程两种，目前生成中应用的机器人系统大多处于示教再现编程阶段。对于实用型工业机器人来说，示教再现编程是其技术的核心所在，也是其功能实现的必经之路。离线编程较示教编程有诸多优点，但是该技术对设备配置以及操作者的知识技能要求较高所以还没有得到广泛应用。

本模块重点介绍工业机器人在线编程和离线编程的概念及其特点，示教再现编程的主要内容、示教再现编程的具体方法和步骤，并通过实训任务让学生进一步熟悉和掌握简单示教与再现作业的方法。

知识讲解

一、示教再现的概念及特点

机器人代替人进行作业时，必须预先对机器人发出指示，规定机器人应该完成的动作和作业的具体内容，同时机器人控制装置会自动将这些指令存储下来，这个过程就称为对机器人的“示教”。“再现”则是通过存储内容的回放，使机器人在一定精度范围内按照程序展现示教的动作和作业内容。

1. 优　点

（1）设备简单。

（2）操作简便，易于掌握。

（3）示教再现过程很快，示教后马上可应用。

2. 缺　点

（1）编程占用机器人作业时间。

（2）很难规划复杂的运动轨迹以及准确的直线运动。

（3）示教轨迹的重复性差。

（4）无法接受传感信息。

（5）难以与其他操作或其他机器人同步操作。

二、离线编程的概念及特点

1. 离线编程的概念

机器人离线编程可分为两类：基于文本的编程和基于图形的编程，目前常用的是基于图形的编程。

基于图形的编程是利用计算机图形学的成果，建立起计算机及其工作环境的几何模型，并利用计算机语言及相关算法，通过对图形的控制和操作，在离线情况下进行机器人作业轨迹的规划。

2. 离线编程的特点

（1）不需要实际机器人，只需机器人系统和工作环境的图形模型。

（2）编程时不影响机器人正常工作。

（3）通过仿真软件试验程序，可预先优化操作方案和运行周期。

（4）可用 CAD 方法进行最佳轨迹规划。

（5）可实现复杂运行轨迹的编程。

三、运动轨迹的示教

机器人在程序控制下运动时，要求编制运动指令，在 KUKA 机器人中有不同的运动方式供其编辑使用，通过指定的运动方式和相应的运动指令，机器人会知道如何进行运动。机器人的运动方式如下：

（1）按轴坐标的运动：点到点（Point-To-Point，PTP）。

（2）沿轨迹的运动：LIN（线性）和 CIRC（圆周形）。

（3）SPLINE：样条是一种尤其适用于复杂曲线轨迹的运动方式。这种轨迹原则上也可以通过 LIN 运动和 CIRC 运动生成，但是样条更有优势。

（一）点到点的运动（PTP）

1．点到点运动的含义

机器人的点到点运动是指机器人沿最快的轨迹将 TCP 从起始点引至目标点，这是耗时最短，也是最优化的移动方式，如图 5-12 所示。一般情况下通常最快速的轨迹并不是最短的轨迹，也就是轨迹不是直线，因为机器人轴的旋转运动，弧形轨迹会比直线轨迹更快。

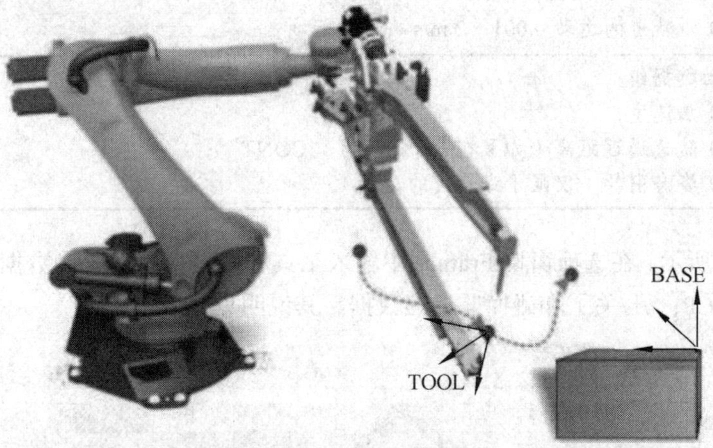

图 5-12　点到点运动

2．创建点到点运动方法

（1）前提条件：已设置运行方式 T1、机器人程序已选择。

（2）操作步骤：

① 将 TCP 移向应被示教为目标点的位置，如图 5-12 所示。

② 将光标置于其后应添加运动指令的那一行中。

③ 菜单序列指令→运动→PTP 作为选项，也可在相应行中按下软键“运动”出现联机表格，如图 5-13 所示。

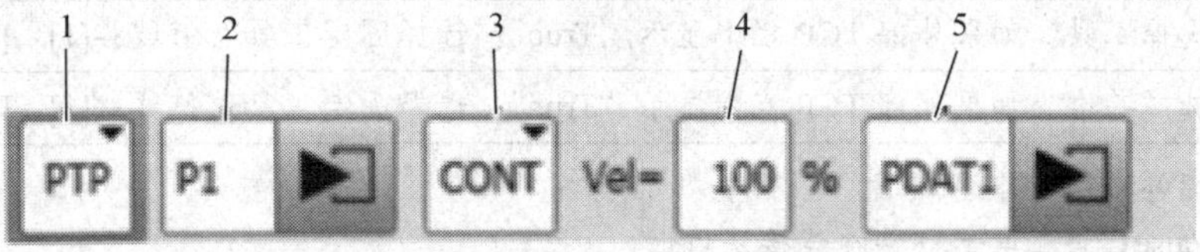

图 5-13　PTP 联机表格

④ 在联机表格中输入参数，其说明见表 5-1。

表 5-1　联机表参数

序 号	说　明
1	运动方式 PTP、LIN 或者 CIRC
2	目标点的名称自动分配，但可予以单独覆盖。触摸箭头编辑点数据，然后选项窗口 Frames 对于 CIRC 自动打开，必须为目标点额外示教一个辅助点。移向辅助点位置，然后按“Touchup HP”
3	CONT：目标点被轨迹逼近； [空白]：将精确地移至目标点
4	速度： （1）PTP 运动：1%～100% （2）沿轨迹的运动 0.001～2 m/s
5	运动数据组： （1）加速度； （2）轨迹逼近距离（如果在 3 中输入了“CONT”）； （3）姿态引导（仅限于沿轨迹的运动）

⑤ 如图 5-14 所示，在选项窗口 Frames 中输入工具和基坐标系的正确数据，以及关于插补模式的数据（外部 TCP：开/关）和碰撞监控的数据。其说明见表 5-2。

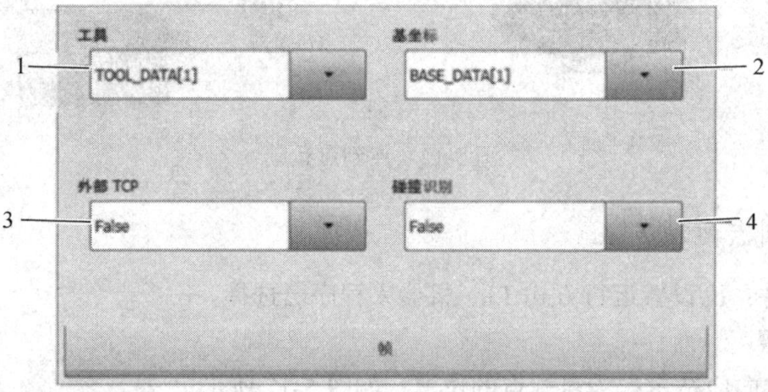

图 5-14　Frames 窗口

表 5-2　Frames 窗口选项参数说明表

序号	说　明
1	选择工具。如果外部 TCP 栏中显示“True”：选择固定工具。值域：[1]…[16]
2	选择基准。如果外部 TCP 栏中显示“True”：选择固定工具。值域：[1]…[32]
3	插补模式 False：该工具已安装在连接法兰上 True：该工具为固定工具
4	True：机器人控制系统为此运动计算轴的扭矩，此值用于碰撞识别 False：机器人控制系统为此运动不计算轴的扭矩，因此对此运动无法进行碰撞识别

⑥ 如图 5-15 所示，在运动参数选项窗口中可将加速度从最大值降下来。如果已经激活轨迹逼近，则也可更改轨迹逼近距离。根据配置的不同，该距离的单位可以设置为“mm”或“%”。其参数说明见表 5-3。

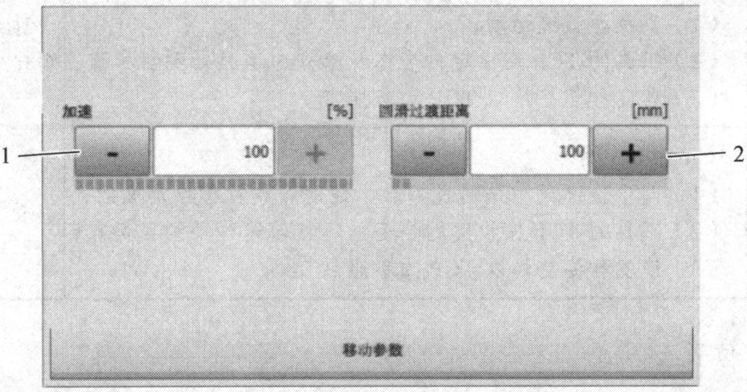

图 5-15　运动参数选项窗口

表 5-3　运动参数选项窗口参数说明表

序　号	说　明
1	加速度：以机器数据中给出的最大值为基准。此最大值与机器人类型和所设定的运动方式有关。该加速度适用于该运动语句的主要轴。范围：1%～100%
2	离目标点的距离，即最早开始轨迹逼近的距离（只有在联机表格中选择了“CONT”之后，此栏才显示）。最大距离，从起点到目标点之间的一半距离，以无轨迹逼近 PTP 运动的运动轨迹为基准。范围：1%～100%，1～1 000 mm

⑦ 单击“OK”键存储指令，TCP 的当前位置被作为目标示教，如图 5-16 所示。

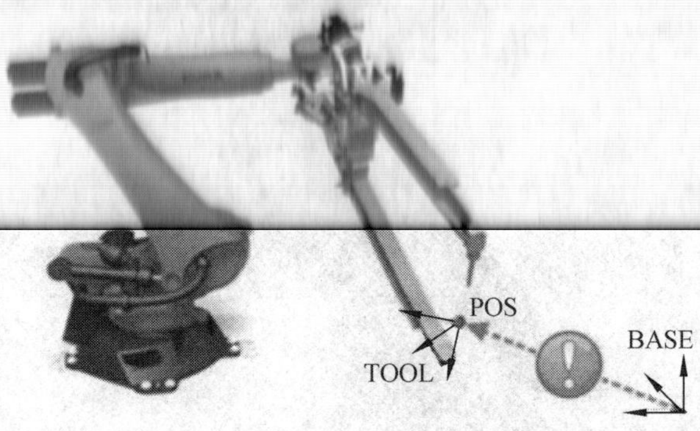

图 5-16　目标点

（二）创建沿轨迹的运动

工业机器人沿着给定的轨迹运行，从一个位置移动到另一个指定位置，常用指令 LIN 和 CIRC，具体含义及应用示例见表 5-4。

表 5-4　LIN 和 CIRC 含义及应用示例表

运动方式	含　义	应用示例
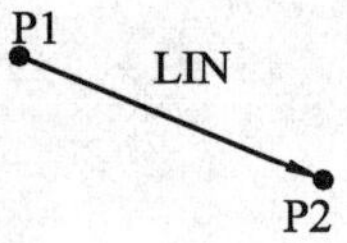	Linear：直线 （1）直线型轨迹运动； （2）工具的 TCP 按设定的姿态从起点匀速移动到目标点； （3）速度和姿态均以 TCP 为参照点	轨迹焊接、贴装、激光焊接/切割
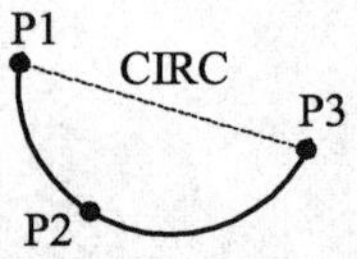	Circulor：圆形 （1）圆形轨迹运动是通过起点、辅助点和目标点定义的； （2）工具的 TCP 按设定的姿态从起点匀速移动到目标点； （3）速度和姿态均以 TCP 为参照点	轨迹应用与 LIN 相同

1．关于奇点位置

有着 6 个自由度的 KUKA 机器人具有 3 个不同的奇点位置。即使在给定状态和步骤顺序的情况下，也无法通过逆向运算（将笛卡儿坐标转换成轴坐标值）得出唯一数值时，即可认为是一个奇点位置。或者当最小的笛卡儿坐标变化也能导致非常大的轴角度变化时，也为奇点位置。奇点不是机械特性，而是数学特性，因此奇点只存在于轨迹运动范围内，而在轴运动时不存在。

（1）顶置奇点 α1。

在顶置奇点 α1 位置时，腕点（即轴 A5 的中点）垂直于机器人的轴 A1，如图 5-17 所示。轴 A1 的位置不能通过逆向运算进行明确确定，可以赋以任意值。

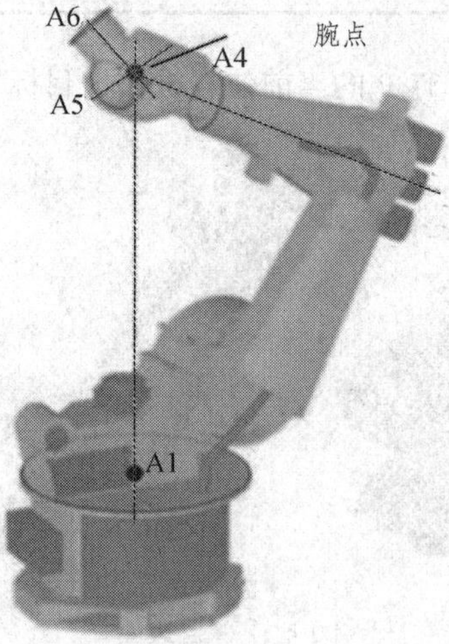

图 5-17　顶置奇点 α1

（2）延展位置奇点 α2。

对于延伸位置奇点 α2 来说，腕点（即轴 A5 的中点）位于机器人轴 A2 和 A3 轴的延长线上。机器人处于工作范围的边缘，如图 5-18 所示。通过逆向运算将得出唯一的轴角度，但较小的笛卡儿速度变化将导致轴 A2 和 A3 较大的轴速变化。

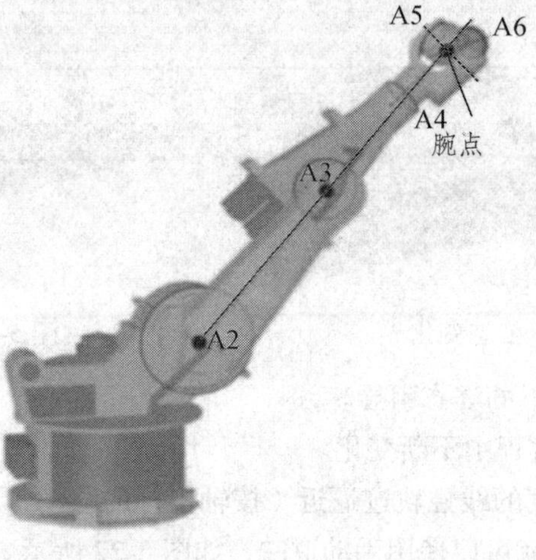

图 5-18　延伸位置奇点 α2

（3）手轴奇点 α5。

对于手轴奇点 α5 来说，轴 A4 和 A6 彼此平行，并且轴 A5 处于 0.018 12° 的范围内（A5 轴在零点标定位置时是 0°），如图 5-19 所示。通过逆向运算无法明确确定两轴的位置。轴 A4 和 A6 的位置可以有任意多的可能性，但其轴角度总和均相同。

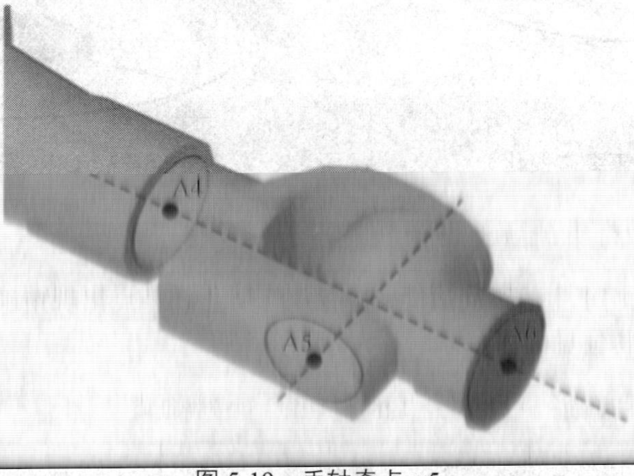

图 5-19　手轴奇点 α5

2．沿轨迹运动时的姿态引导

工具在运动起始点和目标点处的姿态可能不同，而沿轨迹运动时可以准确定义姿态引导。

（1）运动方式 LIN 下的姿态引导。

① 工具的姿态在运动过程中不断变化。

② 因为是通过手轴角度的线性轨迹逼近（按轴坐标的移动）进行姿态变化，所以在机器人以标准方式到达手轴奇点时就可以使用手动 PTP，如图 5-20 所示。

③ 工具的姿态在运动期间保持不变（与在起点所示教的一样），在终点示教的姿态被忽略，如图 5-21 所示。

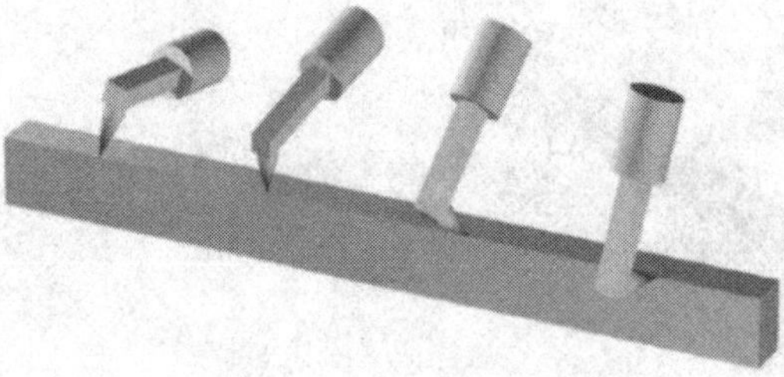

图 5-20　LINF 下姿态变化

图 5-21　LINF 下姿态不变化

（2）在运动方式 CIRC 下的姿态引导。

① 工具的姿态在运动过程中不断变化。

② 因为是通过手轴角度的线性轨迹逼近（按轴坐标的移动）进行姿态变化，所以在机器人以标准方式到达手轴奇点时就可以使用手动 PTP，如图 5-22 所示。

工具的姿态在运动期间保持不变（与在起点所示教的一样），在终点示教的姿态被忽略，如图 5-23 所示。

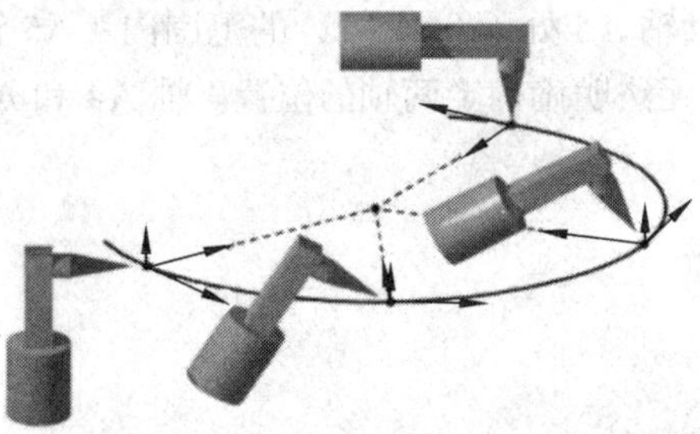

图 5-22　CIRC 下姿态变化

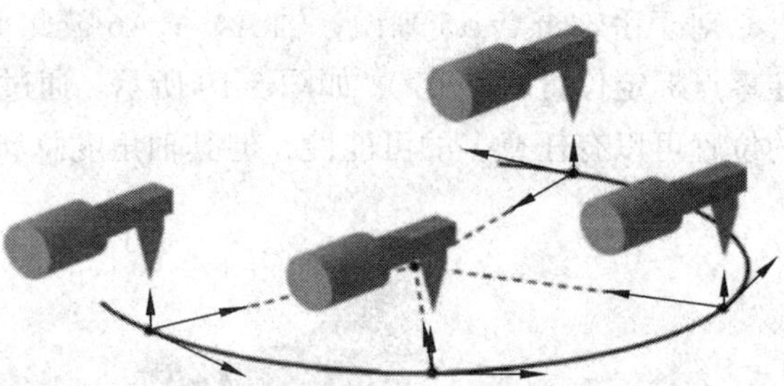

图 5-23　CIRC 下姿态不变化

3．在 LIN 和 CIRC 下轨迹运动的轨迹逼近

轨迹逼近功能不适用于生成圆周运动，它仅用于防止在某点出现精确暂定。

LIN 和 CIRC 轨迹特征见表 5-5。

表 5-5　LIN 和 CIRC 轨迹特征表

运动方式	特征	轨迹逼近距离
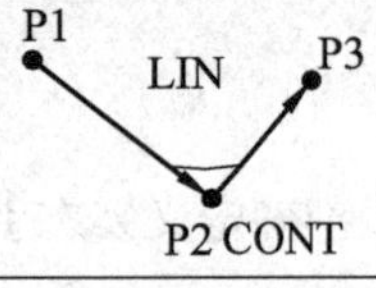	轨迹相当于抛物线	在 CONT 栏填写所需数字
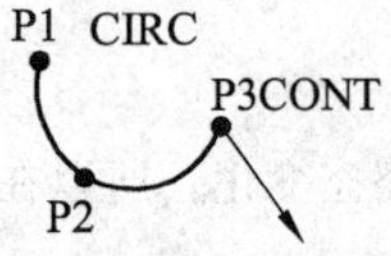	轨迹相当于抛物线	在 CONT 栏填写所需数字

4．创建 LIN 和 CIRC 运动的操作步骤

（1）前提条件：已设置运行方式 T1，机器人程序已选择。

（2）操作步骤。

① 将 TCP 移向应被示教为目标点的位置，如图 5-24 所示。

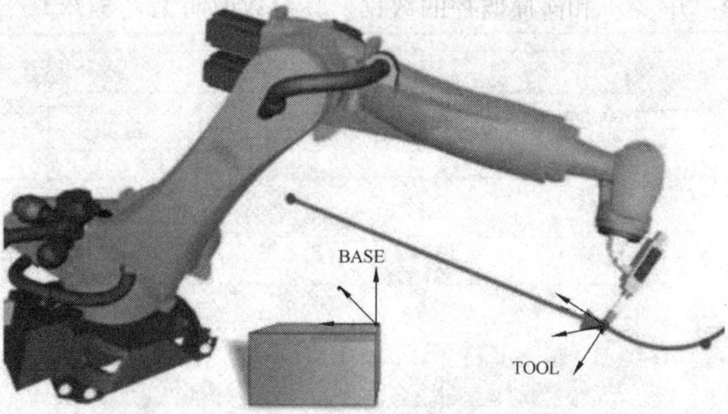

图 5-24　轨迹编程

② 将光标置于其后应添加运动指令的那一行中。

③ 选择菜单序列指令→运动→LIN 或者 CIRC；在相应行中按下软件“运动”，也会弹出联机表格，如图 5-25 和图 5-26 所示。联机表格各参数栏说明见表 5-6。

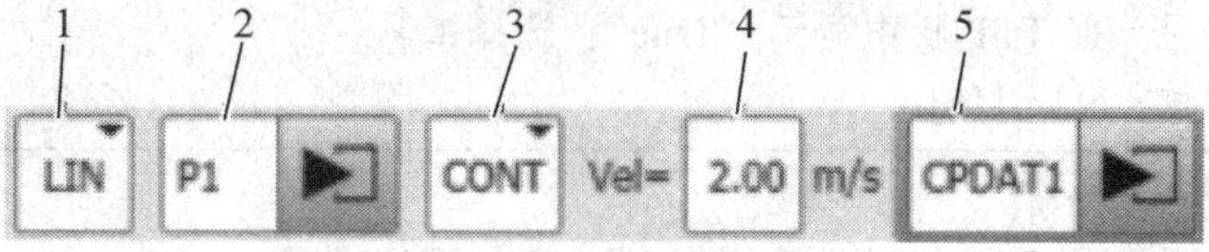

图 5-25　LIN 联机表

图 5-26　CIRC 联机表

表 5-6　LIN 和 CIRC 联机表格各参数栏说明表

序　号	说　明
1	运动方式 PTP、LIN 或者 CIRC
2	目标点的名称自动分配，但可予以单独覆盖。触摸箭头以编辑点数据，然后选项窗口 Frames 自动打开，对于 CIRC，必须为目标点额外示教一个辅助点。移向辅助点位置，然后按下“Touchup HP”。辅助点中的工具姿态无关紧要
3	CONT：目标点被轨迹逼近 [空白]：将精确地移至目标点
4	速度 PTP 运动：1%～100% 沿轨迹的运动：0.001～2 m/s
5	运动数据组：加速度 轨迹逼近距离（如果在栏 3 中输入了 CONT） 姿态引导（仅限于沿轨迹的运动）

④ 在联机表格中输入参数。

⑤ 如图 5-27 所示，在选项窗口 Frames 中输入工具和基坐标系的正确数据，以及关于插补模式的数据外部（TCP：开/关）和碰撞监控的数据。其参数说明见表 5-7。

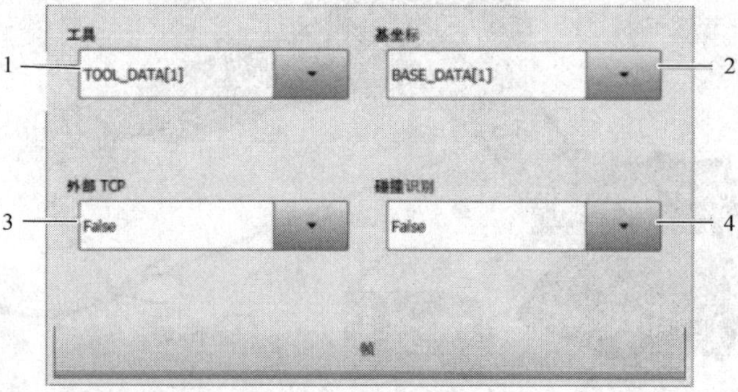

图 5-27　Frame 项窗口

表 5-7　LIN 和 CIRC Frame 项窗口参数说明表

序 号	说　明
1	选择工具 如果外部 TCP 栏中显示“True”：选择工具 值域：[1] ~ [16]
2	选择基坐标 如果外部 TCP 栏中显示“True”：选择固定工具 值域：[1] ~ [32]
3	插补模式 False：该工具已安装在连接法兰上 True：该工具为固定工具
4	True：机器人控制系统为此运动计算轴的扭矩，此值用于碰撞识别 False：机器人控制系统为此运动不计算轴的扭矩，因此对此运动无法进行碰撞识别

⑥ 如图 5-28 所示，在运动参数选项窗口中可将加速度从最大值降下来。如果轨迹逼近已激活，则可更改轨迹逼近距离。此外也可修改姿态引导。其参数说明见表 5-8。

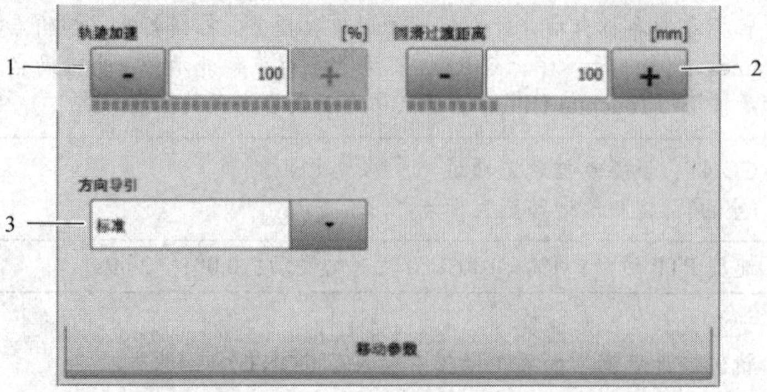

图 5-28　LIN 和 CIRC 运动参数选项窗口

表 5-8　LIN 和 CIRC 运动参数说明表

序　号	说　明
1	加速度：以机器数据中给出的最大值为基准。此最大值与机器人类型和所设定的运行方式有关
2	至目标点的距离，最早在此处开始轨迹逼近，此距离最大可为起始点至目标点距离的一半。如果在此处输入了一个更大数值，则此值将被忽略而采用最大值。只有在联机表格中选择了 CONT 之后，此栏才显示
3	选择姿态引导： （1）标准； （2）手动 PTP； （3）稳定的姿态引导

⑦ 用指令“OK”存储指令。TCP 的当前位置被作为目标示教，如图 5-29 所示。

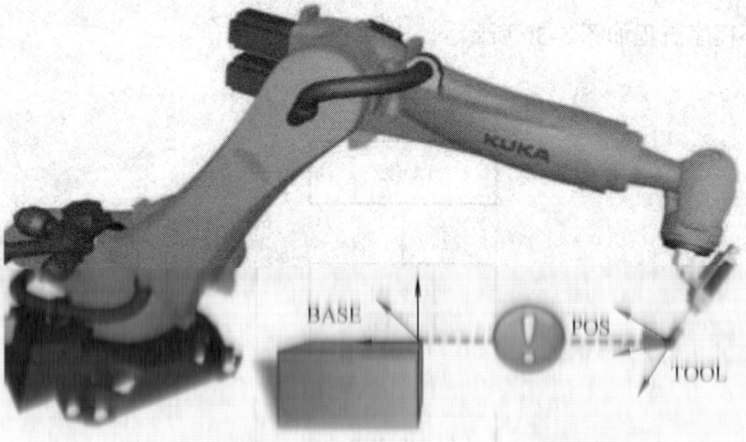

图 5-29　指令“OK”和“Touchup”时保存坐标

四、程序流程控制指令

除了纯运动指令和通讯指令 （切换和等待功能）之外，在机器人程序中还有大量用于控制程序流程的指令。其中包括：

（一）循　环

循环是控制结构，它不断重复执行指令块指令，直至出现终止条件。常用循环类型有无限循环、计数循环、当型和直到型循环。

（二）分　支

在使用分支后，便可以只在特定的条件下执行程序段。常用分支类型有条件分支、多分支结构。

1．循环指令

（1）无限循环。

在无限循环中无止境地重复指令段，可通过一个提前出现的中断 （含 EXIT 功能）退出循环语句。

① 无限循环语句格式。

```
LOOP
  ；指令
      …
    ；指令
  ENDLOOP
```

② 无限循环程序流程如图 5-30 所示。

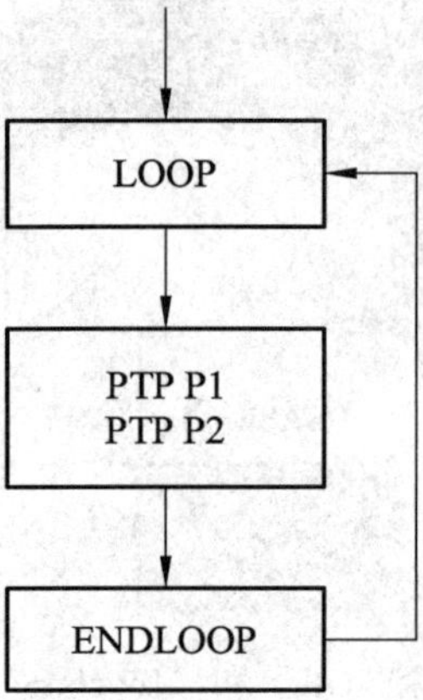

图 5-30　无限循环（LOOP）

③ 无限循环应用。

a. 无 EXIT 永久执行对 P1 和 P2 的运动指令。

```
LOOP
   PTP P1 Vel=100% PDAT1
   PTP P2 Vel=100% PDAT2
ENDLOOP
```

b. 带 EXIT 一直执行对 P1 和 P2 的运动指令，直到输入端 30 切换到 TRUE。

```
LOOP
  PTP P1 Vel=100% PDAT1
  PTP P2 Vel=100% PDAT2
```

```
IF $IN[30]==TRUE THEN
EXIT
ENDIF
```

（2）计数循环。

计数循环（FOR 循环语句）可使指令重复定义的次数。循环的次数借助于一个计数变量控制。

① 计数循环语句格式。

```
FOR counter=start TO last
  ；指令
  ….
  ；指令
ENDFOR
```

② 计数循环程序流程图，如图 5-31 所示。

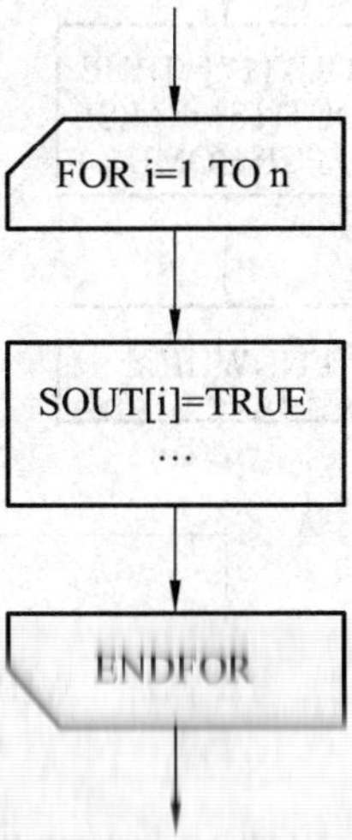

图 5-31　计数循环（FOR）

③ 计数循环应用。

举例将输出端 1 ~ 5 依次切换到 "TRUE"。用整数（Integer）变量 "i" 来对一个循环语句内的循环进行计数。

```
INT i
  ...
 FOR i=1 TO 5
     $OUT[i] = TRUE
 ENDFOR
```

（3）当型循环。

WHILE 循环是一种当型或者先判断型循环，这种循环会在执行循环的指令部分前先判断终止条件是否成立。

① 当型循环语句格式。

```
WHILE conditinon
    ; 指令
    …
   ; 指令
ENDWHILE
```

② 当型循环程序流程如图 5-32 所示。

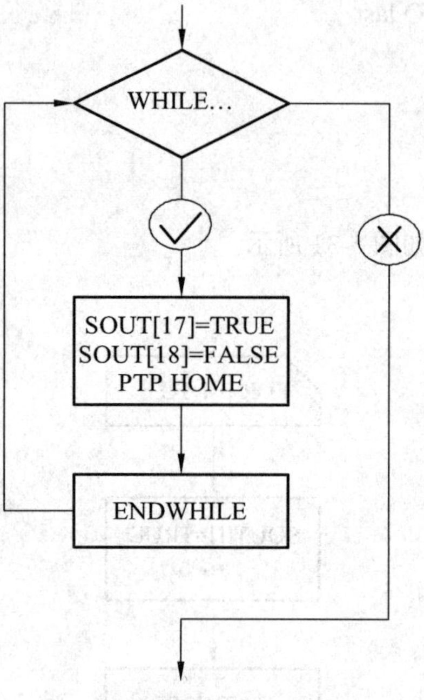

图 5-32　当型循环（WHILE）

③ 当型循环应用。

输出端 17 被切换为“TRUE”，而输出端 18 被切换为“FALSE”，并且机器人移入“Home”位置，但仅当循环开始时就已满足条件（输入端 22 为“TRUE”）时才成立。

```
WHILE $IN[22]==TRUE
    $OUT[17]=TRUE
    $OUT[18]=FALSE
    PTP HOM
ENDWHILE
```

（4）直到型循环。

REPEAT 循环是一种直到型或者检验循环，这种循环会在第一次执行完循环的指令部分后才会检测终止条件。

① 直到型循环语句格式。

```
REPEAT
    ; 指令
    …
```

；指令

UNTIL

② 直到型循环程序流程如图 5-33 所示。

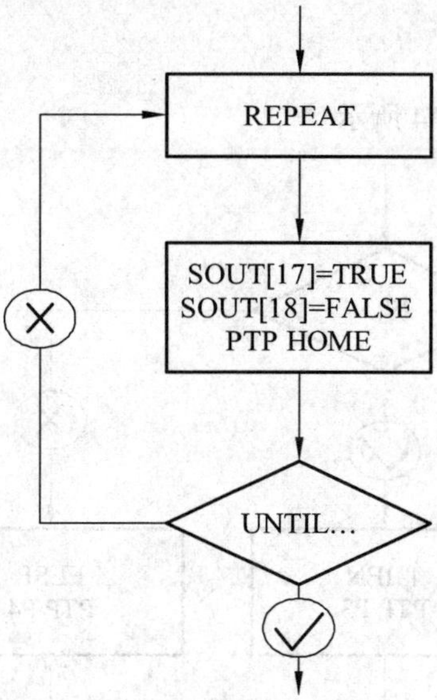

图 5-33　直到型循环（REPEAT）

③ 直到型循环应用。

输出端 17 被切换为“TRUE”，而输出端 18 被切换为“FALSE”，并且机器人移入“Home”位置，这时才会检测条件。

```
REPEAT
    $OUT[17]=TRUE
    $OUT[18]=FALSE
    PTP HOME
UNTIL $IN[22]==TRUE
```

2．条件性分支 IF 语句

条件性分支（IF 语句）由一个条件和两个指令部分组成。如果满足条件，则可处理第一个指令。如果未满足条件，则执行第二个指令。

注意：第二个指令部分可以省去：无“ELSE”的 IF 语句。由此，当不满足条件时紧跟在分支后便继续执行程序；多个 IF 语句可相互嵌套（多重分支）：问询被依次处理，直到有一个条件得到满足。

（1）IF 分支语句格式。

```
IF …THEN
    ；指令
    …
    ；指令
```

```
        ELSE
        ；指令
          …
        ；指令
    ENDIF
```

（2）IF 分支程序流程如图 5-34 所示。

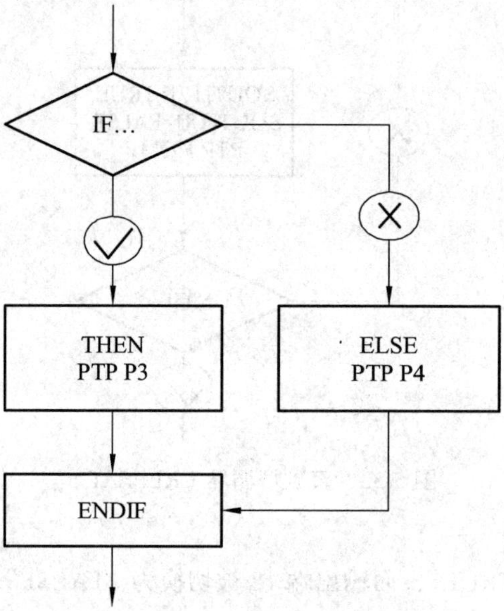

图 5-34　IF 分支程序流程图

（3）IF 分支程序应用。

如果满足条件（输入端 30 必须为“TRUE”），则机器人运动到点 P3，否则到点 P4。

```
...
  IF $IN[30]==TRUE THEN
        PTP P3
  ELSE
        PTP P4
  ENDIF
```

五、等待功能的编程

1．计算机预进

计算机预进时预先读入（操作人员不可见）运动语句，以便控制系统能够在有轨迹逼近指令时进行轨迹设计。但处理的不仅仅是预进运动数据，而且还有数学的和控制外围设备的指令，如图 5-35 所示。

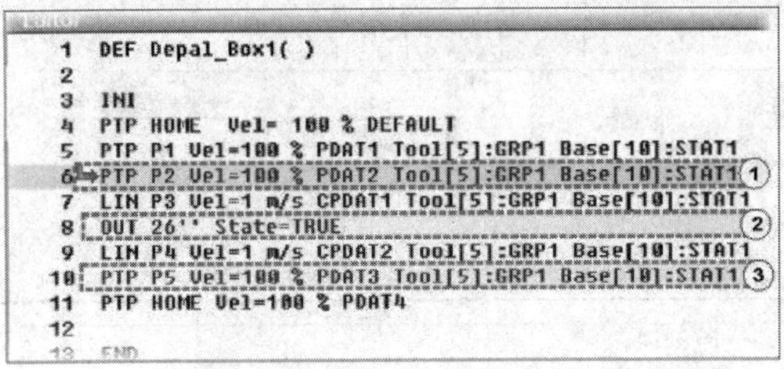

1. 主运行指针（灰色语句条）

2. 触发预进停止的指令语句

3. 可能的预进指针位置（不可见）

图 5-35　运动语句

某些指令将触发一个预进停止。其中包括影响外围设备的指令，如 OUT 指令（抓爪关闭，焊钳打开）。如果预进指针暂停，则不能进行轨迹逼近。

2．等待功能

运动程序中的等待功能可以很简单地通过联机表格进行编程。在这种情况下，等待功能被区分为与时间有关的等待功能和与信号有关的等待功能。

用“WAIT”可以使机器人的运动按编程设定的时间暂停，如图 5-36 所示。“WAIT”总是触发一次预进停止。

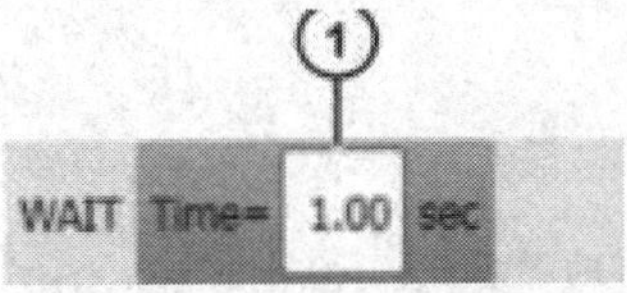

图 5-36　“WAIT”的联机表格

程序举例，如图 5-37 所示。

PTP P1 Vel=100% PDAT1

PTP P2 Vel=100% PDAT2 WAIT Time=2 sec

PTP P3 Vel=100% PDAT3

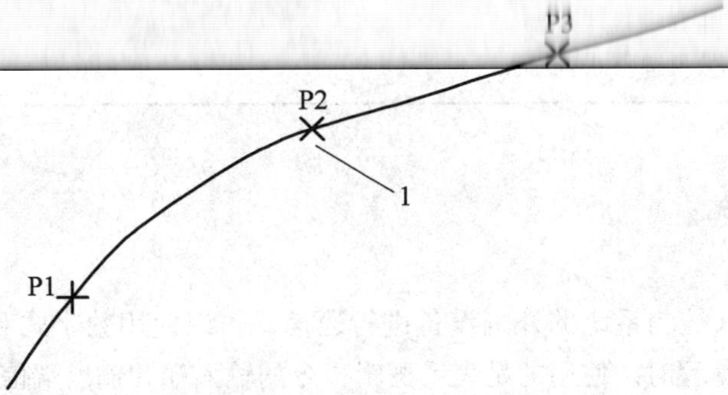

图 5-37　逻辑运动示例

“WAIT FOR”设定一个与信号有关的等待功能。需要时可将多个信号（最多 12 个）按逻辑连接。如果添加了一个逻辑连接，则联机表格中会出现用于附加信号和其他逻辑连接的栏，如图 5-38 所示。“WAIT FOR”的联机表格各栏说明表 5-9。

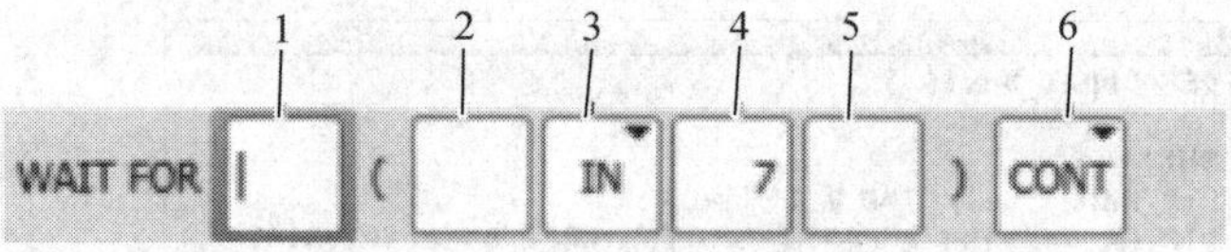

图 5-38 “WAIT FOR”的联机表格

表 5-9 “WAIT FOR”的联机表格各栏说明

序　号	说　明
1	添加外部连接。运算符位于加括号的表达式之间。 （1）AND； （2）OR； （3）EXOR； 添加 NOT。 （1）NOT； （2）[空白]。 用相应的按键添加所需的运算符
2	添加内部连接。运算符位于一个加括号的表达式内。 （1）AND； （2）OR； （3）EXOR。 添加 NOT。 （1）NOT； （2）[空白]。 用相应的按键添加所需的运算符。
3	等待的信号 IN、OUT、CYCFLAG、TIMER、FLAG
4	信号的编号：1～4096
5	如果信号已有名称则会显示出来； 仅限于专家用户组使用； 通过点击长文本可输入名称（名称可以自由选择）
6	CONT：在预进过程中加工 [空白]：带预进停止的加工

六、逻辑编程

为了实现与机器人控制系统的外围设备进行通信，可以使用数字式和模拟式输入端和输出端。对 KUKA 机器人编程时，使用的是表示逻辑指令的输入端和输出端信号，如图 5-39 所示。

（1）OUT：在程序中的某个位置上关闭输出端。

（2）WAIT FOR：与信号有关的等待功能，控制系统在此等待信号：输入端 IN、输出端 OUT、定时信号 TIMER、控制系统内部的存储地址（标记/1 比特内存）FLAG 或者 CYCFLAG （如果循环式地连续分析）。

图 5-39　数字输入/输出端

（3）“WAIT”与时间相关的等待功能：控制器根据输入的时间在程序中的该位置上等待。

逻辑编程的基本概念见表 5-10。

表 5-10　逻辑编程的基本概念

概　念	解　释	示　例
通　信	通过接口交换信号	询问状态（抓爪打开/闭合）
外围设备	周围设备	工具（如抓爪、焊钳等）、传感器、材料输送系统等
数字式	数字技术：离散的数值和时间信号	传感器信号：工件存在，值 1（TRUE/真）；工件不存在，值 0（FALSE/假）
模拟式	模拟一个物理量	温度测量
输入端	通过现场总线接口到达控制器的信号	传感器信号：抓爪已打开/抓爪已闭合
输出端	通过现场总线接口从控制系统发送至外围设备的信号	用于闭合抓爪的阀门切换指令

七、子程序

1．局部子程序

局部子程序位于主程序之后并以 DEF Name_Unterprogramm（ ）和 END 标明

```
DEF MY_PROG（ ） ;
此为主程序
...
END
```

```
DEF LOCAL_PROG1（ ） ;
此为局部子程序 1
...
```

```
END
```

```
DEF LOCAL_PROG2（ ）；
此为局部子程序 2
...
END
```

注：

（1）SRC 文件中最多可由 255 个局部子程序组成。

（2）局部子程序允许多次调用。

（3）局部程序名称需要使用括号。

2．全局子程序

全局子程序位于主程序之后并以程序名（ ）标明

（1）新建程序。

```
DEF MY_PROG( )  程序名
;指令
...
;指令
END
```

（2）新建第二个程序

```
DEF PICK_PART( )  程序名
;指令
...
;指令
END
```

（3）调用子程序

```
DEF MY_PROG( ) ;主程序名
;指令
...
;指令
PICK_PART( );  子程序名
;指令
...
;指令
END
```

八、示教再现操作方法

1．机器人示教再现步骤

步骤一：示教，操作者把规定的目标动作一步一步地教给机器人，主要示教工业机器人运动路径上的特殊点，示教同时给出相邻点之间的移动形式（直线、圆弧、点到点），速度等参数。

步骤二：记忆，机器人将操作者所示教的各个点的动作顺序信息、动作速度信息、位姿信息等记录在存储器中。

步骤三：再现，根据需要，将存储器所存储的信息读出，向执行机构发出具体的指令。机器人根据给定顺序或者工作情况，自动选择相应程序再现，这一功能标志着机器人对工作环境的适应性。

步骤四：操作，指机器人以再现信号作为输入指令，使执行机构重复示教过程的各种动作。

2．机器人示教和手动操作时的注意事项

（1）禁止用力摇晃机器人手臂及在手臂上挂重物。

（2）示教时切勿戴手套，根据作业内容穿戴规定的工作服和保护用具等。

（3）不得擅自开启机器人，调试人员进入工作区域时应随身携带示教器，以免他人误操作。

（4）示教前，应仔细确认示教器上各功能键是否能正常工作。

（5）对于初学者，在手动操作时应尽量采用较低速度倍率。

（6）在规划机器人运动路径时，要考虑避让点。

（7）察觉有危险时，应立即按下“急停键”。

3．机器人再现和生产时的注意事项

（1）在开机运行前，须知道机器人根据所编程序将要执行的全部任务。

（2）须知道所有会使机器人左右移动的开关、传感器和控制信号的位置和状态。

（3）当机器人处于自动模式时，应远离机器人本体动作区间。

（4）运行作业程序时，要事先跟踪检查一遍程序。

（5）机器人在运行中途停止时，一定要等待几分钟再靠近机器人，因为此时有可能是程序中编写了等待命令。

4．示教编程举例

以 KUKA 工业机器人工作站为例示教编程（见图 5-40），绘制工作台上的三角形，如图 5-41 所示。

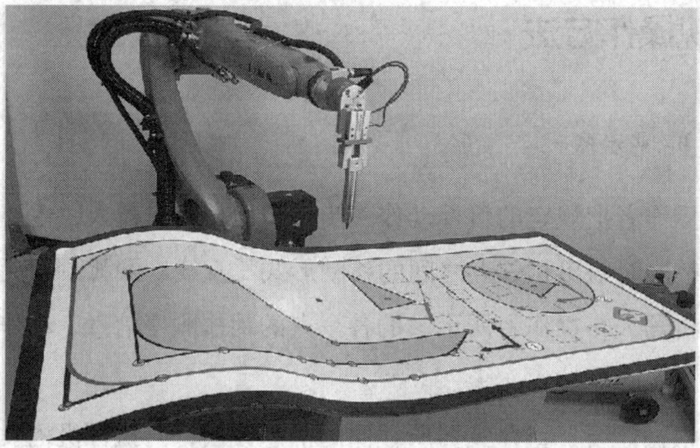

图 5-40　KUKA 工业机器人工作站

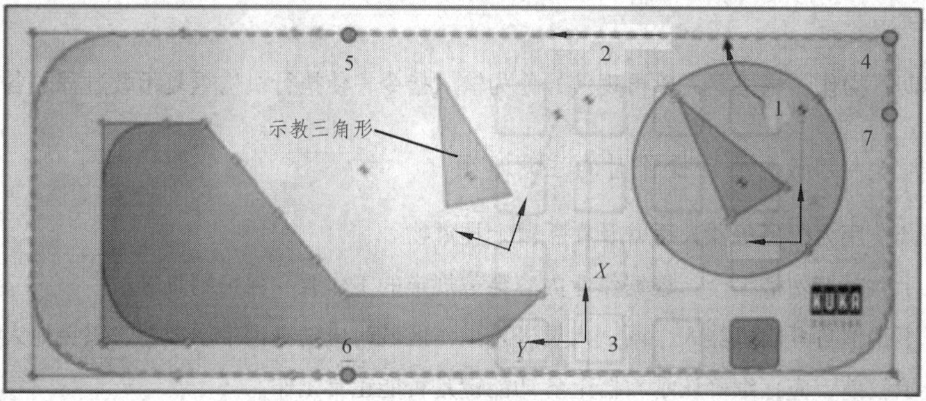

图 5-41　示教的三角形

（1）轨迹规划。

机器人使用绘笔绘制三角形的轨迹规划，如图 5-42 所示。

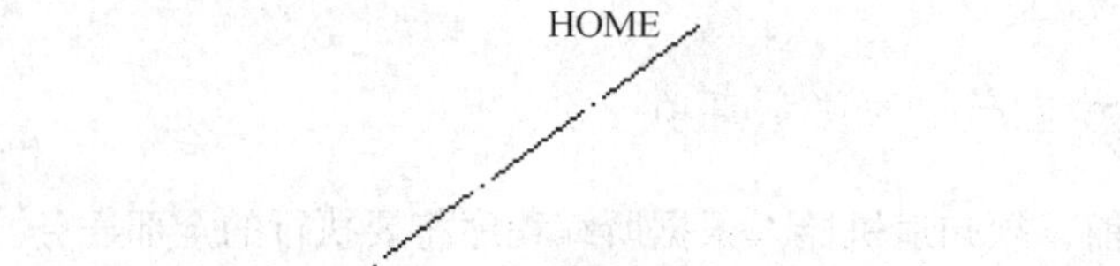

图 5-42　轨迹的规划

① 从 HOME 点快速移动到预绘图点 1。

② 从预绘图点 1 直线运行到绘图起点 2。

③ 从绘图起点 2 直线运行到绘图点 3。

④ 从绘图点 3 直线运行到绘图点 4。

⑤ 从绘图点 4 直线运行到绘图终点 2。

⑥ 从绘图终点 2 直线运行到安全返回点 1。

⑦ 从安全返回点 1 快速返回到 HOME 点。

（2）示教前准备。

① 接通主电源。把控制柜的主电源开关切换到接通的位置，接通主电源并进入系统。

② 选择示教模式。示教模式分为手动模式和自动模式，示教阶段选择手动模式。

③ 接通伺服电源。

（3）示教编程。

① 创建工件坐标系“base Base[8]:sjx”，工具坐标系“Tool[6]:hb”。

② 创建示教程序文件。在示教器上创建一个未曾示教过的程序文件名称，用于储存后面的示教程序文件，本例程序名称为“sanjiaoxing”。

③ 示教点的设置。示教作业是一种工作程序，它表示机械手将要执行的任务，编程程序如下：

a. 程序名称；

DEF SANJIAOXING；

b. 机器人在起始点 HOEM，机器人系统程序默认点不用示教。

PTP HONE Vel=100%，DEFAULT；

c. 机器人从 HOMED 点移动到预绘图点 1，进行示教。

PTP P1 Vel=100%，PDAT1 Tool[6]:hb Base[8]:sjx

d. 机器人从预绘图点 1 移动到绘起点 2，进行示教。

LINE P2 Vel=0.2m/s CPDAT2 Tool[6]:hb Base[8]:sjx

e. 机器人从绘起点 2 移动到绘起点 3，进行示教。

LINE P3 Vel=0.2m/s CPDAT3 Tool[6]:hb Base[8]:sjx

f. 机器人从绘起点 3 移动到绘起点 4，进行示教。

LINE P4 Vel=0.2m/s CPDAT4 Tool[6]:hb Base[8]:sjx

g. 机器人从绘起点 4 移动到绘图终点 2，由于绘图起点和终点重合，终点不用再示教，直接插入运动指令 LIN，把示教点改成 P2，在弹出的对话框中，选择不覆盖。

LINE P2 Vel=0.2m/s CPDAT1 Tool[6]:hb Base[8]:sjx

h. 机器人从绘图终点 2 移动到安全返回点 1，由于预绘图点和安全返回点重合，安全返回点不用再示教，直接插入运动指令 LIN，把示教点改成 P1，在弹出的对话框中，选择不覆盖。

i. 机器人从安全返回点 1 机器人在起始点 HOME，机器人系统程序默认点不用示教；

PTP HONE Vel=100%，DEFAULT；

知识拓展

ABB 的 RAPID 运动指令

一、MoveJ 指令

1. 指令格式

MoveJ ToPoint，Speed，z10，Tool \[Wobj];

2. MoveJ 应用

机器人以最快捷的方式运动至目标点，机器人运动状态不可控，但运动路径保持唯一，常用于机器人在空间大范围移动。

二、MoveL 指令

1. 指令格式

MoveL ToPoint，Speed，z10，Tool \[Wobj];

2. MoveL 的应用

机器人以线性移动方式运动至目标点，当前点与目标点两点决定一条直线，机器人运动状态可控，运动路径保持唯一，可能出现死点，常用于机器人在工作状态移动。

3. MoveJ、MoveL 指令的综合应用（见图 5-43）

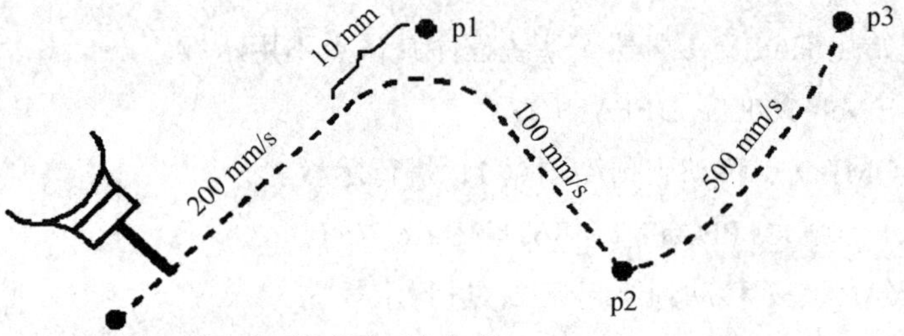

MoveL p1, v200, z10, tool1
MoveL p1, v100, fine, tool1
MoveL p3, v500, fine, tool1

图 5-43　MoveJ、MoveL 指令的综合应用

三、Move C 指令

1. 指令格式

MoveC　CirPoint，ToPoint，Speed，Zone，Tool [\Wobj];

2. 指令说明

CirPoint：圆周点，默认为*　（robtarget）

ToPoint：圆弧终点，默认为*　（robtarget）

Speed：运行速度数据　（speeddata）

Zone：　运行转角数据　（zonedata）

Tool：　工具中心点（TCP）　（tooldata）

[\Wobj]：工件坐标系　（wobjdata）

3. MoveJ 的应用

MoveC：机器人通过中间点以圆弧移动方式运动至目标点，当前点、中间点与目标点三点决定一段圆弧，机器人运动状态可控，运动路径保持唯一，如图 5-44 所示，常用于机器人在工作状态移动。

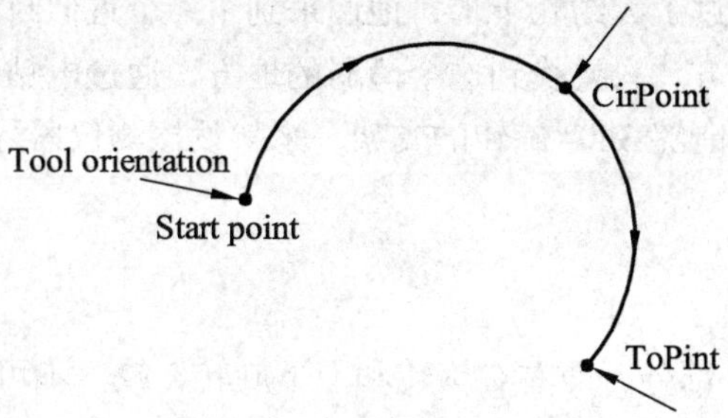

图 5-44　MoveC 指令的应用

巩固练习

（1）UKA 工机器人的运动指令有哪些?

（2）用示教编程方法，编写图 5-45 的程序，轨迹自行规划。

图 5-45　巩固练习第 2 题图

模块三　工业机器人半实物仿真——乐高 EV3 机器人的流程模块

学习目标

（1）培养学生面对困难，主动解决的能力。

（2）能了解流程模块的功能与使用方法。

（3）能正确对流程模块进行编程。

知识导入

地质学家李登布洛克教授在一本古本编年史中，发现了一封密码信，经过多日的解读后，得知该信是一个冰岛的炼金术士所写，信中表示冰岛的一个火山口能通往地心，教授随即带同侄子阿克赛尔出发。在路上，他们在冰岛上聘请了一名当地的导游汉斯，他们三人决定按照这个炼金术士记载的内容前往地心进行探险。怀着巨大的好奇心，他们来到了一个火山口，沿着火山口旁边的一个小洞走了进去。走过了大约几千米，他们来到了一个近似封闭的空间里，信中记载在这个洞里有一个比较薄弱的地方，只要找到这个薄弱的地方，通过电钻打开它，就能找到通往地心的道路。他们需要设计一个能够 360° 旋转的支架，来架设探测仪器寻找最薄弱的地方。

任务挑战

（1）360° 旋转分为两个部分，即左右旋转和上下旋转，缺一不可。

（2）左右旋转和上下旋转部分应为一体，即探测仪器放在支架上，不仅可以左右旋转还可以上下旋转。

（3）利用手机或者 BASIC 积木制作的模型作为探测仪器，支架上需有一个能够稳定固定探测仪器的结构。

任务难度等级

（1）模拟搅拌器结构，设计左右旋转部分，在左右旋转两侧支点上设计上下旋转。

（2）教参采取模型结构，利用转盘结构。

（3）模拟天体运行轨道，自转表示上下旋转，公转表示左右旋转。

（4）采取合作任务授课形式，根据难度等级（3）的要求设计一个简单的恒星和行星运转系统。

知识讲解

一、左右运行结构设计（见图 5-46）

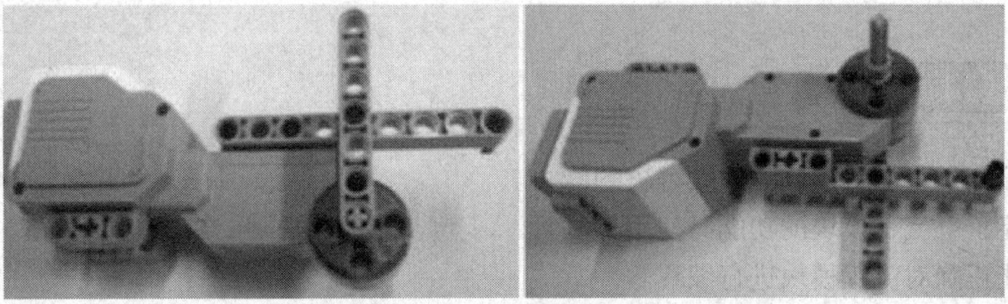

图 5-46　左右运行结构

安装时，注意轴为 7 轴，7 孔梁设计成十字形状。完成后，把电机与 EV3 程序块连接好，如图 5-47 所示。

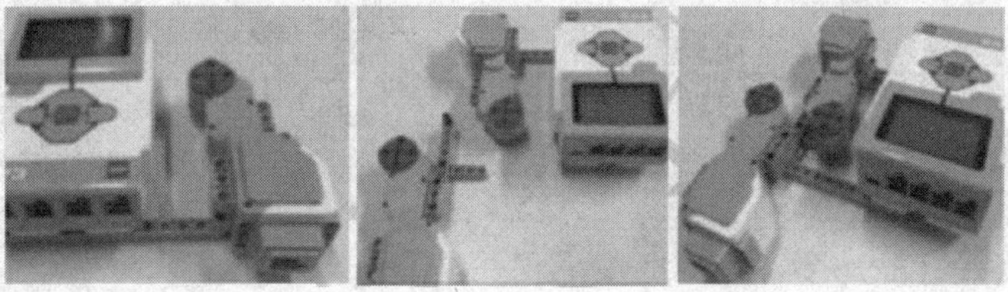

图 5-47　连接电机与 EV3 程序块

将两个电机通过 7 孔梁连接固定，然后底部利用 11 孔梁将电机同 EV3 程序块进行固定连接，如图 5-48 所示。

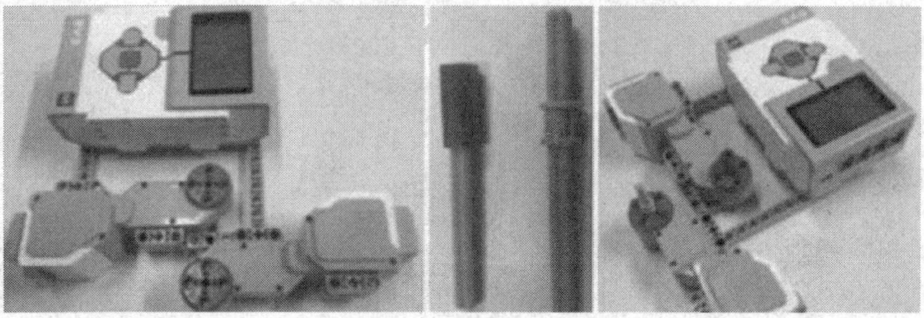

图 5-48　将电机同 EV3 程序块进行框架固定

电机同 EV3 程序块固定成一个比较坚固的框架。固定好后，再把转盘安装好，如图 5-49 所示。

图 5-49　安装转盘

安装时，注意转盘结构的中心刚好对着电机中心，转盘一端固定在 EV3 程序块端，然后再用零件进行固定，如图 5-50 所示。

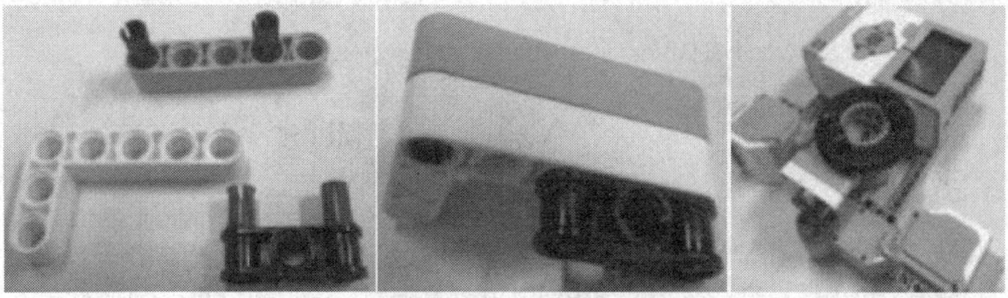

图 5-50　转盘的固定

将转盘另一端固定在另一个电机上后，需要对齐双交叉块中心圆孔与电机上轴连接器的孔，如图 5-51 所示。

图 5-51　对齐双交叉块中心圆孔与电机上轴连接器的孔

在组装过程中，要注意将双交叉块中心圆孔与电机上轴连接器的孔刚好处于一条直线上，然后固定蜗杆，如图 5-52 所示。

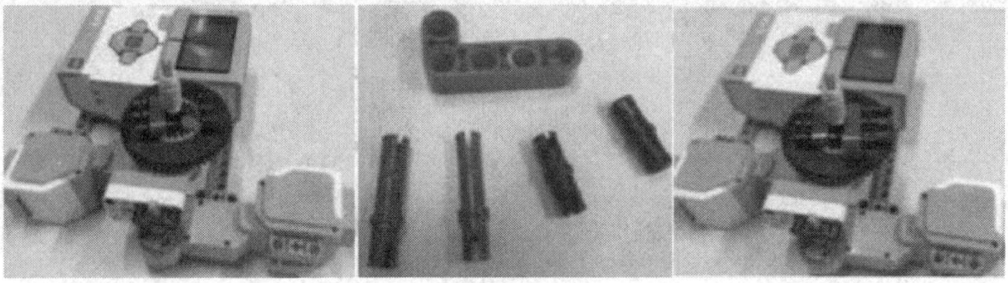

图 5-52　固定蜗杆

将轴穿入圆孔中，固定蜗杆，蜗杆上下侧固定 1/2 轴套，然后利用 2×4 直角厚连杆固定在转盘。以上完成后，再将齿轮同转盘啮合，如图 5-53 所示。

图 5-53　将齿轮同转盘啮合

在安装过程中，注意是固定 40 齿齿轮，同转盘连接啮合。接下来，开始设计左右旋转的支架结构，如图 5-54 所示。

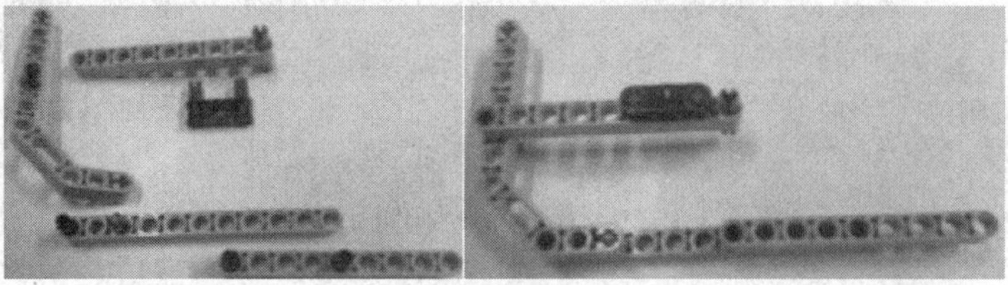

图 5-54　左右旋转的支架结构设计安装

设计安装完成左右旋转的支架结构后，再把支架安装在主体上，如图 5-55 所示。

图 5-55 支架与主体的连接

安装时，注意将支架一部分同转盘固定连接。然后连接交叉块，如图 5-56 所示。

图 5-56 固定交叉块

固定时，注意将交叉块固定在 3×7 直角厚连杆上。接下来，开始设计交叉块的另一部分，如图 5-57 所示。

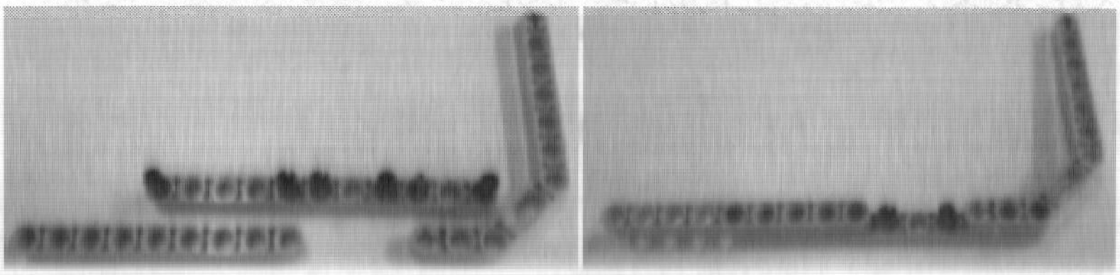

图 5-57 交叉块另一部分

设计安装好另一部分后，再把它固定在主机上，如图 5-58 所示。

图 5-58 交叉块固定在主机上

固定这个交叉块时，需要注意的是这次交叉块和上次固定的位置不一致。完成以上设计安装后，再设计齿轮啮合传动方式，如图 5-59 所示。

图 5-59　齿轮啮合传动方式设计与安装

设计齿轮啮合传动方式时，要注意 12 号轴刚好从两个交叉块中穿插固定，8 齿齿轮同蜗杆进行啮合。接下来，连接蜗杆，如图 5-60 所示。

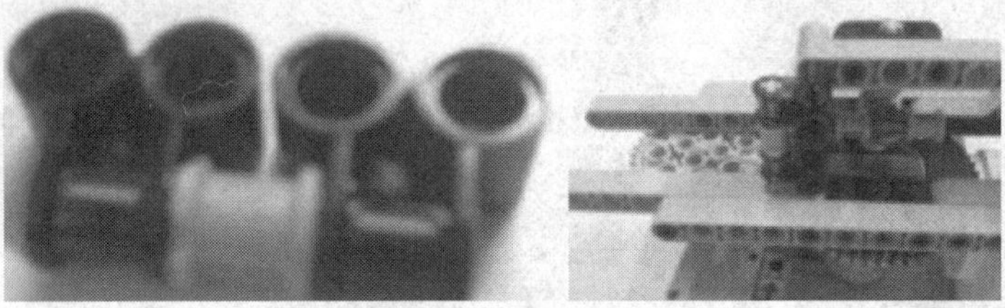

图 5-60　蜗杆的连接

连接时，要注意利用两个 2×2 单位黑色交叉块进行固定，将其连接在蜗杆一侧的 7 孔梁上。

二、用灰色交叉块设计左右旋转（见图 5-61）

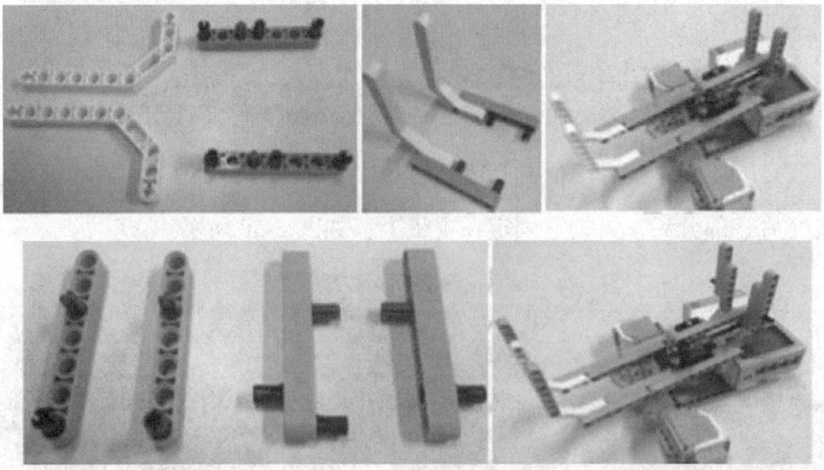

图 5-61　左右旋转支架

在设计安装时，要注意在 4 处 3×7 大弯梁外侧固定 7 孔圆梁，然后准备 4 个 3 单位的交叉块，如图 5-62 所示。

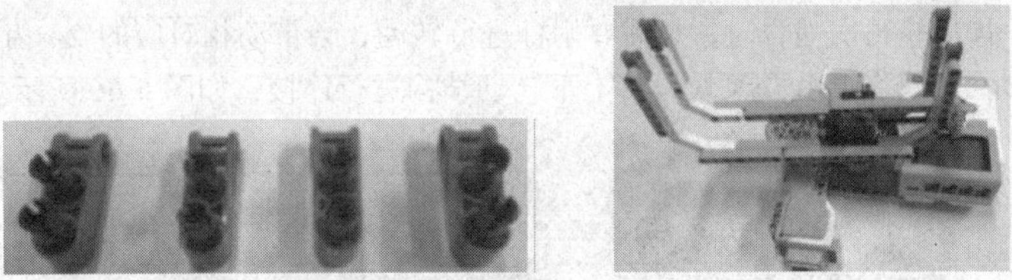

图 5-62　固定交叉块

把准备好的 4 个 3 单位的交叉块，固定在 4 根 7 孔梁处。3 单位的交叉块与 4 个 3×7 大弯梁处在同一个线上。然后准备齿轮，如图 5-63 所示。

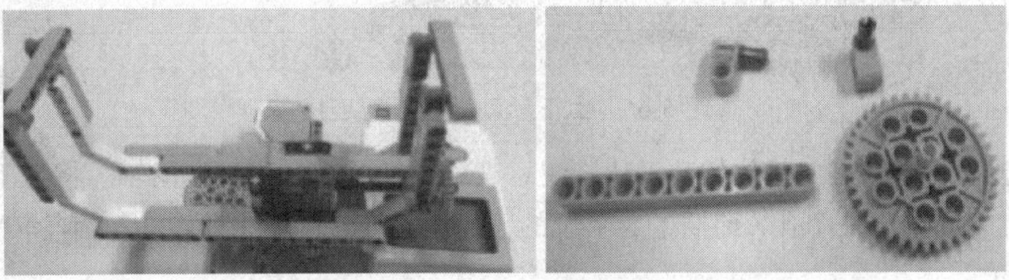

图 5-63　齿轮固定

在 3 单位交叉块的十字孔处，分别固定 7 孔圆梁，方向一致。然后把准备好的齿轮固定连接。此时，如果电机带动转盘转动，则模型会进行左右转动。

三、开始进行上下转动结构设计（见图 5-64）

图 5-64　上下转动结构设计

在设计时，注意要把 40 齿齿轮同下面的 24 齿齿轮进行啮合，两个灰色的 2 单位的交叉块固定在 7 孔梁上。完成后，再准备一个 40 齿齿轮进行啮合，如图 5-65 所示。

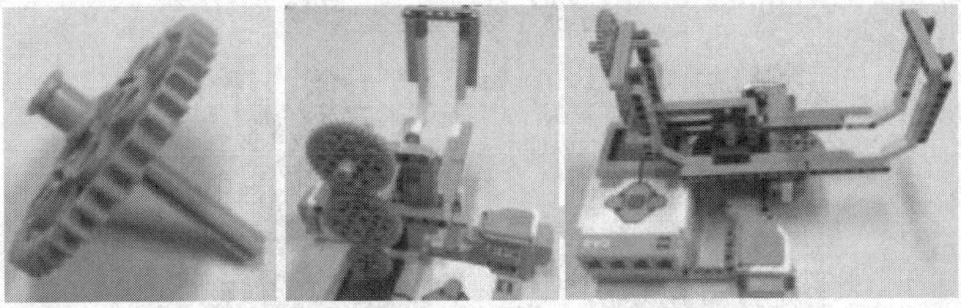

图 5-65　齿轮再次进行啮合

在进行 40 齿齿轮再次啮合时，只需要蜗杆进行转动，会带动相对应的 24 齿齿轮和两个 40 齿齿轮进行转动。再准备一些交叉块，将上下转动结构进行连接，如图 5-66 所示。

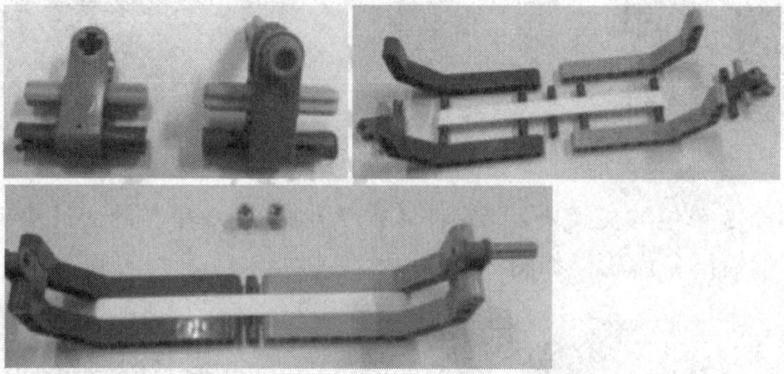

图 5-66　上下转动结构进行连接

设计安装时，依旧是 3 单位的交叉块，注意其中穿插了 3 号带螺帽的轴。将上下转动结构进行连接，注意中间空出一个孔，穿插了 3 单位的摩擦销。然后再把蜗杆转动与齿轮传动结合起来，如图 5-67 所示。

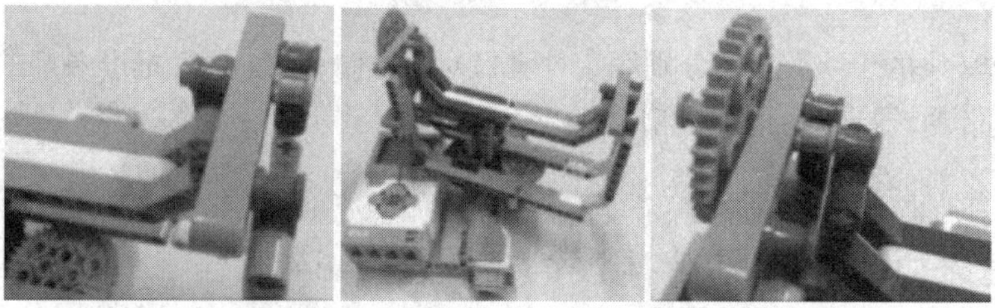

图 5-67　蜗杆转动与齿轮传动结合

3 单位交叉块十字孔部分用轴固定，当蜗杆转动的时候，通过齿轮传动，可以带动这个结构上下转动。再准备一些零件，构建物体固定模型，如图 5-68 所示。这个结构主要用来固定手机或者 BASIC 积木设计的模型，然后再准备 3 单位蓝色摩擦销进行连接固定，如图 5-69 所示。

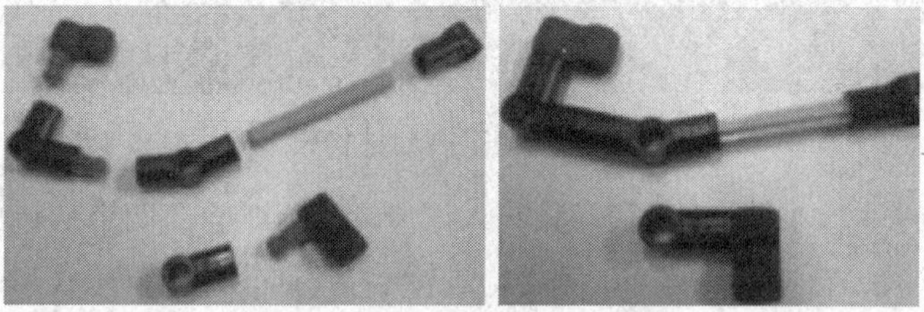

图 5-68　物体固定模型

图 5-69　摩擦销固定

整个模型参考设计如图 5-70 所示。

图 5-70　整个模型参考设计

四、程序参考设计

模型的左右上下旋转均为随机模式，参考设计如图 5-71 所示。

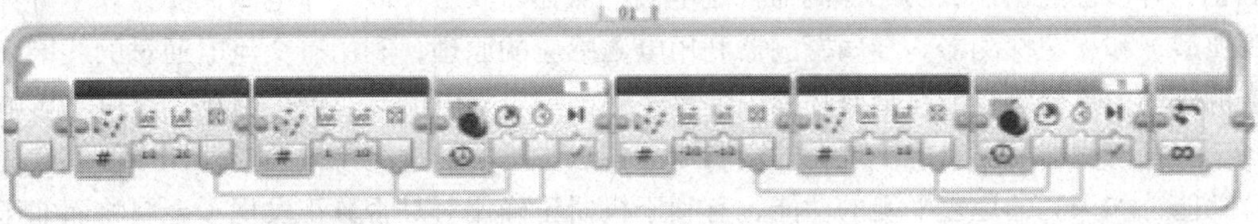

图 5-71　电机 B 参考设计程序

程序设计过程中，首先确定端口连接 B 的大型电机，先是顺时针旋转，速度及时间均为随机，然后是逆时针旋转，速度及时间也为随机。电机 B 参考设计程序完成后，形如电机 C 参考设计程序，如图 5-72 所示。

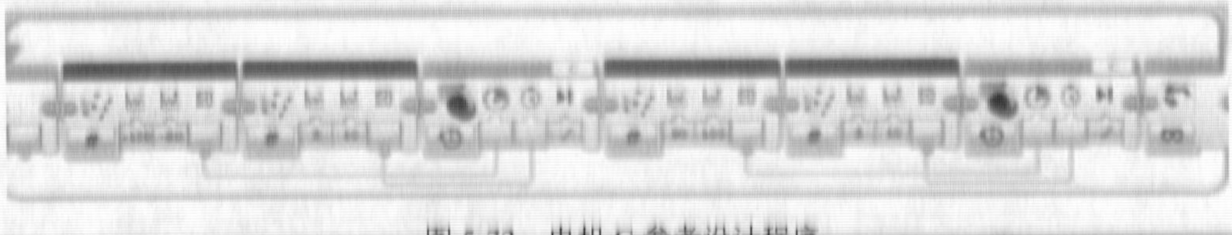

图 5-72　电机 C 参考设计程序

程序设计好后，连接 C 端口的大型电机也为随机运行，与 B 电机运行的随机范围不同。整个参考程序如图 5-73 所示。

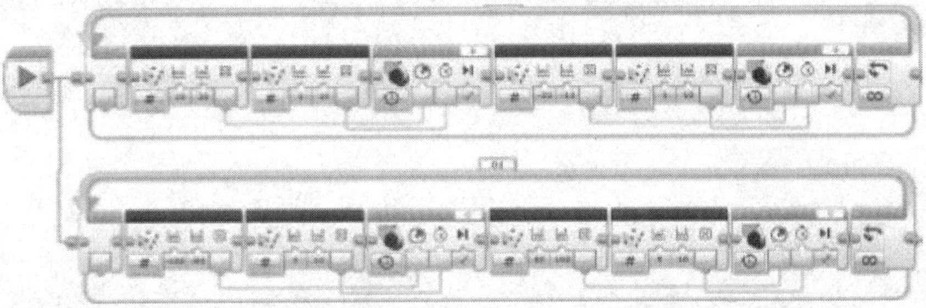

图 5-73　整个参考程序

反思提高

反思：

（1）模型结构设计的时候，左右旋转和上下旋转可以同时运行，但是必须保证两者之间不会发生碰撞。

（2）如果将手机上下翻转旋转的时候，需要紧固手机，防止掉落。

提高：

（1）针对不同的手机，能否设计不同的结构？

（2）打开手机录像功能，同时给整个模型增加机动动力装置，打开程序，看看能拍摄出一部什么样的录像。

知识链接

目前，许多已经研制成功的探测器都是电离探测器（其中又以气体电离探测器和半导体探测器最为典型）和火花探测器。金属探测器利用电磁感应的原理，利用有交流电通过的线圈，会产生交变的磁场，这个磁场能在金属物体内部感生涡电流。涡电流又会产生磁场，反过来影响原来的磁场，引发探测器发出鸣声。现在的金属探测器除了基本的探测警报功能外，一般都会提供许多特殊功能，如探测器地表平衡的功能，有利于机器正确比对是否真正发现了金属物而非干扰；选取功能，利用不同金属物体对磁场反应差异特性来遴选或排除不同类别的金属物件且警报提示；深度标示，可以告知所探测到的金属物体被埋藏的可能深度；面积标示，可以显示探测到的金属物体大小，供操作人员研判是否符合开挖的条件；语音提示，可以用语音提醒操作人员，如灯光照明以利于夜间运作。

学习情境六

工业机器人工作站及生产线

模块一 工业机器人工作站的组成

学习目标

（1）了解工业机器人工作站的组成、特点。
（2）熟悉弧焊工业机器人工作站的组成。
（3）了解搬运、码垛工业机器人工作站的组成。
（4）了解喷涂、装配工业机器人工作站的组成。

知识导入

工业机器人自动化生产线已经成为发达国家自动化装备的主流和未来的发展方向。在汽车行业、电子电器行业、工程机械、建筑、煤化工等行业已经大量装备工业机器人自动化生产线，来保证产品质量，提高生产效率。

由于工业机器人的可编程性和通用性较好，能满足工业产品多样化、小批量的生产要求，因此工业机器人的应用领域也得到了极大的扩展。在工业生产中，弧焊机器人、点焊机器人、装配机器人、喷涂机器人以及搬运机器人等工业机器人都已经被大量采用。

工业机器人工作站是以工业机器人作为加工主体的作业系统。由于工业机器人具有可再编程的特点，当加工产品更换时，可以对机器人的作业程序进行重新编写，从而达到系统柔性要求。作业系统包括工装、变位器、辅助设备等周边设备，工业机器人只是整个作业系统的一部分，应该对它们进行系统集成，使之构成一个有机整体，才能完成任务，满足生产需求。

工业机器人工作站系统集成一般包括硬件集成和软件集成两个过程。硬件集成需要根据需求对各个设备接口进行统一定义，以满足通信要求；软件集成则需要对整个系统的信息流进行综合，然后再控制各个设备按流程运转。

知识讲解

一、认识工作站

1．工业机器人工作站的组成

工业机器人工作站是指使用一台或多台机器人，配以相应的周边设备，如变位机、输送机、工装夹具等，用于完成某一特定工序作业的独立生产系统，也可称为机器人工作单元。它主要由工业机器人及其控制系统、辅助设备以及其他周边设备所构成。

2．工业机器人工作站的特点

（1）技术先进。工业机器人集精密化、柔性化、智能化、软件应用开发等先进制造技术于一体，通过对过程实施检测、控制、优化、调度、管理和决策，实现增加产量、提高质量、降低成本、减少资源消耗和环境污染的目的，是工业自动化水平的最高体现。

（2）技术升级。工业机器人与自动化成套装备具有精细制造、精细加工以及柔性生产等技术特点，是继动力机械、计算机之后出现的全面延伸人的体力和智力的新一代生产工具，也是实现生产数字化、自动化、网络化以及智能化的重要手段。

（3）应用领域广泛。工业机器人与自动化成套装备是生产过程的关键设备，可用于制造、安装、检测、物流等生产环节，并广泛应用于汽车整车及汽车零部件、工程机械、轨道交通、低压电器、电力、IC 装备、军工、烟草、金融、医药、冶金及印刷出版等行业，应用领域非常广泛。

（4）技术综合性强。工业机器人与自动化成套技术集中并融合了多项学科，涉及多项技术领域，包括工业机器人控制技术、机器人动力学及仿真、机器人构建有限元分析、激光加工、模块化程序设计、智能测量、建模加工一体化、工厂自动化以及精细物流等先进制造技术，技术综合性强。

二、焊接工业机器人工作站

焊接机器人工作站由多个功能单元构成，在焊接动态过程中具有自动检测功能，焊接机器人在焊接过程中对熔池尺寸、熔透、成型及电弧行为等参数实行在线检测，以实现焊接质量的实时控制。

1．焊接机器人分类

世界各国生产的焊接用机器人基本上都属关节型机器人（见图 6-1），绝大部分有 6 个轴。目前，焊接机器人应用中比较普遍的主要有 3 种，按功能分为弧焊机器人、点焊机器人、激光焊接机器人。

图 6-1　工机器人焊接工作站

（1）点焊机器人。

点焊机器人是用于点焊自动作业的工业机器人，其末端持握的作业工具是焊钳。实际上，工业机器人在焊接领域的应用最早是从汽车装配生产线上的电阻点焊开始的。最初，点焊机器人只用于增强焊作业，即往已拼接好的工件上增加焊点。后来，为保证拼接精度，又让机器人完成定位焊作业。

点焊机器人逐渐具有更全的作业性能，它不仅有足够的负载能力，而且在点与点之间移位时速度快捷，动作平稳，定位准确，以减少移位的时间，提高工作效率。具体来说如下：

① 安装面积小，工作空间大。

② 快速完成小节距的多点定位（如每 0.3 ~ 0.4 s 移动 30 ~ 50 mm 节距后定位）；

③ 定位精度高（± 0.25 mm），以确保焊接质量。

④ 持重大（50 ~ 150 kg），以便携带内装变压器的焊钳。

⑤ 内存容量大，示教简单，节省工时。

⑥ 点焊速度与生产线速度相匹配，同时安全可靠性好。

（2）弧焊机器人。

弧焊机器人是用于弧焊（主要有熔化极气体保护焊和非熔化极气体保护焊）自动作业的工业机器人，其末端持握的工具是焊枪。

事实上，弧焊过程比点焊过程要复杂得多，被焊工件由于局部加热熔化和冷却产生变形，焊缝轨迹会发生变化。因此，焊接机器人并不是一开始就用于电弧焊作业，而是伴随焊接传感器的开发及其在焊接机器人中的应用，使机器人弧焊作业的焊缝跟踪与控制问题得到有效解决。

焊接机器人在汽车制造中的应用也相继从原来比较单一的汽车装配点焊，很快发展为汽车零部件及其装配过程中的电弧焊。由于弧焊工艺早已在诸多行业中普及，使得弧焊机器人在通用机械、金属结构等许多行业中得到广泛运用。

为适应弧焊作业，对弧焊机器人的性能有着特殊的要求。除在运动过程中速度的稳定性和轨迹精度这两项重要指标外，其他性能如下：

① 能够通过示教器设定焊接条件（电流、电压、速度等）。

② 摆动功能。

③ 坡口填充功能。

④ 焊接异常功能检测。

⑤ 焊接传感器（焊接起始点检测、焊缝跟踪）的接口功能。

（3）激光焊接机器人。

激光焊接机器人是用于激光焊自动作业的工业机器人，通过高精度工业机器人实现更加柔性的激光加工作业，其末端持握的工具是激光加工头。具有最小的热输入量，产生极小的热影响区，在显著提高焊接产品品质的同时，降低了后续工作的时间。激光焊接成为一种成熟的无接触的焊接方式已经多年，极高的能量密度使得高速加工和低热量输入成为可能。与机器人电弧焊相比，机器人激光焊的焊缝跟踪精度要求更高。其基本性能要求如下：

① 高精度轨迹（不大于 0.1 mm）。

② 持重大（30 ~ 50 kg），以便携带激光加工头。

③ 可与激光器进行高速通信。

④ 机械臂刚性好，工作范围大。

⑤ 具备良好的振动抑制和控制修正功能。

2．工业机器人弧焊工作站的组成

工业机器人弧焊工作站由机器人系统、焊枪、焊接电源、送丝装置、焊接变位机、保护气气瓶总成等组成，整体系统如图 6-2 所示。

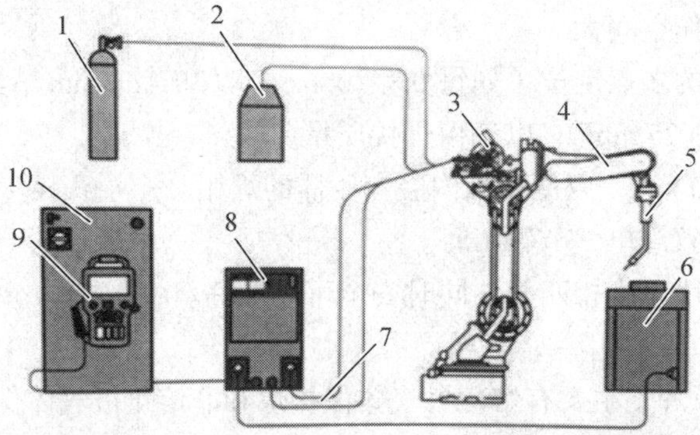

1—CO_2气瓶；2—焊丝桶；3—送丝机；4—机器人；5—焊枪；
6—变位机；7—供电、控制电缆；8—焊接电源；
9—示教器；10—控制柜。

图 6-2　工机器人焊接工作站

（1）弧焊机器人。

弧焊机器人由机器人本体、控制柜以及示教器组成，如图 6-3 所示。

（2）弧焊焊接电源。

弧焊焊接电源是为电弧焊提供电源的设备，焊接电源 NBM-500R 如图 6-4 所示。机器人控制柜通过焊接指令电缆向焊接电源发出控制指令，如焊接参数（焊接电压、焊接电流）、起弧、息弧等。

（a）机器人本体

（b）控制柜

图 6-3　华数 HSR-JR608 焊接机器人

图 6-4　NBM-500R 焊机

（3）焊枪及自动换枪装置。

焊枪将焊接电源的大电流产生的热量聚集在焊枪的终端来熔化焊丝，熔化的焊丝渗透到需焊接的部位，冷却后，被焊接的物体牢固地连接成一体。焊枪的类型如图 6-5 所示。

（a）电缆外置式机器人气保焊枪

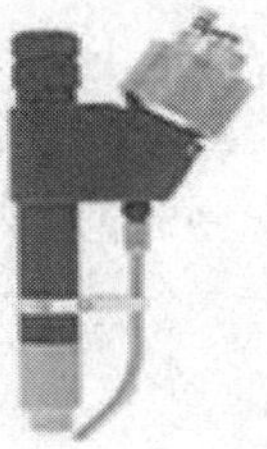

（b）电缆内藏式机器人气保焊枪

（c）机器人氩弧焊焊枪

图 6-5　弧焊机器人用焊枪

在弧焊机器人作业过程中，焊枪是一个重要的执行工具，需要定期更换或清理焊枪配件，如导电嘴、喷嘴等，这样不仅浪费工时，且增加维护费用。采用自动换枪装置（见图 6-6）可有效解决此问题，使得机器人的空闲时间大为缩短。

图 6-6　自动换枪装置

（4）送丝机。

送丝机是为焊枪自动输送焊丝的装置，它主要由送丝电动机、驱动轮、加压轮、送丝轮、加压螺母等组成，如图 6-7 所示。

送丝电动机通过驱动轮驱动送丝轮旋转，为送丝提供动力，加压轮将焊丝压入送丝轮上的送丝槽，增大焊丝与送丝轮的摩擦，将焊丝修整平直，平稳送出，使进入焊枪的焊丝在焊接过程中不会出现卡丝现象。

1—加压螺母；2—加压轮；3—送丝轮；4—送丝电动机；
5—驱动轮；6—绝缘衬垫。

图 6-7　弧焊送丝机

（5）焊接变位机。

焊接变位机承载工件及焊接所需工装，如图 6-8 所示，其主要作用是在焊接过程中将工件进行翻转变位，以便获得最佳的焊接位置，可缩短辅助时间，提高劳动生产率，改善焊接质量，是机器人焊接作业不可缺少的周边设备。

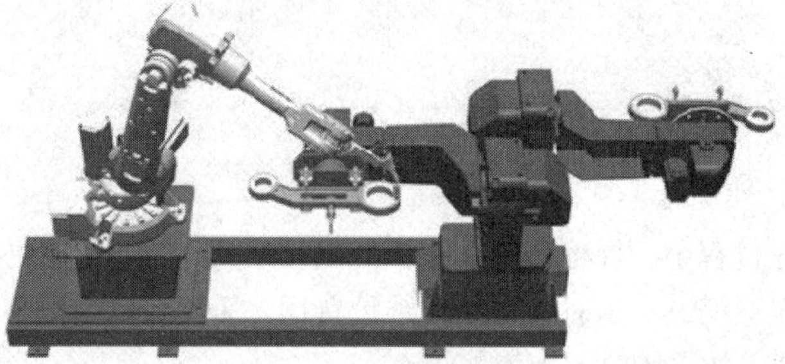

图 6-8　弧焊变位机

（6）集成式清枪装置。

工业机器人焊枪经过焊接后，内壁会积累大量的焊渣，影响焊接质量，因此需要使用集成式清枪装置定期清除。为实现焊枪的清理，需用夹紧装置将焊枪喷嘴的柱形部位夹紧。清枪装置的铰刀与喷嘴和焊枪几何形状实现最佳匹配，铰刀上升至喷嘴的内表面旋转，开始清枪，对喷嘴内表面黏附的焊接飞溅物进行清除。在这个过程中，利用压缩空气对喷嘴的内表面进行吹扫，这种和吹扫功能相结合的方式，可使焊枪喷嘴内的清洁效果实现最佳化。集成式清枪装置如图 6-9 所示。

（7）焊钳电极修磨机。

为点焊机器人配备自动电极修磨机（见图 6-10），可实现电极头工作面氧化磨损后的修磨过程自动化和提高生产线节拍。电极修磨完成后，需根据修磨量的多少对焊钳的工作行程进行补偿。

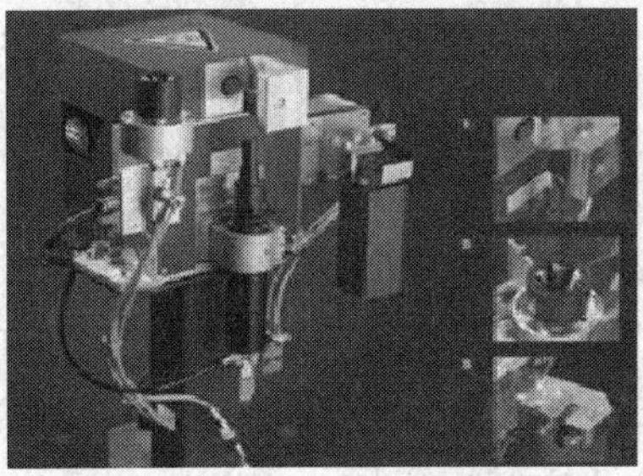

图 6-9　集成式清枪装置

图 6-10　焊钳电极修磨机

三、搬运工业机器人工作站

搬运机器人是一个完整系统，主要适用于大批量、重复性强或是工件质量较大以及工作环境具有高温、粉尘等条件恶劣情况。其特点是定位精确高、生产质量稳定、工作节拍可调、运行平稳可靠、维修方便。

以关节式搬运机器人为例，其工作站主要有操作机、控制系统、搬运系统（气体发生装置、真空发生装置和手爪等）和安全保护装置组成，如图 6-11 所示。

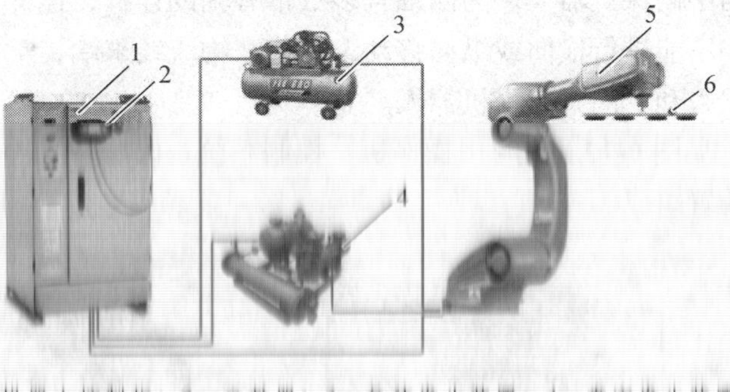

1—机器人控制柜；2—示教器；3—气体发生装置；4—真空发生装置；
5—操作机；6—端拾器（手爪）。

图 6-11　搬运机器人系统组成

关节式搬运机器人常见的本体有 4 ~ 6 轴。6 轴搬运机器人本体部分具有回转、抬臂、前伸、手腕旋转、手腕弯曲和手腕扭转 6 个独立旋转关节，多数情况下 5 轴搬运机器人略去手腕旋转这一关节，4 轴搬运机器人则略去了手腕旋转和手腕弯曲这两个关节。

常见的搬运机器人辅助装置有增加移动范围的滑移平台、合适的搬运系统装置和安全保护装置等。

1．搬运机器人的周边设备

（1）滑移平台。滑移平台可安装在地面上或龙门框架上，增加滑移平台是搬运机器人增加自由度最常用的方法。

（2）搬运系统。主要包括真空发生装置、气体发生装置、液压发生装置等，此部分装置均为标准件，企业常用空气控压站对整个车间提供压缩空气和抽真空。

2．工位布局

常见搬运机器人工作站可采用 L 形、环状、“品”字、“一”字等布局。

L 形布局是将搬运机器人安装在龙门架上，使其行走在机床上方，极大限度的节约地面资源。

环状布局又称“岛式加工单元”，以关节式搬运机器人为中心，机床围绕其周围形成环状，进行工件搬运加工，可提高生产率、节约空间，适合小空间厂房作业。

直角桁架机器人通常要求设备一字排列，成“一”字布局，对厂房高度、长度有一定要求，工作运动方式为直线运动，很难能满足对放置位置、相位等有特别要求工件的上下料作业需要。

四、码垛工业机器人工作站

码垛机器人是在物流生产线末端取代人工或码垛机完成工件的自动码垛功能，它主要适用于大批量、重复性强或是工作环境具有高温、粉尘等条件恶劣情况。它具有定位精确、码垛质量稳定、工作节拍可调、运行平稳可靠、维修方便等特点。

码垛机器人与搬运机器人在本体结构上没有过多区别，通常可认为码垛机器人本体较搬运机器人大，在实际生产当中码垛机器人多为四轴且多数带有辅助连杆，连杆主要起增加力矩和平衡的作用。码垛机器人多不能进行横向或纵向移动，安装在物流线末端，常见的多为关节式码垛机器人、摆臂式码垛机器人和龙门式码垛机器人。

通常码垛机器人（见图 6-12）主要由操作机、控制系统、码垛系统（气体发生装置、液压发生装置）和安全保护装置组成。

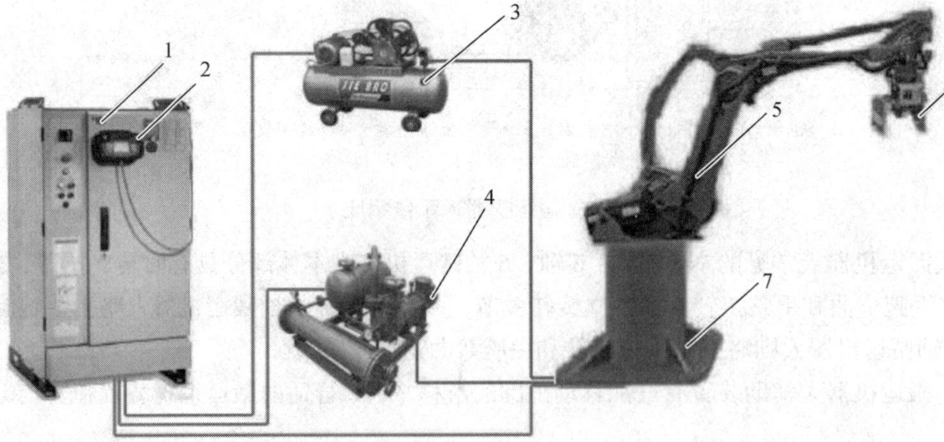

1—机器人控制柜；2—示教器；3—气体发生装置；4—真空发生装置；
5—操作机；6—夹板式手爪；7—底座。

图 6-12　码垛机器人系统组成

关节式码垛机器人常见本体多为 4 轴，也有 5、6 轴码垛机器人，但在实际包装码垛物流线中 5、6 轴码垛机器人相对较少。码垛主要在物流线末端进行工作，4 轴码垛机器人足以满足日常码垛。

常见码垛机器人的末端执行器有吸附式、夹板式、抓取式、组合式。

（1）吸附式码垛机器人末端执行器主要为气吸附，广泛应用于医药、食品、烟酒等行业。

（2）夹板式手爪是码垛过程中最常用的一类手爪，常见的有单板式和双板式，主要用于整箱或规则盒码垛。夹板式手爪加持力度较吸附式手爪大，并且两侧板光滑不会损伤码垛产品外观质量，单板式与双板式的侧板一般都会有可旋转爪钩。

（3）抓取式手爪可灵活地适应不同形状和内含物的包装袋。

（4）组合式手爪通过组合获得各单组手爪的优势，灵活性较大，各单组手爪之间既可单独使用又可配合使用，可同时满足多个工位的码垛。

五、喷涂工业机器人工作站

喷涂是一种较为常用的表面防腐、装饰、防污的表面处理方法，其规则之一需要喷枪在工件表面做往复运动。喷涂机器人作为一种典型的喷涂自动化装备，与传统的机械喷涂相比，它可以最大限度提高涂料的利用率、降低喷涂过程中的 VOC（有害挥发性有机物）排放量；显著提高喷枪的运动速度，缩短生产节拍，效率显著高于传统的机械喷涂；柔性强，能够适应于多品种、小批量的喷涂任务；能够精确保证喷涂工艺的一致性，获得较高质量的喷涂产品；与高速旋杯经典喷涂站相比可以减少大约 30%～40% 的喷枪数量，降低系统故障概率和维护成本。

国内外的喷涂机器人大多数从构型上仍采取与通用工业机器人相似的 5 或 6 自由度串联关节式机器人，在其末端加装自动喷枪。按照手腕构型划分，喷涂机器人主要有球型手腕喷涂机器人和非球型手腕喷涂机器人。

典型的喷涂机器人工作站主要由喷涂机器人、机器人控制系统、供漆系统、自动喷枪（旋杯）、喷房、防爆吹扫系统等组成，如图 6-13 所示。供漆系统主要由涂料单元控制盘、气源、流量调节器、齿轮泵、涂料混合器、换色阀、供漆供气管路及监控管线组成。

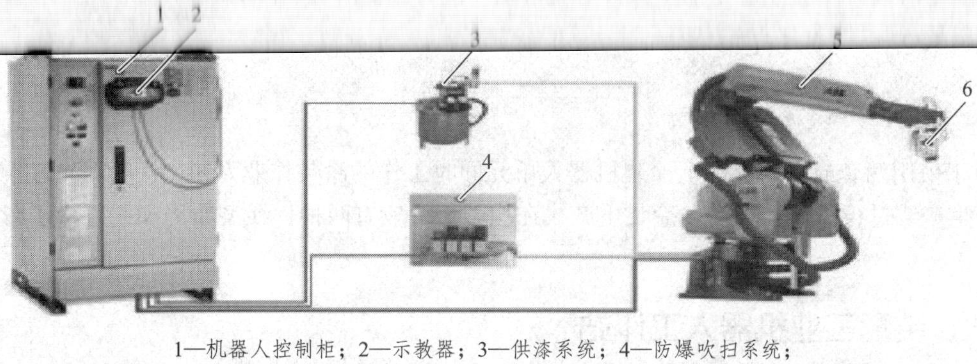

1—机器人控制柜；2—示教器；3—供漆系统；4—防爆吹扫系统；
5—喷涂机器人；6—自动喷枪/旋杯。

图 6-13　喷涂机器人系统组成

喷涂机器人与普通工业机器人相比，操作机在结构方面除了球型手腕与非球型手腕的差别外，主要是防爆、油漆及空气管路和喷枪布置导致的差异。手臂工作范围宽大，进行喷涂作业时可以灵活避障；手腕一般有 2 ~ 3 个自由度，轻巧快速，适合内部、狭窄的空间及复杂工件的喷涂；较先进的喷涂机器人采用中空手臂和柔性中空手腕；一般在水平手臂搭载喷漆工艺系统，从而缩短清洗、换色时间，提高生产效率，节约涂料及清洗液。

常见的涂装机器人辅助装置有机器人走行单元、工件传送（旋转）单元、空气过滤系统、输调漆系统、喷枪清理装置、喷漆生产线控制盘等。

1. 机器人走行单元与工件传送（旋转）单元

这部分主要包括完成工件的传送及旋转动作的伺服转台、伺服穿梭机及输送系统，和完成机器人上下左右滑移的走行单元，涂装机器人所配备的走行单元与工件传送和旋转单元的防爆性能有着较高的要求。

一般来说，配备走行单元和工件传送与旋转单元的涂装机器人生产线及柔性涂装单元的工作方式有 3 种：动/静模式、流动模式及跟踪模式。

2. 空气过滤系统

为保证涂装作业的表面质量，涂装线所处环境及空气涂装所使用的压缩空气应当尽可能保持清洁，喷房内的空气纯净度要求很高，因此必须配备空气过滤系统。

3. 输调漆系统

输调漆系统是保证生产线多个涂装机器人单元协同作业的重要装置。通常输调漆系统包括油漆和溶剂混合的调漆系统、输送系统、液压泵系统、油漆温度控制系统、溶剂回收系统、辅助输调漆设备及输调漆管网等。

4. 喷枪清理装置

为防止涂装作业中污物堵塞喷枪气路，也为了适应不同工件涂装不同颜色，需要对喷枪进行清理。喷枪清理时一般经过 4 个步骤：空气自动冲洗、自动清洗、自动溶剂冲洗、自动通风排气，其编程需要 5 ~ 7 个程序点。

5. 喷漆生产线控制盘

对于采用两套或者两套以上涂装机器人单元同时工作的涂装作业系统，一般需配置生产线控制盘对生产线进行监控和管理。涂装生产线在构型上一般有两种：线型布局和并行盒子布局。

六、装配工业机器人工作站

装配机器人是工业生产中用于装配生产线上对零件或部件进行装配的一类工业机器人。它作为柔性自动化装配的核心设备，具有精度高、工作稳定、柔顺性好、动作迅速等优点。

装配机器人在不同装配生产线上发挥着强大的装配作用，大多由 4 ~ 6 轴组成。

常见的装配机器人按臂部运动形式分直角式装配机器人和关节式装配机器人。关节式装配机器人也可分为水平串联关节式、垂直串联关节式和并联关节式。

装配机器人的装配系统主要由操作机、控制系统、装配系统（手爪、气体发生装置、真空发生装置或电动装置）、传感系统和安全保护装置组成，如图 6-14 所示。

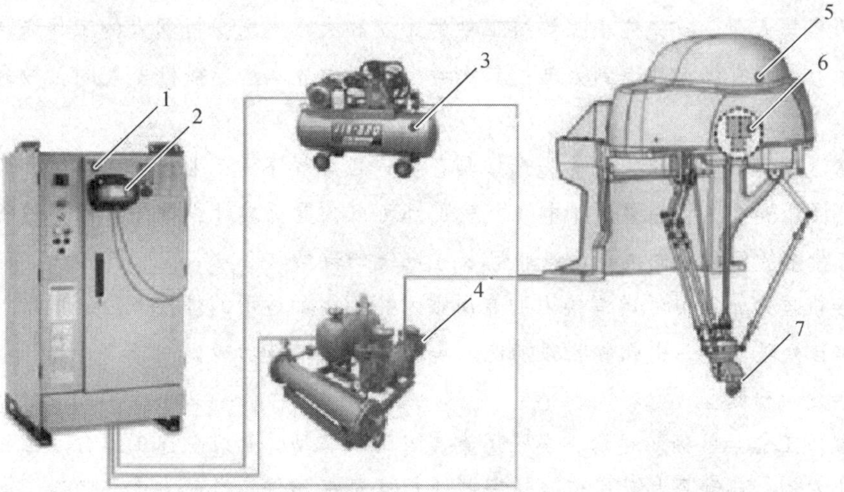

1—机器人控制柜；2—示教器；3—气体发生装置；4—真空发生装置；
5—机器人本体；6—视觉传感器；7—气动手爪。

图 6-14　装配机器人系统组成

目前市场的装配生产线多以关节式装配机器人中的 SCARA 机器人和并联机器人为主，在小型、精密、垂直装配上，SCARA 机器人具有很大的优势。随着社会需求增大和技术的进步，装配机器人行业也得到迅速发展，多品种、少批量生产方式和为提高产品质量及生产效率的生产工艺需求，成为推动装配机器人发展的直接动力。

装配机器人的周边设备主要是输送装置，在机器人装配生产线上，输送装置将工件输送到各作业点。在输送装置中又以传送带为主。

在实际生产中，常见的装配工作站可分为回转式和线式布局。

回转式布局通常出现在回转式装配工作站上，它可将装配机器人聚集在一起进行配合装配，也可进行单工位装配，灵活性较大，可针对一条或两条生产线布局，具有较小的输送线成本，较小的占地面积等特点，广泛运用于大、中型装配作业。

线式布局的线式装配机器人通常依附于生产线，排布于生产线的一侧或两侧，具有生产效率高、节省装配资源、节约人员维护，一人便可监视全线装配等优点，广泛运用于小物件装配场合。

通常，装配机器人本体与搬运、焊接、涂装、装配机器人本体在制造精度上有一定的差别。原因在于机器人在完成焊接、涂装作业时，机器人没有与作业对象接触，只需示教机器人运动轨迹即可，而装配机器人需与作业对象直接接触，并进行相应动作。搬运、装配机器人在移动物料时的运动轨迹多为开放式，而装配作业是一种约束运动类操作，即装配机器人精度要高于搬运、码垛、焊接和涂装机器人。

知识拓展

一、弧焊机器人选型的依据

焊接机器人是应用最为广泛的工业机器人，要选择合适的焊接机器人，了解焊接机器人的性能显得非常重要。

选择弧焊机器人时，首先应根据焊接工件的形状和大小来选择机器人的工作范围，一般应保证一次将工件上的所有焊点都焊到为准；其次考虑效率和成本，选择机器人的轴数和速度以及负载能力。

在其他情况同等的情况下，应优先选择具备内置弧焊程序的工业机器人，便于程序的编制和调试；还应选择能够在上臂内置焊枪电缆，底部还可以内置焊接地线电缆、保护气管的工业机器人，这样在减少电缆活动空间的同时，也延长了电缆的寿命。

对于焊接机器人，还要考虑焊接用的专用技术指标，如适用的焊接方法，摆动功能，焊接工艺故障自检和自处理功能，引弧和收弧功能，焊接尖端点示教功能。

二、焊接变位机选型

焊接变位机工作台的回转运动，多采用直流电动机驱动，无级变速工作台。工作台的倾斜运动有两种驱动方式：一种是电动机经减速器减速后通过扇形齿轮带动工作台倾斜，或通过螺旋副使工作台倾斜；另一种是采用液压缸直接推动工作台倾斜。这两种驱动方式都有应用，在小型变位机上以电动机驱动为主。工作台的倾斜速度多为恒定的，但对应用于空间曲线焊接及空间曲面堆焊的变位机，则是无级调速的。另外，在驱动系统的控制回路中，应有行程保护、过载保护、断电保护及工作台倾斜角度指示等功能。

工作台的回转运动应具有较宽的调速范围，国产变位机的调速比一般为 1∶33 左右；国外产品一般为 1∶40，有的甚至达 1∶200。工作台回转时，速度应平稳均匀，在最大载荷下的速度波动不得超过 5%。

1. 单轴翻转变位机

如图 6-15（a）所示，单轴翻转变位机采用伺服电机或者普通电机驱动，通常工作翻转速度可调，其功能是配合焊接机器人按预定程序将夹具上的工件翻转一定的角度，以满足焊接要求，保证工件焊接质量。单轴翻转变位机是在焊接机器人工作站中应用最广泛的设备。

2. 单轴悬臂变位机

如图 6-15（b）所示，单轴悬臂变位机驱动采用伺服电机，通常工作的翻转速度是可调的，其功能是配合焊接机器人按预定程序将夹具上的工件翻转一定的角度，以便满足焊接要求，保证工件焊接质量。这类变位机适合小型焊接工作站，节省空间，也可实现一台机器人、两台变位机的高效率生产。

3. 单轴水平回转变位机

如图 6-15（c）所示，单轴水平回转变位机适合小型工作站、小工件的焊接，可实现 ±180° 水平回转，满足工件焊接要求，保证工件焊接质量。

4. 双轴标准变位机

如图 6-15（d）所示，双轴标准变位机两轴均采用伺服电机驱动，焊接夹具实现翻转的同时，也能实现±180° 水平回转，这使得机器人的工作空间和与夹具的相互协调能力大大增强，机器人焊接姿态和焊缝质量有很大提高。这类变位机适合小型焊接工作站，常用于小工件的焊接，如消声器的尾管、油箱等工件焊接。

5. L 形双轴变位机

如图 6-15（e），L 形双轴变位机两轴均采用伺服电机驱动，焊接夹具可实现翻转的同时，也可实现±180° 水平回转，这使得机器人与夹具的相互协调能力大大增强，机器人焊接姿态有很大改善，焊缝质量有很大提高。这类变位机的承载能力比上述双轴标准变位机大，第一轴的翻转角度也大，适合较大工件的焊接。L 形双轴变位机是双轴变位机的升级设备。

6. C 形双轴变位机

如图 6-15（f）所示，C 形双轴变位机与 L 形双轴变位机原理相近，但是第二轴的上端与夹具固定，采用回转支撑与电机驱动端同步。C 形双轴变位机的第一轴减速比大，就结构来说，其承载能力要比 L 形双轴变位机的承载能力大很多，一般用于焊接重型夹具。

7. 三轴垂直翻转变位机

如图 6-15（h）所示，三轴垂直翻转变位机第一轴的翻转实现夹具 A/B 侧的换位，第二轴/第三轴的自身翻转实现夹具自动翻转。此变位机实现了与机器人的同步协调动作，驱动均采用伺服电机，两套同样的夹具一起工作，A 侧机器人焊接的同时，B 侧人工装件，使整个工作站的工作效率大大提高。选用三轴垂直翻转变位机的机器人焊接工作站较大，工作站的安全度较高，一般用于车桥等大型工件的焊接。

8. 三轴水平回转变位机

如图 6-15（i）所示，三轴水平回转变位机的工作原理与三轴垂直翻转变位机基本相同，但是，第一轴要通过回转实现夹具 A/B 侧的换位，第二轴/第三轴依然是通过自身翻转实现夹具自动翻转。此变位机实现了与机器人的同步协调，驱动均采用伺服电机，两套同样的夹具一起工作，A 侧机器人焊接的同时，B 侧人工装件。

9. 五轴变位机

如图 6-15（j）所示，五轴变位机分 A/B 工位，两侧的工作原理相同，可实现夹具的回转和翻转。第一轴的翻转实现夹具自身回转，第二轴实现夹具自动翻转，第三轴实现变位机 A/B 工位的位置变换，通过各个轴的协调，达到更佳的工件焊接效果。

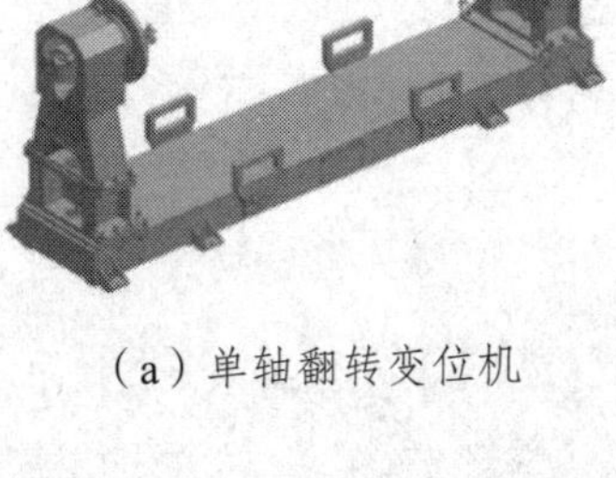

（a）单轴翻转变位机

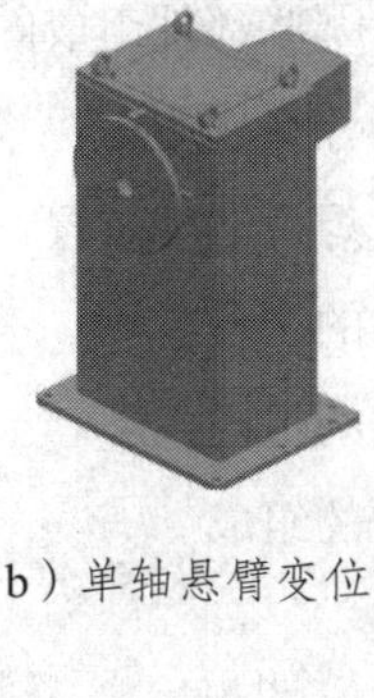

（b）单轴悬臂变位机

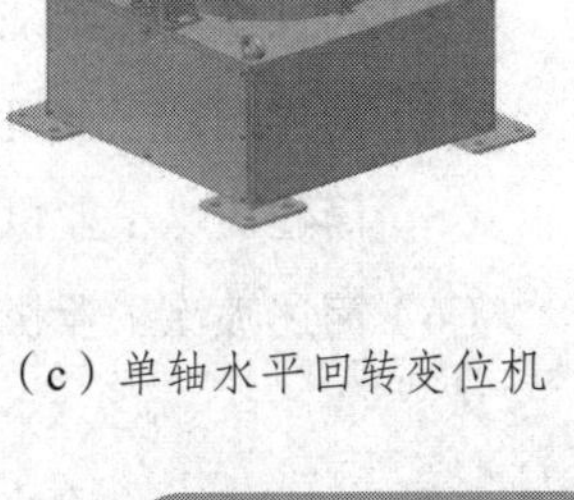

（c）单轴水平回转变位机

（e）双轴标准变位机

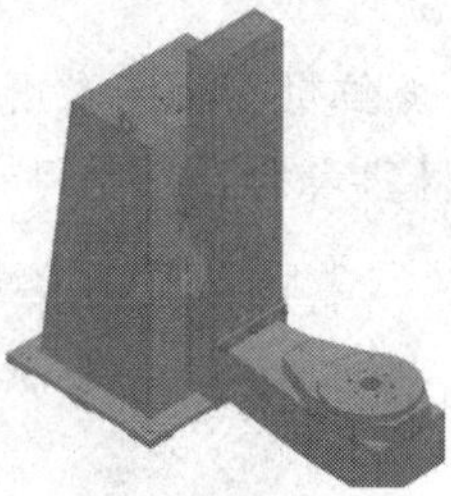

（f）L 形双轴变位机

（g）C 形双轴变位机

（h）三轴垂直翻转变位机

（i）三轴水平回转变位机

（j）五轴变位机

图 6-15　焊接变位机工作台

10. 变位机技术要求

（1）回转驱动。

① 回转驱动应实现无级调速，并可逆转。

② 在回转速度范围内，承受最大载荷时转速波动不超过 5%。

（2）倾斜驱动。

① 倾斜驱动应平稳，在最大负荷下不抖动，整机不得倾覆。最大负荷 Q 超过 25 kg 的，应具有动力驱动功能。

② 应设有限位装置，控制倾斜角度，并有角度指示标志。

③ 倾斜机构要具有自锁功能，在最大负荷下不滑动，安全可靠。

巩固练习

（1）工业机器人弧焊工作站是由哪些部件组成的?

（2）焊接变位机在焊接系统中起什么作用?

（3）为什么焊接系统中需要配置焊枪清理装置?

（4）简述搬运工业机器人工作站的组成。

（5）简述码垛工业机器人工作站的组成。

（6）简述喷涂工业机器人工作站的组成。

模块二 工业机器人生产线的搭建

学习目标

（1）了解工业机器人焊接生产线。

（2）了解工业机器人切削加工智能制造单元的组成。

知识导入

生产自动化的进一步发展是柔性自动化。在现代自动化柔性生产线中工业机器人的作用不可替代。工业机器人自动化生产线成套设备已成为自动化装备的主流及未来的发展方向。由于工业机器人具有一定的通用性和适应性，能适应多品种中、小批量的生产，自20世纪70年代起，常与数字控制机床结合在一起，成为柔性制性制造单元或柔造系统的组成部分。工业机器人在工业生产中能代替人做某些单调、频繁和重复的长时间作业，或是危险、恶劣环境下的作业。

知识讲解

一、焊接机器人生产线

工业机器人生产线就是通过计算机控制，从而实现由机械手、流水线完成简单重复的产品制造过程。

工业机器人生产线是由多个机器人工作站、物流系统和必要的非机器人工作站组成。

比较简单的焊接机器人生产线是把多台工作站（单元）用工件输送线连接起来组成的一条生产线。这种生产线仍然保持单站的特点，即每个站只能用选定的工装夹具及焊接机器人的程序来焊接预定的工件，在更改夹具及程序之前的一段时间内，这条线是不能焊其他工件的。

另一种是焊接柔性生产线。柔性生产线由多个站组成，主要特点体现在下列几个方面：

（1）所有焊接设备及工装夹具具有互换性、通用性，通过更换夹具即可快速实现多种产品的生产要求，更换时间不超过10 min。

（2）机器人工作站具有互换性、通用性，整个焊接区有一个公用底板。

（3）工装夹具与安装支座连接标准化，水、电、气等采用标准快速连接，以适应柔性生产的要求。

（4）柔性控制。更换不同夹具时，只需要在触摸屏上选择相应的工件号即可。通过与夹具自动识别系统进行比较，如果相同，则自动调用焊接程序；如果选择错误，则报警提示。

用途：焊接机器人生产线被广泛用于汽车生产的冲压、焊装、涂装、总装4大生产工艺过程，其中应用最多的是弧焊、点焊。汽车工业的焊接发展趋势就是发展自动化柔性生产系统。轿车生产近年来大规模地使用了点焊机器人和弧焊机器人，如图6-16所示。

图 6-16　工业机器人汽车焊接生产线

二、机加工自动生产线

自动生产线是由工作传送系统和控制系统将一组自动机床和辅助设备按照工艺顺序连接起来，自动完成产品全部或部分制造过程的生产系统，简称自动线。上下料机器人在工业生产中一般是为数控机床服务的，切削加工智能制造单元中的机器人就是在数控机床处自动上下料，在料仓处取放料。

自动生产线目标是“稳、准、快”，以把人从繁重的体力劳动、部分脑力劳动以及恶劣、危险的工作环境中解放出来，能扩展人的器官功能，极大地提高劳动生产率，增强人类认识世界和改造世界的能力。

机加工自动线可完成的任务：传送、质量检验、剔除有缺陷的工件、机床上下料、更换刀具、加工操作、工件装配和堆垛等任务。

1．工业机器人上下料工作站的认识（以切削加工智能制造单元为例）

切削加工智能制造单元技术平台的结构如图 6-17 所示，包含数控车床、加工中心、在线检测单元、六轴多关节机器人、立体仓库、中央控制系统、MES 管控软件和电子看板等。

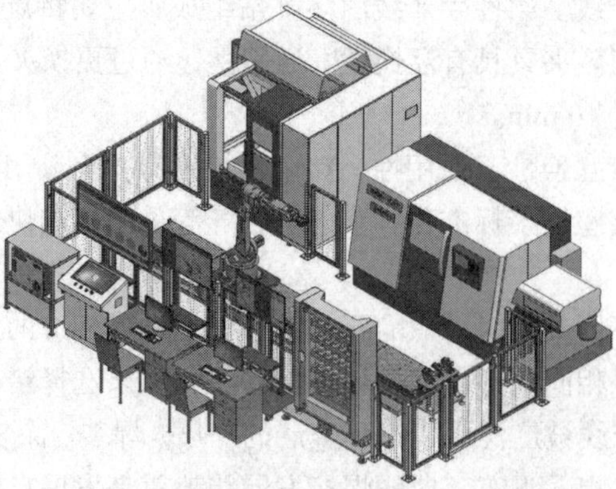

图 6-17　切削加工智能制造单元技术平台总布局

2．技术平台主要设备配置

切削加工智能制造单元技术平台主要配置清单见表 6-1。

表 6-1　切削加工智能制造单元主要配置清单

序号	设备名称	数量	单位	备　注
1	数控车床	1	台	K2000TCi 车床
2	加工中心（三轴）	1	台	K2000MCi 加工中心
3	在线测量装置（用于加工中心）	1	套	汉默欧 AMP60
4	气动精密平口钳（用于加工中心）	1	个	
5	工业机器人	1	台	ER20D-C10
6	零点快换装置	1	套	
7	工业机器人导轨	1	套	
8	工业机器人快换夹持系统	1	套	
9	工业机器人快换工作台	1	套	
10	立体仓库	1	套	
11	可视化系统及显示终端	3	台	
12	中央电气控制系统	1	套	西门子 S7-1200
13	MES 管控软件（含计算机）	1	套	
14	安全防护系统	1	套	
15	RFID 读写器及 RFID 标签	1	套	RF180C
16	智能制造仿真软件	1	套	
17	CAD/CAM 软件	1	套	
18	编程和设计工位计算机	2	台	

3．数控车床要求

（1）数控车床有以太网接口。

（2）数控车床的内存容量大于 5 KB，且有数据磁盘。

（3）提供自动化接口，能实现数控车床的远程启动、程序可上传到车床内存，能获取车床的状态信息、机床的模式、主轴的位置信息。

（4）数控车床自动化夹具和自动门的控制与反馈信号可以直接接入机床自身的 I/O 模块，并且由机床自身来控制，其状态可以通过网络反馈给工控机。

（5）数控车床能够停在原点位置并把原点状态通过网络传输给工控机。

（6）机床内置摄像头，镜头前装有气动清洁喷嘴（由集成厂家安装、调试）。

4．加工中心及数控系统要求

（1）加工中心有以太网接口。

（2）加工中心的内存容量大于 5 KB，且有数据磁盘。

（3）提供自动化接口，能实现加工中心的远程启动、程序可上传到机床内存，能获取机床的状态信息、机床的模式、主轴的位置信息。

（4）加工中心自动化夹具和自动门的控制与反馈信号可以直接接入机床自身的 I/O 模块，并且由机床自身来控制，其状态可以通过网络反馈给工控机。

（5）加工中心能够停在原点位置并把原点状态通过网络传输给工控机。

（6）机床内置摄像头，镜头前装有气动清洁喷嘴（由集成厂家安装、调试）。

（7）安装品牌厂商的零点快换装置和气动平口钳，要求定位精度高，可靠性好。

（8）国内企业常用数控系统，主轴、进给均为交流伺服电机。为与 MES 管控软件实现数据融合，通过在线检测数据进行尺寸修正，要求开放动态链接库。

5．工业机器人

（1）机器人负载 10～20 kg 以上，臂展 1 700 mm 左右。

（2）机器人支持以太网接口。

（3）机器人控制系统具有不小于 16 个 I/O 点。

6．零点快换装置

根据加工产品要求，选择精度高、安全可靠的产品。

7．工业机器人导轨

结构配备以下组成部分：

（1）伺服动力源：工业机器人自带第七轴电机和高精密行星减速机用来提供驱动，由工业机器人控制系统联动控制。

（2）齿轮-齿条：高强度传动，为工业机器人的滑动提供更精密的定位。

（3）直线导轨组：重载型导轨副，可使行走精度得到更有效的控制。

（4）坦克链：将工业机器人动力线、编码器线、信号线等进行集中保护。

（5）防护罩：工业机器人安装滑板或风琴罩等，保护导轨。

8．工业机器人快换夹持系统

（1）工业机器人快换夹持系统，由 1 套机器人侧快换装置（见图 6-18）和 3 套工具侧快换手爪（见图 6-19 和图 6-20）组成，可以实现三种机器人手爪的快速更换。

（2）机器人侧快换装置具备握紧、松开、有无料检测功能，并具备良好的气密性。

（3）每套工具侧快换手爪配置有无料传感器。

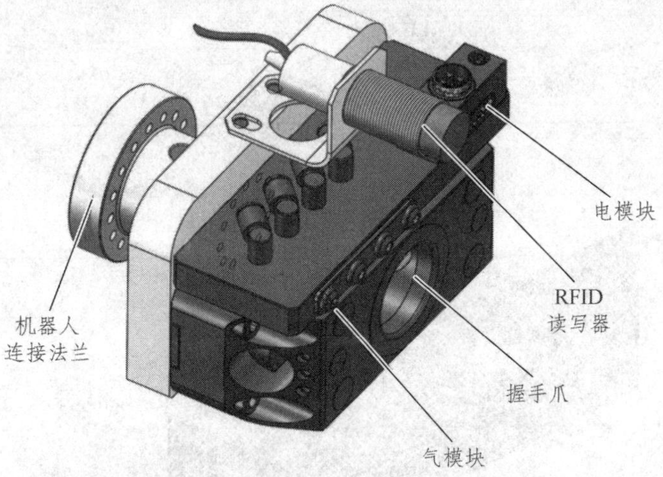

图 6-18　机器人快换手爪机器人侧示意图

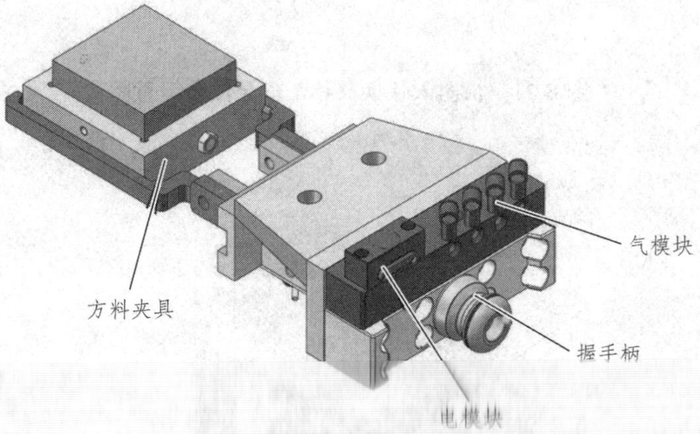

图 6-19　方料机器人快换工具侧手爪示意图

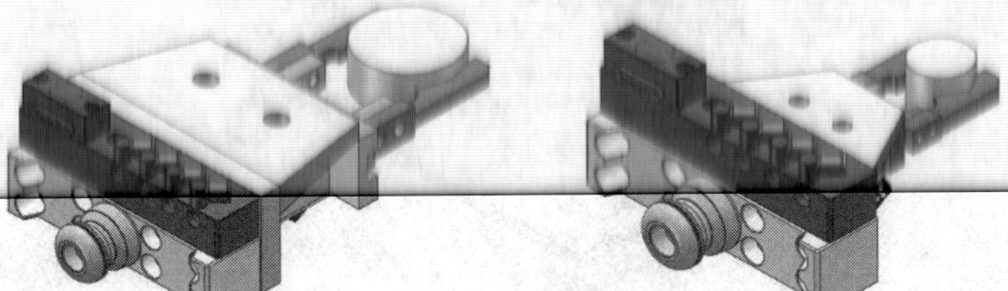

图 6-20　棒料机器人快换工具侧手爪示意图

9．机器人快换工作台

机器人快换手爪放置台置于机器人第七轴侧面端，如图 6-21 所示。

（1）快换夹具工作台安装在靠近料仓侧并与行走轴本体端固定。

（2）快换夹具工作台满足 3 款手爪的放置功能，每个位置配置手爪放置到位检测传感器。

（3）快换夹具工作台配置大底板和支撑腿立于地面上，不与地面固定。机器人快换夹具工作台如图 6-22 所示。

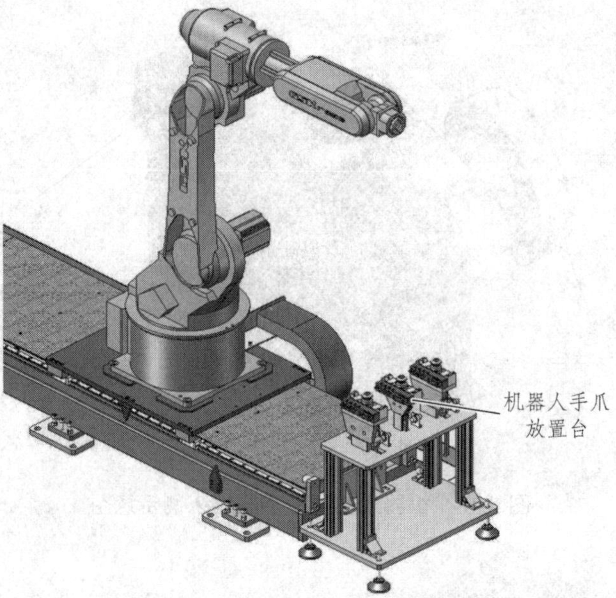

图 6-21　机器人快换夹具工作台位置示意图

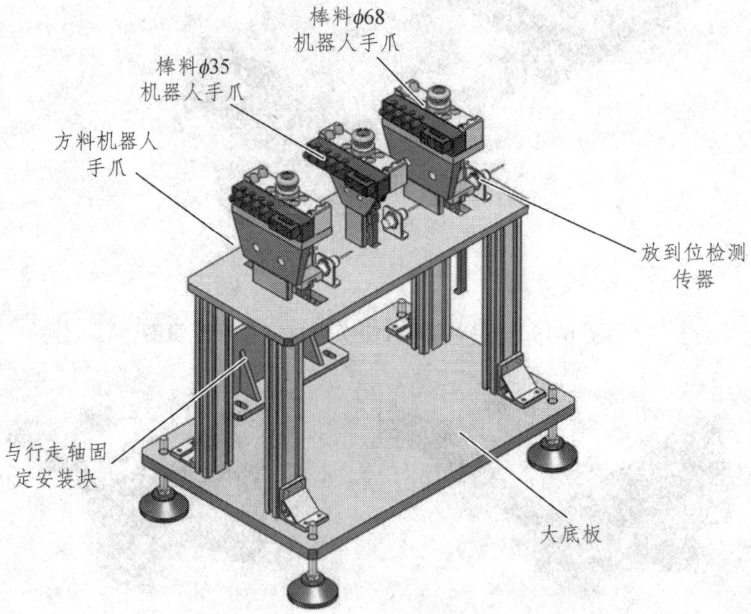

图 6-22　机器人快换夹具工作台示意图

10．立体仓库

（1）带有安全防护外罩及安全门，安全门设置工业标准的安全电磁锁。

（2）立体仓库的操作面板配备急停开关、解锁许可（绿色灯）、门锁解除（绿色按钮）、运行（绿色按钮灯）。

（3）立体仓库工位设置 30 个，每层 6 个仓位，共 5 层，每个仓位或标准托盘配置射频识别（RFID）标签，其中 RFID 读写头安装在工业机器人夹具上。

（4）立体仓库每个仓位需要设置传感器和状态指示灯，传感器用于检测该位置是否有工件，状态指示灯用不同的颜色指示毛坯、车床加工完成、加工中心加工完成、合格、不合格 5 种状态。

（5）立体仓库如图 6-23 所示，底层放置方料，中间两层放置 $\phi68$ 圆料，上面两层放置 $\phi35$ 圆料。

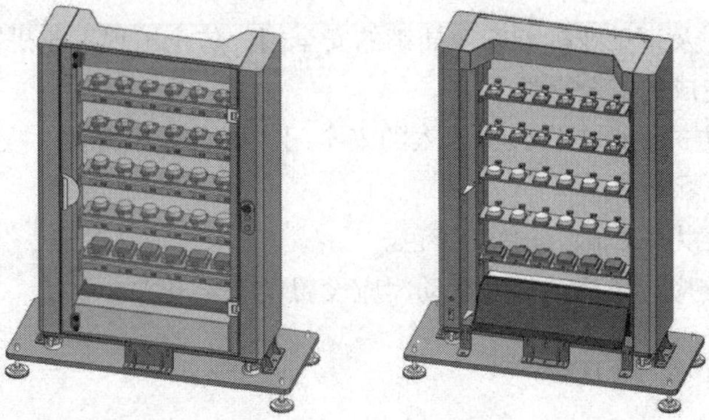

图 6-23　料仓示意图

11．可视化系统及显示终端

（1）功能要求：实时呈现加工中心、数控车床的运行状态，工件加工情况（加工前、加工中、加工后）、加工效果（合格、不合格），加工日志，数据统计等。

（2）显示终端参数要求。

① 总终端显示采用 1 台 55 英寸显示器。

② 库位终端、加工过程显示终端采用 2 台 40 英寸显示器。

12．中央电气控制系统

（1）中央控制系统包含 PLC 电气控制及 I/O 通信系统，主要负责周边设备及机器人控制，实现智能制造单元的流程和逻辑总控。

（2）元件配置要求：

① 主控 PLC 采用西门子 S7-1200 的 CPU1215C DC/DC/DC，配有 Modbus TCP/IP 通信模块，并配置 16 路输入和 16 路输出模块。

② 配有 16 口工业交换机。

③ 外部配线接口必须采用航空插头，方便设备拆装移动。

13．MES 管控软件系统

MES 管控软件系统具有如下功能：

（1）加工任务创建、加工任务管理。

（2）立体仓库管理和监控。

（3）机床启停、初始化和管理。

（4）加工程序管理和上传。

（5）在线检测实时显示和刀具补偿修正。

（6）智能看板功能：实时监控设备、立体仓库信息以及机床刀具监控等。

（7）工单下达、排程、生产数据管理、报表管理等功能。

14．安全防护系统

（1）配置安全围栏及带工业标准安全插销的安全门，防止出现工业机器人在自动运动过程中由于人员意外闯入而造成的安全事故。

（2）自动线外围防护设计工作人员出入的安全门，配备安全开关，安全门打开时，除 CNC 外的所有设备处于下电状态。

（3）安全围栏高度为 1.2 m，颜色为黄色。

（4）防护栏两端均应设置活动门，活动门应设置门安全开关。

15．RFID 读写器及 RFID 标签

RFID 读写器及 RFID 标签满足如下要求：

（1）适应恶劣环境。

（2）使用寿命长，数据性能稳定。

（3）对离散型制造业而言，要求 RFID TAG 具备高安全性。

（4）高寿命和高可靠性，寿命达 10 年以上。

（5）RFID 标签共 30 个，其中 24 个放置在仓位上（4×6），6 个放置在方料托盘上便于信息跟踪及追溯，如图 6-24 所示。

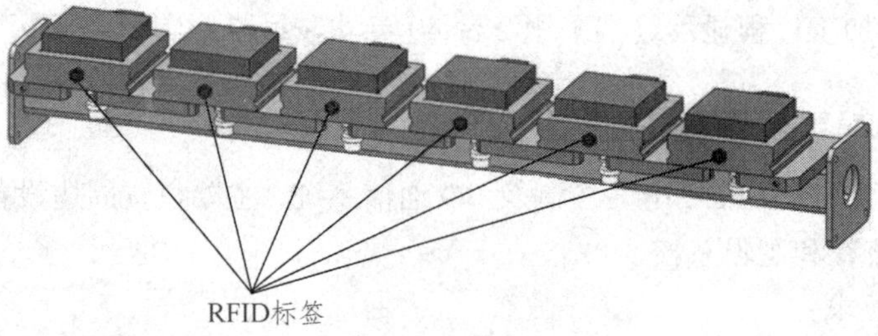

图 6-24　方料托盘 RFID 标签示意图

16．智能制造仿真软件

（1）包含主流品牌的工业机器人模型库及多种智能工厂仿真模型，支持主流三维数据格式导入，可根据需求进行模型的运动行为管理。

（2）具备创建包含重力、弹性碰撞等物理规律的智能制造虚拟仿真环境。

（3）可以搭建包含工业机器人、AGV、数控机床、滑轨与变位机、传送带等智能生产线虚拟仿真布局方案。

（4）运用 PLC 编程软件或 PLC 设备控制虚拟仿真布局，实现 PLC 程序功能和设计功能的仿真验证。

（5）具备碰撞检测、坐标锁定、限位停止等功能，便于优化智能产线虚拟仿真布局。

（6）具备运用 MES 管控数据进行产线综合运用效率、效益分析和决策的功能。

17．CAD/CAM 软件

CAD/CAM 软件具有常用三维 CAD 建模和 CAM 功能。

18．编程和设计工位计算机

计算机的配置能完成编程和设计工作。

知识拓展

在生产中引入工业机器人系统的方法

一、可行性分析

1. 技术上的可能性与先进性

这是可行性分析首先要解决的问题。为此，首先必须进行可行性调查，主要包括用户现场调研和相似作业的实例调查等。

充分取得调查资料之后，就要规划初步的技术方案，为此要进行如下工作：作业量及难度分析；编制作业流程卡片；绘制时序表，确定作业范围并初选机器人型号；确定相应的外围设备；确定工程难点并进行试验取证；确定人工干预程度等。然后，提出几个规划方案并绘制相应的机器人工作站或生产线的平面配置图，编制说明文件。最后，对各方案进行先进性评估，具体包括机器人系统、外围设备以及控制、通信系统等的先进性。

2. 投资上的可能性和合理性

根据前面提出的技术方案，按机器人系统、外围设备、控制系统以及安全保护设施等逐项进行估价，并考虑工程进行中可以预见和不可预见的附加开支，按工程计算方法得到初步的工程造价。

3. 工程实施过程中的可能性和可变更性

在满足前两项之后，接下来便是引入方案，还要对方案进行施工过程中可能性和可变更性的分析。这是因为在很多设备、原件等的制造、选购、运输、安装过程中，还可能出现一些不可预见的问题，必须找到发生问题时的替代方案。

在进行上述分析之后，就可对机器人引入工程的初步方案进行可行性排序，得出可行性结论，并确定一个最佳方案，再进行机器人工作站、生产线的工程设计。

二、机器人工作站和生产线的详细设计

1. 规划及系统设计

规划及系统设计包括设计单位内部的任务划分，机器人考察及询价，编制规划单，运行系统设计，外围设备（辅助设备、配套设备以及安全装置等）能力的详细计划，关键问题的解决等。

2. 布局设计

布局设计包括机器人选用，人-机系统配置，作业对象的物流路线，电、液、气系统走线，操作箱、电器柜的位置以及维护修理和安全设施配置等内容。

3. 扩大机器人应用范围的辅助设备的选用和设计

此项工作的任务包括工业机器人用以完成作业的末端操作器、固定和改变作业对象位姿的夹具和变位机、改变机器人动作方向和范围的机座的选用和设计。一般来说，这一部分的设计工作量最大。

4. 配套和安全装置的选用和设计

此项工作主要包括为完成作业要求的配套设备（如弧焊的焊丝切断和焊枪清理设备等）的选用和设计，安全装置（如围栏、安全门等）的选用和设计以及现有设备的改造等内容。

5. 控制系统设计

此项设计包括选定系统的标准控制类型与追加性能，确定系统工作顺序与方法及互锁等安全设计，液压、气动、电气、电子设备及备用设备的试验，电气控制线路设计，机器人线路及整个系统线路的设计等内容。

6. 支持系统

此项工作为设计支持系统，该系统应包括故障排队与修复方法，停机时的对策与准备，备用机器的筹备以及意外情况下的救急措施等内容。

7. 工程施工设计

此项设计包括编写工作系统的说明书，机器人详细性能和规格的说明书、接收检查文本、标准件说明书，绘制工程制图，编写图纸清单等内容。

8. 编制采购资料

此项任务包括编写机器人估价委托书，机器人性能及自检结果，编制标准件采购清单、培训计划、维护说明及各项预算方案等内容。

三、制造与试运行

1. 制作准备

制作准备包括制作估价，拟定事后服务及保证事项，签订制造合同，选定培训人员及实施培训等内容。

2. 制作与采购

此项任务包括设计加工零件的制造工艺，零件加工，采购标准件，检查机器人性能，采购件的验收检查以及故障处理等内容。

3. 安装与试运转

此项任务包括安装总体设备，试运转检查，试运转调整，连续运转，实施预期的机器人系统的工作循环，生产试车，维护维修培训等内容。

4. 连续运转

连续运转包括按规划中的要求进行系统的连续运转和记录，发现和解决异常问题，实地改造，接受用户检查，写出验收总结报告等内容。

四、交付使用

1. 运转率检查

此项任务包括正常运转概率测定、周期循环时间和产量的测定、停车现象分析及故障原因分析等内容。

2. 改　进

此项任务包括正常生产必须改造事项的选定及实施和今后改进事项的研讨及规划等内容。

3. 评　估

此项任务包括技术评估，经济评估，对现实效果和将来效果的研讨，再研究课题的确定以及写出总结报告等内容。

由此看出，在工业生产中引入机器人系统是一项相当细致复杂的系统工程，它涉及机、电、液、气、讯等诸多技术领域。不仅要求人们从技术上进行可行性研究，而且要从经济效益、社会效益、企业发展等多方面进行可行性研究。只有立题正确、投资准、选型好、设备经久耐用，才能最大限度地发挥机器人的优越性，提高生产效率。

巩固练习

（1）简述焊接柔性生产线的特点。

（2）为什么工业机器人自动生产线可以提高生产效率?

模块三　工业机器人半实物仿真——乐高 EV3 驱动小车机器人

学习目标

（1）培养学生主动解决困难的能力。

（2）了解叉车的功能和原理结构特征。

（3）复习并熟练掌握车体结构的设计搭建，学会设计叉子结构。

任务导入

在一个比较狭窄的通道内，一块巨石挡住了去路。我们四处查看了一下，并没有发现其他的路。我们试着推动巨石，发现它并没有那么沉重，只不过光靠我们几个人的力量是不够的，我们需要利用一些机器来帮忙移动巨石，扫清道路。

任务挑战

（1）制作一个车辆结构，作为运输巨石的工具。

（2）在车辆结构上，需要设计一个搬运巨石的工具。

（3）巨石附近地形不平整，可以考虑越采用越野性能比较好的车轮结构，如履带。

任务难度等级

（1）利用夹子结构将巨石进行升降。

（2）利用绳钩的原理，将巨石捆绑住，然后将其拽出。

（3）利用叉子结构，将巨石叉起。

（4）能否参考挖土机的结构，设计铲斗将巨石铲出？

知识讲解

一、设计车辆结构模型

首先我们需要设计一个基本的车辆结构模型，如图 6-25 所示。

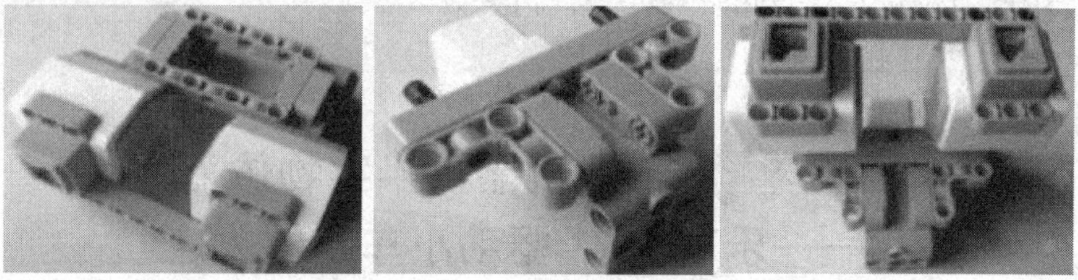

图 6-25　车辆结构模型

车辆结构模型搭建中，需要用到 3 个电机，2 个大型电机，1 个中型电机。接下来再搭建传动装置，如图 6-26 所示。

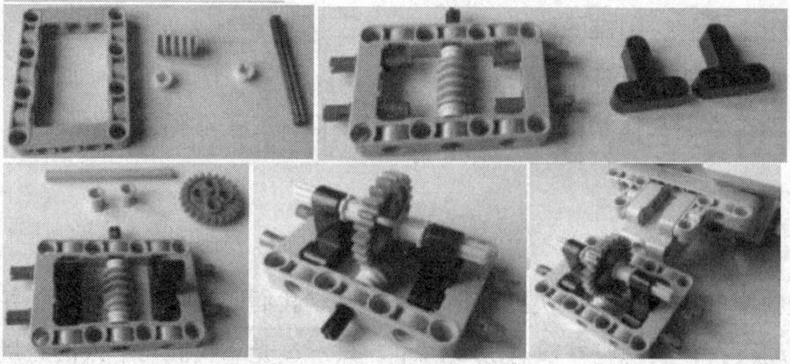

图 6-26　搭建传动装置

搭建传动装置时，可以利用 5×7 框架设计简单的蜗杆齿轮传动，将轴与中型电机的动力输出端口固定连接。接下来，把大型电机进行连接固定，如图 6-27 所示。

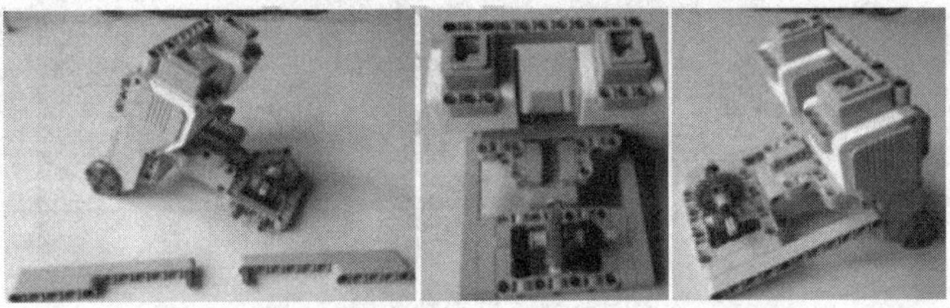

图 6-27　大型电机连接固定

大型电机进行连接固定中，可以利用圆孔梁将框架和大型电机进行连接固定。接下来添加超声波传感器，如图 6-28 所示。

图 6-28　添加超声波传感器

将超声波传感器作为检测巨石的装置，在搬运的过程中随时注意巨石的位置，接着固定支架，如图 6-29 所示。

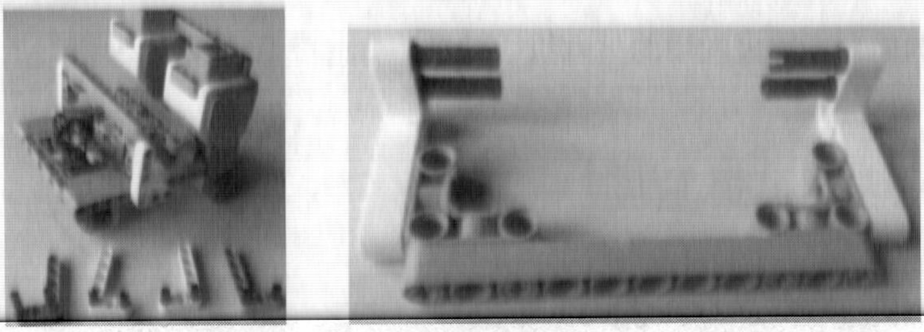

图 6-29　支架固定在圆孔梁上

把设计好的支架固定在圆孔梁上，然后准备好 4 个 3×5 直角厚连杆（直角梁），其中有一个直角厚连杆插入的销子和其他的不同，设计时请分辨清楚，如图 6-30 所示。

图 6-30　固定直角厚连杆

固定时要注意将 4 个直角厚连杆分别固定在两侧，直角梁方向任意。然后进行链齿轮的固定，如图 6-31 所示。

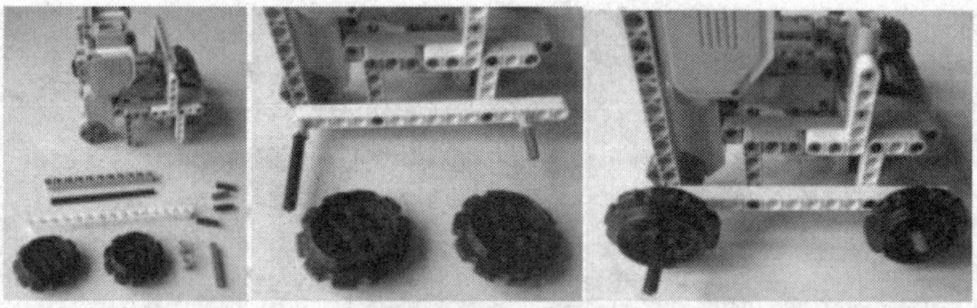

图 6-31　链齿轮的固定

将链齿轮进行固定时，注意两侧要对称。

二、设计叉子结构

接下来设计叉子结构，如图 6-32 所示。

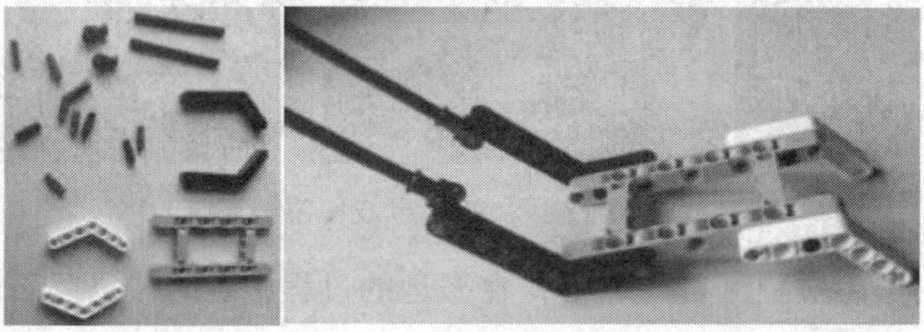

图 6-32　叉子结构的设计

叉子结构较为简单，这里利用的是电机带动叉子升起降落，没有使用绳索。

三、将叉子与电机固定

叉子结构同电机进行固定，如图 6-33 所示。

图 6-33　叉子结构同电机固定

固定时，先将叉子中 4×4 厚连杆的一端同中型电机上的轴进行连接固定，然后给链齿轮添加履带轨道。

四、将程序块固定在车体上

将 EV3 程序块固定在车体模型上，如图 6-34 所示。

图 6-34　EV3 程序块与车体模型固定

五、完成效果

完成后，整个模型如图 6-35 所示。

图 6-35　整个模型的设计图

这里，可以利用轮胎结构作为巨石来检验搬运小车。

六、程序参考设计

程序比较简单，完成任务即可，如图 6-36 所示。

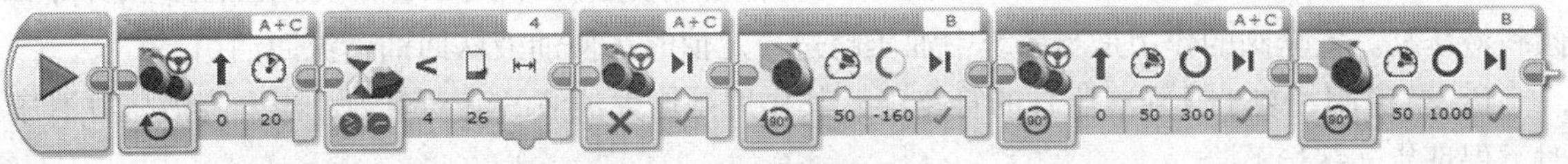

图 6-36　程序参考设计

反思提高

反思：

（1）叉子结构比较脆弱，不宜抬起比较重的物体，在测试的时候应当注意；

（2）程序设计的时候，电机的正负功率和方向应当提前确定。

提高：

（1）设计绳索结构的叉子结构，通过绳索的收缩来带动叉子的升起和降落（这个较有难度）。

（2）除了履带结构，还有那种结构的车型比较适合越野，能够设计出来吗？

知识链接

叉车是工业搬运车辆，是指对成件托盘货物进行装卸、堆垛和短距离运输作业的各种轮式搬运车辆。工业搬运车辆广泛应用于港口、车站、机场、货场、工厂车间、仓库、流通中心和配送中心等，在船舱、车厢和集装箱内进行托盘货物的装卸、搬运作业，是托盘运输、集装箱运输中必不可少的设备。

叉车的种类很多，但其构造基本相似，主要由发动机、底盘（行走机构）、车体、起升机构、液压系统及电气设备等组成。

（1）发动机是内燃叉车的动力源。它将燃料产生的热能转化为机械能量，通过发动机的飞轮向外输出动力。

（2）底盘用来支承车身、接受发动机输出的动力，并保证叉车能够正常行驶。它包括传动装置、行驶装置、转向装置和制动装置等。

（3）车体叉车的车体与车架合为一体，由型钢组焊而成。置于叉车后部，与车型相适应的铸铁块为配重，其重量根据叉车额定起重量的大小而决定，在叉车载重时起平衡作用，以保持叉车的稳定性。

（4）起升机构主要由门架和货叉组成。门架铰接在前桥支架车体上，由一套并列的钢框架和固定货叉的滑动支架所组成。货叉是两个弯曲 90°的钢叉，装在滑动支架上，是承载物料的工具。货叉的规格是根据叉车的最大载荷而设计的。货叉可被液压缸推动前倾后仰。

（5）液压系统主要结构。

① 升降液压缸，其柱塞顶端与升降门架固紧在一起，控制货叉的起升或降落。

② 倾斜液压缸，其柱塞顶端与门架铰接，控制门架的前倾或后仰。

③ 液压泵，可以是叶片泵或齿轮泵。液压泵输出高压油（6.37 ~ 15.7 MPa），驱动升降液压缸和倾斜液压缸。

④ 液压分配阀，由阀体、升降液压缸阀芯、倾斜液压缸阀芯和安全阀组成。其作用是按货叉升降和倾斜的工作需要，通过操纵手柄控制升降或倾斜液压缸阀芯动作，将高压油输入升降或倾斜液压缸。安全阀的作用是当系统中油压超过一定值时，使油液从回油管流回油箱。

⑤ 节流阀，装于升降液压缸的管路中，其作用是增大油液的流动阻力，当升降液压缸泄压时，保证货叉缓慢下降。

（6）电气设备由电源，发动机起动系统和点火系统以及叉车照明、信号系统等用电设备组成。

学习情境七

工业机器人的自动管理、维护保养技术

模块一 工业机器人的自动线管理

知识导入

（1）了解自动化生产线的相关内容。

（2）掌握工业机器人的自动线管理。

知识导入

随着微电子技术的快速发展和大规模集成电路的应用，工业机器人系统的可靠性有了很大的提高。其可靠性已达到5万小时，几乎可以满足任何场合的需求，因此工业机器人在越来越多的领域得到了应用。

发达国家广泛应用机器人自动化生产线，已形成了巨大产业，年市场容量超千亿美元。我国近几年机器人自动化生产线不断出现，并给用户带来显著效益。目前国内已建立了多条弧焊机器人生产线、装配机器人生产线、喷涂机器人生产线和焊装机器人生产线。随着我国工业企业自动化水平的不断提高，机器人自动化线的市场也会越来越大，并且将逐渐成为自动化生产线的主要方式。我国机器人自动化生产线装备的市场刚刚起步，而国内装备制造业正处于由传统装备向先进制造装备转型的时期，这就给机器人自动化生产线研究和开发者带来巨大商机。

知识讲解

一、自动化生产线

自动生产线是指由自动化机器体系实现产品工艺过程的一种生产组织形式。它是在连续流水线进一步发展的基础上形成的，其特点是加工对象自动地由一台机床传送到另一台机床，并由机床自动地进行加工、装卸、检验等；工人的任务仅是调整、监督和管理自动线，不参加直接操作；所有的机器设备都按统一的节拍运转，生产过程高度连续。

采用自动线进行生产的产品应有足够大的产量，产品设计和工艺应先进、稳定、可靠，并在较长时间内保持基本不变。在大批、大量生产中采用自动线能提高劳动生产率，稳定和提高产品质量，改善劳动条件，缩减生产占地面积，降低生产成本，缩短生产周期，保证生产均衡性，有显著的经济效益。

（一）自动线的连接方式

1．刚性连接

在刚性连接自动线中，工序之间没有储料装置，工件的加工和传送过程有严格的节奏性。刚性自动线生产率高，但柔性较差，当加工件的变化时，需要停机、停线并对机床、夹具、刀具等工装设备进行调整或更换，如更换主轴箱，通常调整工作量大，停产时间较长。若某一台设备发生故障而停歇，会引起全线停工。因此，对刚性连接自动线中各种设备的工作可靠性要求高。

2．柔性连接

在柔性连接自动线中，各工序（或工段）之间设有储料装置，各工序节拍不必严格一致，某一台设备短暂停歇时，可以由储料装置在一定时间内起调剂平衡的作用，因而不会影响其他设备正常工作。综合自动线、装配自动线和较长的组合机床自动线常采用柔性连接。

（二）自动线的组成

1．传送系统

自动线的工件传送系统一般包括机床上下料装置、传送装置和储料装置。在旋转体加工自动线中，传送装置包括重力输送式或强制输送式的料槽或料道，提升、转位和分配装置等。有时采用机械手实现传送装置的某些功能。在组合机床自动线中，当工件有合适的输送基面时，采用直接输送方式，其传送装置有各种步进式输送装置、转位装置和翻转装置等对于外形不规则、无合适的输送基面的工件，通常装在随行夹具上定位和输送，这种情况下要增设随行夹具的返回装置。

2．控制系统

自动线的控制系统主要用于保证线内的机床、工件传送系统，以及辅助设备按照规定的工作循环和联锁要求正常工作，并设有故障寻检装置和信号装置。为适应自动线的调试和正常运行的要求，控制系统有三种工作状态：调整、半自动和自动。在调整状态时可手动操作和调整，实现单台设备的各个动作；在半自动状态时可实现单台设备的单循环工作；在自动状态时自动线能连续工作。

控制系统有“预停”控制机能，自动线在正常工作情况下需要停车时，能在完成一个工作循环、各机床的有关运动部件都回到原始位置后才停车。自动线的其他辅助设备是根据工艺需要和自动化程度设置的，如清洗机工件自动检验装置、自动换刀装置、自动捧屑系统和集中冷却系统等。为提高自动线的生产率，必须保证自动线工作的可靠性。影响自动线工作可靠性的主要因素是加工质量的稳定性和设备工作可靠性。自动线的发展方向主要是提高生产率和增大多用性、灵活性。为适应多品种生产的需要，发展能快速调整的可调自动线是一个方向。

二、工业机器人的自动线管理

工业机器人在使用过程中，其状态的好坏直接决定机器人的效率是否得到充分发挥，从而影响整个生产线，因此，工业机器人的自动线管理十分重要。

在设计和布置机器人系统时，为使操作员、编程员和维修人员能得到恰当的安全防护，应按照机器人制造厂的规范进行。为确保机器人及其系统与预期的运行状态相一致，则应评价分析所有的环境条件，包括爆炸性混合物、腐蚀情况、湿度、污染、温度、电磁干扰（EMI）、射频干扰（RFI）和振动等是否符合要求，否则应采取相应的措施。

（一）机器人系统的布局

控制装置的机柜宜安装在安全防护空间外。这可使操作人员在安全防护空间外进行操作，启动机器人完成工作任务，并且在此位置上操作人员应具有开阔的视野，能观察到机器人运行情况及是否有其他人员处于安全防护空间内。若控制装置被安装在安全防护空间内，则其位置和固定方式应能满足在安全防护空间内各类人员安全性的要求。

（二）机器人的系统安全管理

（1）机器人系统的布置应避免机器人运动部件和与机器人作业无关的周围固定物体（如建筑结构件、公用设施等）和机器人之间的挤压和碰撞，应保持有足够的安全间距，一般最少为 0.5 m。但那些与机器人完成作业任务相关的机器人和装置（如物料传送装置、工作台、相关工具台、相关机床等）则不受此约束。

（2）当要求由机器人系统布局来限定机器人各轴的运动范围时，应按要求来设计限定装置，并在使用时对器件位置进行正确调整和可靠固定。

在设计末端执行器时，应使其当动力源（电气、液压、气动、真空等）发生变化或动力消失时，负载不会松脱落下或发生危险（如飞出）。同时，在机器人运动时由负载和末端执行器所生成的静力、动力及力矩应不超出机器人的负载能力。机器人系统的布置应考虑操作人员进行手动作业时（如上下料）的安全防护。可通过传送装置、移动工作台、旋转式工作台、滑道推杆（通过气动和液压传送机构等过渡装置）来实现，使手动上下料的操作人员置身于安全防护空间之外。但这些自动移出或送进的装置不应产生新的危险。

（3）机器人系统的安全防护可采用一种或多种安全防护装置，如固定式或联锁式防护装置，包括双手控制装置、智能装置、握持-运行装置、自动停机装置、限位装置等。现场传感安全防护装置（SSD），包括安全光幕或光屏、安全垫系统、区域扫描安全系统、单路或多路光束等。机器人系统安全防护装置的作用：

① 防止各操阶段中与该操作无关的人员进入危险区域。

② 中断引起危险的来源。

③ 防止非预期的操作。

④ 容纳或接受由于机器人系统作业过程中可能掉落或飞出的物件。

⑤ 控制作业过程中产生的其他危险（如抑制噪声、遮挡激光和弧光，屏蔽辐射等）。

（三）机器人工作环境安全管理

根据 GB/T 15706.1—2007 的定义，安全防护装置是安全装置和防护装置的统称。安全装置是“消除或减小风险的单一装置或与防护装置联用的装置（而不是防护装置）”。例如，联锁装置、使能装置、握持-运行装置、双手操纵装置、自动停机装置、限位装置等。防护装置是“通过物体障碍方式专门且王提供防护的机器部分。根据其结构，防护装置可以是壳、罩、屏、门、封闭式防护装置等”，如图 7-1 所示。

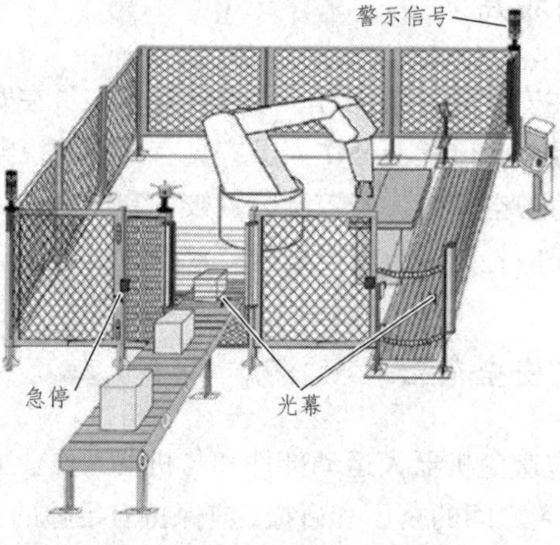

图 7-1　机器人安全防护装置

为了减小已知的危险和保护各类工作人员的安全，在设计机器人系统时，应根据机器人系统的作业任务及各阶段操作过程的需要和风险评价的结果，选择合适的安全防护装置。所选用的安全防护装置应按制造厂的说明进行使用和安装。

1. 固定式防护装置

（1）通过紧固件（如螺钉、螺栓、螺母等）或通过焊接将防护装置永久固定在所需的地方。

（2）其结构能经受预定的操作力和环境产生的作用力，即应考虑结构的强度与刚度。

（3）其构造应不增加任何附加危险（如应尽量减少锐边、尖角、凸起等）。

（4）不使用工具就不能移开固定部件。

（5）隔板或栅栏底部离走道地面不大于 0.3 m，高度应不低于 1.5 m。

除通过与通道相连的联锁门或现场传感装置区域外，应能防止由别处进入安全防护空间。

注：在物料搬运机器人系统周围安装的隔板或栅栏应有足够的高度以防止任何物件由于末端夹持器松脱而飞出隔板或栅栏。

2．联锁式防护装置

（1）在机器人系统中采用联锁式防护装置时，应考虑两条原则：一是防护装置关闭前，联锁能防止机器人系统自动操作，但防护装置的关闭应不能使机器人进入自动操作方式，而启动机器人进入自动操作应在控制板上谨慎地进行。二是在伤害的风险消除前，具有防护锁定的联锁防护装置处于关闭和锁定状态；或当机器人系统正在工作时，防护装置被打开应给出停止或急停的指令。联锁装置起作用时，若不产生其他危险，则应能从停止位置重新启动机器人运行。

中断动力源可消除进入安全防护区之前的危险，但如动力源中断不能立即消除危险，则联锁系统中应含有防护装置的锁定或制动系统。

在进出安全防护空间的联锁门处，应考虑设有防止无意识关闭联锁门的结构或装置（如采用两组以上触点，具有磁性编码的磁性开关等）。应确保所安装的联锁装置的动作在避免了一种危险（如停止了机器人的危险运动）时，不会引起另外的危险发生（如使危险物质进入工作区）。

（2）在设计联锁系统时，也应考虑安全失效的情况，即万一某个联锁器件发生不可预见的失效时，安全功能应不受影响。若万一受影响，则机器人系统仍应保持在安全状态。

（3）在机器人系统的安全防护中经常使用现场传感装置，在设计时应遵循下述原则：

第一，现场传感装置的设计和布局应能使传感装置未起作用前人员不能进入，且身体各部位不能伸到限定空间内。为了防止人员从现场传感装置旁边绕过进入危险区，要求将现场传感装置与隔栏一起使用。

第二，在设计和选择现场传感装置时，应考虑到其作用不受系统所处的任何环境条件（如湿度、温度、噪声、光照等）的影响。

3．安全防护空间

安全防护空间是由机器人外围的安全防护装置（如栅栏等）所组成的空间。安全防护空间的大小是通过风险评价来确定的超出机器人限定空间而需要增加的空间。一般应考虑当机器人在作业过程中，所有人员身体的各部分应不能接触到机器人运动部件和末端执行器或工件的运动范围。

4．动力断开

（1）提供给机器人系统及外围机器人的动力源，应满足由制造商的规范以及本地区的或国家的电气构成规范要求，并按标准提出的要求进行接地。

（2）在设计机器人系统时，应考虑维护和修理的需要，必须具备能与动力源断开的技术措施。断开必须做到既可见（如运行明显中断），又能通过检查断开装置操作器的位置而确认，而且能将切断装置锁定在断开位置。切断电器电源的措施应按相应的电气安全标准。机器人系统或其他相关机器人动力断开时，应不发生危险。

5．急　停

机器人系统的急停电路应超越其他所有控制，使所有运动停止，并从机器人驱动器上和可能引起危险的其他能源（如外围机器人中的喷漆系统、焊接电源、运动系统、加热器等）上撤除驱动动力。

（1）每台机器人的操作站和其他能控制运动的场合都应设有易于迅速接近的急停装置。

（2）机器人系统的急停装置应和机器人控制装置一样，其按钮开关是掌揿式或蘑菇头式，衬底为黄色的红色按钮，且要求人工复位。

（3）重新启动机器人系统运行时，应在安全防护空间外，按规定的启动步骤进行。

（4）若机器人系统中安装有两台机器人，且两台机器人的限定空间有相互交叉的部分，则其共用的急停电路应能停止系统中两台机器人的运动。

6．远程控制

当机器人控制系统需要具有远程控制功能时，应采取有效措施防止由其他场所启动机器人运动而产生危险。

具有远程操作（如通过通信网络）的机器人系统，应设置一种装置（如键控开关）确定在进行本地控制时，任何远程命令均不能引发危险产生。

（1）当现场传感装置已起作用时，只要不产生其他的危险，可将机器人系统从停止状态重新启动到运行状态。

（2）在恢复机器人运动时，应要求撤除传感区域的阻断，此时不应使机器人系统重新启动自动操作。

（3）应具有指示现场传感装置正在运行的指示灯，其安装位置应易于观察。可以集成在现场传感装置中，也可以是机器人控制接口的一部分。

7．警示方式

在机器人系统中，为了引起人们注意潜在危险的存在，应采取警示措施。警示措施包括栅栏或信号器件。它们是被用于识别通过上述安全防护装置没有阻止的残留风险，但警示措施不应是前面所述安全防护装置的替代品。

8．警示栅栏

为了防止人员意外进入机器人限定空间，应设置警示栅栏。

9．警示信号

为了给接近或处于危险中的人员提供可识别的视听信号，应设置和安装信号警示装置。在安全防护空间内采用可见的光信号来警告危险时，应有足够多的器件以便人们在接近安全防护空间时能看到光信号。音响报警装置应具有比环境噪声分贝级别更高的独特的警示声音。

10．安全生产规程

考虑到机器人系统寿命中的某些阶段（如调试阶段、生产过程转换阶段、清理阶段、维护阶段），设计出完全适用的安全防护装置去防止各种危险是不可能的，并且这些安全防护装置也可能在不该暂停时被暂停。在这些状态下，应该制定相应的安全生产规程。

11．安全防护装置的复位

重建联锁门或现场传感装置区域时，其本身应不能重新启动机器人的自动操作。重新启动装置的安装位置应在全防护空间内的人员不能够到的地方，且能观察到安全防护空间。

知识拓展

典型的工业机器人自动生产线

一、工业机器人焊接生产线

工业机器人焊接生产线一般由以下几部分组成：机械手、变位机、控制器、焊接系统（专用焊接电源、焊枪或焊钳等）、焊接传感器、中央控制计算机和相应的安全设备等。典型的焊接机器人组成如图 7-2 所示。

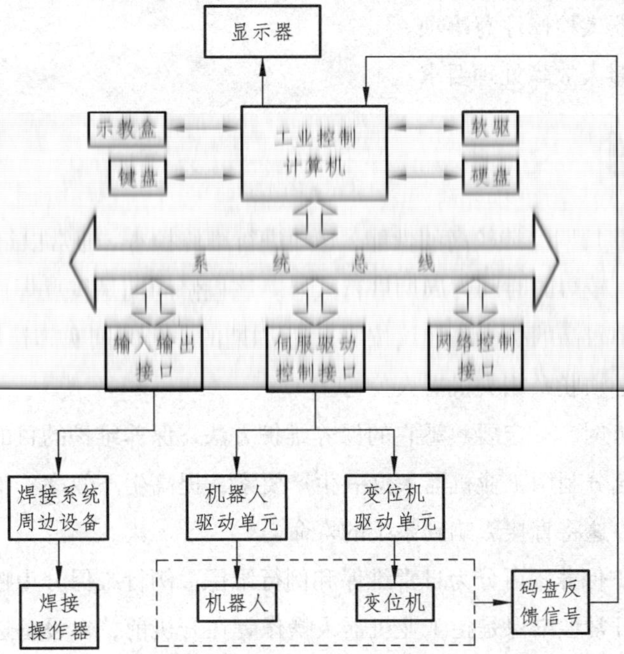

图 7-2　机器人焊接生产线

二、工业机器人涂胶生产线

工业机器人涂胶生产线不仅能自动识别工件类型、自动对中、自动工件误差补偿、自动转运上下料，还能使吐胶量与涂胶速度自动匹配、吐胶胶型均匀、涂胶效率高。因此，工业机器人涂胶生产线能有效地保证产品质量，在生产中可以完成设备空间配置和生产线的弹性配置；能消除生产中的人为错误，降低操作失误率，还能达到多样化的应用；符合人体工程学的设计思想，在工作过程中可提供轻松、安全可靠的操作环境。

巩固练习

（1）自动化生产线有哪两种连接方式？二者有什么区别？

（2）如何进行工业机器人自动线的系统安全管理？

模块二 工业机器人的维护保养技术

学习目标

（1）了解工业机器人本体检查保养维护内容。

（2）熟悉工业机器人系统控制柜的检查保养维护内容。

（3）掌握工业机器人检修注意事项。

（4）掌握工业机器人故障处理要求。

知识导入

为了使机器人能够长期保持较高的性能，必须进行维修检查。通常以每工作 40 000 小时或每 8 年这两个条件之中，较短的时间为周期进行大修。该检修周期是按点焊作业为基础制定的，完成装卸作业等使用频率较高的机器人建议按照上述 周期的一半时间实施检修及大修。此外，检修和调整方法不明时，必须联系相关机器人公司。

在使用工业机器人时，一定要熟悉它的保养维护方法，保养维护的目的是减少工业机器人的故障率和停机时间，充分利用工业机器人这一生产要素，提高生产效率。工业机器人保养维护在企业生产中尤为重要，这将直接影响到系统的寿命。

工业机器人的维护保养，可分为日常维保和例行维保。例行维保分为控制柜维保和工业机器人本体系统的维保。日常性维保是指工业机器人操作者在开机前，对设备进行点检，确认设备的完好性以及工业机器人的原点位置；在工作过程中注意工业机器人的运行情况，包括油标、油位、仪表压力、指示信号、保险装置等；工作完成后，清理整理现场，清扫设备。

即使工业机器人的设计较规范完善，集成度较高，故障率较低，仍须定期进行常规检查和预防性维护。

知识讲解

一、工业机器人本体维护保养

对于工业机器人本体维护保养而言，主要是对工业机械手的清洗和检查、减速器的润滑以及机械手的轴制动测试。

1. 工业机械手的清洗

工业机械手底座和手臂需要定期清洗。

（1）清洗机械手。

可使用高压清洗设备定期清洗机械手底座和手臂，但应避免直接向机械手喷射。如果机械手有油脂膜等保护，清洗前应按要求去除。若使用溶剂清洗应避免使用丙酮等强溶剂。为防止产生静电，必须使用浸湿或潮湿的抹布擦拭非导电表面，如喷涂设备、软管等，请勿使用干布。

（2）中空手腕的清洗维护。

根据实际情况，中空手腕需要经常清洗，以避免灰尘和颗粒物堆积，用不起绒球、干净的布料进行清洁，手腕清洗后，可在手腕表面添加少量凡士林或类似物质，方便以后清洗。

2. 定期检查

工业机械手的检查包括各螺栓是否有松动、滑丝现象；易松动脱离部位是否正常；变速是否顺滑，操作系统安全保护、保险装置等是否灵活可靠；检查设备有无腐蚀、碰砸、拉离和漏油、水、电等现象，周围地面清洁、整齐，无油污、杂物等；检查润滑情况，并定时、定点加入定质、定量的润滑油；检查齿轮游隙是否过大；检查控制柜、吹扫单元、工艺柜和机械手间的电缆是否受损。

检查各齿轮箱内油位。由于各轴加油孔的位置不同，需要有针对性的检查，有的需要旋转后处于垂直状态再开盖进行检查。

固定于基础上的紧固螺栓和固定夹必须保持清洁，不可接触水、酸碱溶液等腐蚀性液体。如果镀锌层或涂料等防腐蚀保护层受损，需清洁相关零件并涂上防腐蚀涂料。

具体的检修项目如表 7-1 所示。

表 7-1　定期检修项目

序号	周期				检查项目	检修保养内容	方法
	日常	3 月	6 月	12 月			
1	√	√	√	√	门的压封	门的压封是否变形，柜内密封检测	目测
2	√	√	√	√	缆线组	检查损坏、破裂情况连接器的松动	目测
3	√	√	√	√	驱动单元	各连接线缆的松动	目测，拧紧
4	√	√	√	√	变压器	发热、异常噪声、异常气味的确认	目测，拧紧

续表

序号	周期				检查项目	检修保养内容	方法
	日常	3月	6月	12月			
5	√	√	√	√	控制器	各连接线缆的松动	目测，拧紧
6	√	√	√	√	安全板	各连接线缆的松动	目测，拧紧
7	√	√	√	√	接地线	松弛，缺损的检查	目测，拧紧
8	√	√	√	√	继电器	污损，缺损的确认	目测
9	√	√	√	√	操作开关	按钮等的功能确认	目测
10	√	√	√	√	电压测量	R-ST 的电压确认	AV（200±20）V
11	√	√	√	√	电池	电池电压的确认	电压 3.0 V 以上
12	√	√	√	√	示教盒	检查损坏情况，操作面板清洁	目测
13	√	√	√	√	电柜右侧散热器	清洁	目测、清扫
14	√	√	√	√	电柜左侧制动电	清洁	目测、清扫
15	√	√	√	√	风扇检测	尘埃的有无、风扇/散热器的清扫，检查风扇旋转情况	目测、清扫
16	√	√	√	√	急停开关检测	检查动作是否正常	检查伺服 ON/OFF 情况

3．轴制动测试

工业机器人的轴制动测试是为了确定制动器是否正常工作，因为在操作过程中，每个轴电机制动器都会正常磨损，为确定制动器是否正常工作，此时必须进行测试。

按照下列检查步骤对每个轴马达的制动器进行测试。

（1）运行机械手轴至相应位置，该位置机械手臂总质量及所有负载量达到最大值（最大静态负载）。

（2）电动机断电。

（3）检查所有轴是否维持在原位置。

如电动机断电后机械手没有改变位置，则制动力矩足够。还可手动移动机械手，检查是否还需要做进一步的保护。当移动机器人紧急停止时，制动器会帮助停止，因此可能会产生磨损。所以，在机器人使用寿命期间需要反复测试，以检验机器人是否保持着原来的能力。

4．系统润滑加油

（1）轴副齿轮和齿轮润滑加油。

确保机器人及相关系统关闭并处于锁定状态，每个油嘴中挤入少许（1 g）润滑脂，逐个润滑副齿轮滑脂嘴和各齿轮滑脂嘴，不要注入太多，以免损坏密封。

（2）中空手腕润滑加油。

中空手腕（见图 7-3）10 个润滑点，每个注脂嘴只需几滴润滑剂（1 g），不要注入过量润滑剂，避免损坏腕部密封和内部套筒。

图 7-3　机械手本体

5．维护周期

维护周期的时间间隔可根据环境条件、机器人运行时数和温度而适当调整。

（1）普通维护：1 次/天。

（2）轴制动测试：1 次/天。

（3）润滑 3 轴副齿轮和齿轮：1 次/1 000 h。

（4）润滑中空手腕：1 次/500 h。

（5）各齿轮箱内的润滑油：第一次 1 年更换，以后每 5 年更换一次。

二、工业机器人系统控制柜的维护保养

控制柜（见图 7-4）的维护保养，包括一般清洁维护，更换滤布（500 h），更换测量系统电池（7 000 h），更换计算机风扇单元、伺服风扇单元（50 000 h）等。保养时间间隔主要取决于环境条件，以及工业机器人运行时数和温度。

1．维护内容

（1）检查控制器散热情况。

严禁控制器覆盖塑料或其他材料；控制器后面和侧面留出足够间隔（大于 120 mm）；严禁控制器的位置靠近热源；严禁控制器顶部放有杂物；避免控制器过脏；避免一台或多台冷却风扇不工作；避免风扇进口或出口堵塞；避免空气滤布过脏；控制器内不执行作业时，其前门必须保持关闭。

（2）清洁示教器。

应从实际需要出发按适当的频度清洁示教器；尽管面板漆膜能耐受大部分溶剂的腐蚀，但仍应避免接触丙酮等强溶剂；示教器不用时应拆下并放置在干净的场所。

图 7-4　工业机器人系统控制柜

（3）清洗控制器内部。

应根据环境条件按适当间隔清洁控制器内部，如每年一次；须特别注意冷却风扇和进风口/出风口清洁。清洁时使用除尘刷，并用吸尘器吸去刷下的灰尘。请勿用吸尘器直接清洁各部件，否则会导致静电放电，进而损坏部件；清洁控制器内部前，一定要断电。

（4）清洗或更换滤布。

清洗滤布需在加有清洁剂的 30 ~ 40 °C 水中，清洗滤布 3 ~ 4 次。不得拧干滤布，可放置在平坦表面晾干。还可以用洁净的压缩空气将滤布吹干净。

（5）定期更换电池。

测量系统电池为一次性电池（非充电电池）；电池更换时，消息日志会出现一条信息，该信息出现后电池电量可维持约 1 800 h（建议在上述信息出现时更换电池）；电池仅在控制柜“断电”的情况下工作，电池的使用寿命约 7 000 h。

如果控制柜除控制机器人外还控制 CBS 单元，或在使用 8 轴机器人的情况下，电池的使用寿命为前述的一半（使用 2 个 SMU 单元）。

2．维护频率（时间间隔可根据环境条件、机器人运行时数和温度适当调整）

（1）一般维护：1 次/天。

（2）清洗/更换滤布：1 次/500 h。

（3）测量系统电池的更换：2 次/7 000 h。

（4）计算机风扇单元的更换、伺服风扇单元的更换：1 次/50 000 h。

三、检修注意事项

1．检修日程安排

检修通常分为日常检修和定期检修，其基本周期如图 7-5 所示，检查人员应先编制检修计划，并按计划进行检修。

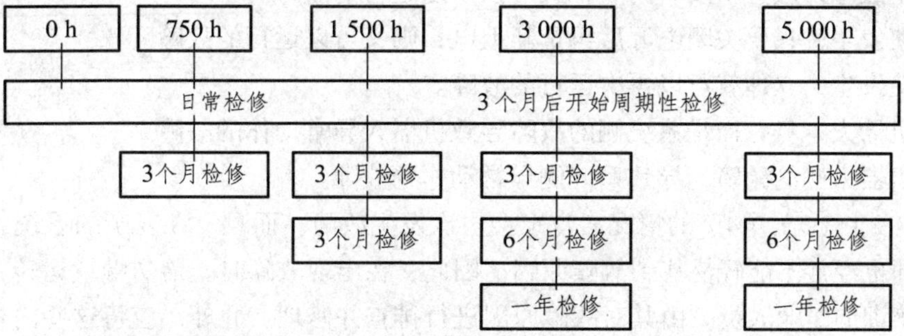

图 7-5 检修日程安排

2．定期检修时的注意事项

（1）检修作业必须由接受过相关机器人维修保养培训的专业人员进行。

（2）进行检修作业之前，应对作业所需的零件、工具和图纸进行确认。

（3）使用指定的零件更换旧件。

（4）进行机器人本体的检修时，请务必先切断电源再进行作业。

（5）打开控制装置的门时，请务必先切断一次电源，并注意不要让周围的灰尘入内。

（6）手触摸控制装置内的零件时，须将油污等擦干净后再进行。尤其是要触摸印刷基板和连接器等部位时，应注意避免静电放电等损坏 IC 零件。

（7）一边操作机器人本体一边进行检修时，禁止进入动作范围之内。

（8）电压测量应在指定部位进行，并注意防止触电和接线短路。

（9）禁止同时进行机器人本体和控制装置的检修。

（10）检修后，必须充分确认机器人动作后，再进入正常运转。

3．更换零件注意事项

检修、更换零件时，应遵守以下注意事项，安全作业。

（1）更换零件时，请先切断一次电源，5 min 后再进行作业。切断一次电源后的 5 min 内，请勿打开控制装置的门。此外，请勿用潮湿的手进行作业。

（2）更换作业必须由接受过机器人维修保养培训的人员进行。

（3）作业人员的身体（手）和控制装置的“GD 端子”必须保持电气短路，应在同电位下进行作业。

（4）更换零件时，切勿损坏连接线缆。此外，请勿触摸印刷基板的电子零件及线路、连接器的触点部分（应手持印刷基板的外围）

四、故障处理

机器人出现故障时，通常可以立即检测出异常，并立即停止，此时绝对禁止继续运行。机器人的故障通常有如下几种情况：

（1）一旦发生，直到修理完毕不能运行的故障。

（2）发生故障，放置一段时间后，又可以恢复运行的故障。

（3）即使发生，只要关闭电源后再重新上电，则又可以运行的故障。

（4）即使发生，立即就可以再次运行的故障。

（5）非机器人本身，而是系统侧的故障导致机器人异常动作的故障。

（6）因机器人侧的故障，导致系统侧异常动作的故障。

尤其是（2）、（3）、（4）的情况，肯定会再次发生故障。而且，在复杂的系统中，即使经验丰富的工程师也经常不能轻易找到故障原因。因此，在出现故障时，请勿继续运转，应立即联系接受过规定培训的作业人员，由其对故障原因进行排查并修理。此外，应将这些内容放入作业规定中，并建立可以切实执行的完整体系。否则，会导致事故发生。

机器人动作、运转发生某种异常时，如果不是控制装置出现异常，就应考虑是因机械部件损坏所导致的异常。

为了迅速排除故障，首先需要明确故障现象，了解是哪一个轴部位出现异常。如果没有明显异常动作而难以判断时，应对有异常声音、异常发热、出现间隙的部位进行排查。判明了发生异常的轴后，应调查导致异常发生的原因的部件，这种现象也可能是由多个部件导致的。常见的故障现象和原因如表 7-2 所示。判明出现问题的部件后，就可以按相应方法进行处理。有些问题用户可以自行处理，但对于难于处理的问题，应联系相关机器人公司。

表 7-2　故障现象和原因

原因部件故障说明	减速机	电动机
过载[1]	√	√
位置偏差	√	√
发生异响	√	√
运动时振动[2]	√	√
停止时晃动[3]		√
轴自然掉落	√	√
屏常发热	√	√
误动作、失控		√

注：1. 负载超出电动机额定规格范围时出现的现象。

2. 动作时的振动现象。

3. 停机时在停机位置周围反复晃动数次的现象。

知识拓展

一、电气设备常见故障的修理方法

1. 先动口再动手

对于有故障的电气设备，不应急于动手，应先询问产生故障的前后经过及故障现象。对于生疏的设备，还应先熟悉电路原理和结构特点，遵守相应规则。拆卸前要充分熟悉每个电气部件的功能、位置、连接方式以及与周围其他器件的关系，在没有组装图的情况下，应一边拆卸，一边画草图，并作标记。

2. 先外后内

应先检查设备有无明显裂痕、缺损，了解其维修史、使用年限等，然后再对机内进行检查。拆前应排除周边的故障因素，确定为机内故障后才能拆卸；否则，盲目拆卸，可能将设备越修越坏。

3. 先机械后电气

在确定机械零件无故障后，再进行电气方面的检查。检查电路故障时，应利用检测仪器寻找故障部位，确认无接触不良故障后，再有针对性地查看线路与机械的运作关系，以免误判。

4. 先静态后动态

在设备未通电时，判断电气设备按钮、接触器、热继电器以及保险丝的好坏，从而判定故障所在。通电试验，听其声、测参数、判断故障，最后进行维修。如在电动机缺相时，若测量三相电压值无法判别时，就应该听其声，单独测每相对地电压，方可判断哪一相缺损。

5. 先清洁后维修

对污染较重的电气设备，先对其按钮、接线点、接触点进行清洁，检查外部控制键是否失灵。许多故障都是由脏污及导电尘块引起的，一经清洁故障往往会被排除。

6. 先电源后设备

电源部分的故障在整个设备故障中占的比例很高，所以先检修电源往往可以获得事半功倍的效果。

7. 先普遍后特殊

因装配配件质量或其他设备故障而引起的故障，一般占常见故障的50%左右。电气设备的特殊故障多为软故障，要靠经验和仪表来测量和维修。例如，有一个0.5 kW的电动机由于带不动负载，有人认为是负载故障。根据经验，戴上加厚手套，顺着电动机旋转方向抓，如果抓住了，这就可能是电动机本身的问题了。

8. 先外围后内部

先不要急于更换损坏的电气部件，在确认外围设备电路正常后，再考虑更换损坏的电气部件。

9. 先直流后交流

检修时，必须先检查直流回路静态工作点，再检查交流回路动态工作点。

10. 先故障后调试

对于调试和故障并存的电气设备，应先排除故障，再进行调试，调试必须在电气线路正常的前提下进行。

二、电气设备的检查方法和操作实践

1. 直观法

直观法是根据电器故障的外部表现，通过看、闻、听等手段，检查、判断故障的方法。

（1）检查步骤。

① 调查情况：向操作者和故障发生时在场人员询问情况，包括故障外部表现、大致部位、发生故障时环境情况，如有无异常气体、明火、热源是否靠近电器、有无腐蚀性气体侵入、有无漏水，是否有人修理过，修理的内容等。

② 初步检查：根据调查的情况，看有关电器外部有无损坏，连线有无断路、松动，绝缘有无烧焦，螺旋熔断器的熔断指示器是否跳出，电器有无进水、油垢，开关位置是否正确等。

③ 试车：通过初步检查，确认不会使故障进一步扩大和造成人身、设备事故后，可进一步试车检查。试车中要注意有无严重跳火、异常气味、异常声音等现象，一旦发现应立即停车，切断电源。注意检查电器的温升及电器的动作顺序是否符合电气设备原理图的要求，从而发现故障部位。

（2）检查方法。

① 观察火花：电器的触点在闭合、分断电路或导线线头松动时会产生火花，因此可以根据火花的有无、大小等现象来检查电器故障。

② 动作顺序：电器的动作顺序应符合电气说明书和图纸的要求。

2. 测量电压（电流）法

测量电压（电流）法是根据电器的供电方式，测量各点的电压值与电流值并与正常值比较。

3. 测电阻法

测量阻法是测量电器线路阻值的大小，为零则短路，为无穷大则断路，依此判断电路好坏。

巩固练习

（1）为什么要进行机器人的保养和维护?

（2）如果发生机器人故障是否马上通知专业服务人员处理，为什么?

（3）机器人定期检修时的注意事项是什么?

（4）机器人故障原因调查的步骤是什么?

模块三 工业机器人半实物仿真——乐高 EV3 机器人创意设计

学习目标

（1）通过虚构出的形象，培养学生思维构思、想象能力的发展。

（2）学会设计人形机器人，复习履带轨道的使用。

（3）了解简单的机器人创意设计。

任务导入

机器人创意设计是综合联想、设计、装配、编程的学习活动，既有思维训练，又包含了实操技能训练，对于学生来说，不失为一种巧妙而有效的综合能力训练方法。本课创意设计的学习任务是用虚构出的形象激发学生的联想，培养学生思维构思、想象能力。

在希腊神话中有泰塔巨人的传说，大家可以用乐高 EV3 机器人来塑造自己心目中的泰塔巨人。

任务挑战

（1）分析人体结构，知道人的基本组成部分。

（2）确定需要行动的肢体部分，如手部还是腿部，或者全部。

（3）完善机器人结构设计，模拟人体其他外部器官。

任务难度等级

（1）构造最简单的机械结构，如能够自行行走的人形机器人。

（2）构造腿部结构能够行走，手部能够转动的结构模型。

（3）教参采取的参考模型。

（4）设计一个不用履带作为腿部结构的模型，腿部、手部及头部均能动作的仿真人性机器人，并且能够发出声音，比如某一段音乐及对话等。

知识讲解

一、设计行走部分

首先设计底部，即行走部分，参考设计如图 7-6 所示。

图 7-6　腿部齿轮安装

这里我们利用 15 孔圆梁等零件，可以设计一个初步的加速结构，在安装过程中，要注意轴套的数量。安装好轴后，穿插链齿轮，如图 7-7 所示。

图 7-7　穿插链齿轮

在穿插链齿轮时，要用 13 孔圆梁将链齿轮外部链接固定，设计左右对称结构，并利用 5 × 7 框架将两者固定连接。在固定时需要先设计固定连接部分，如图 7-8 所示。

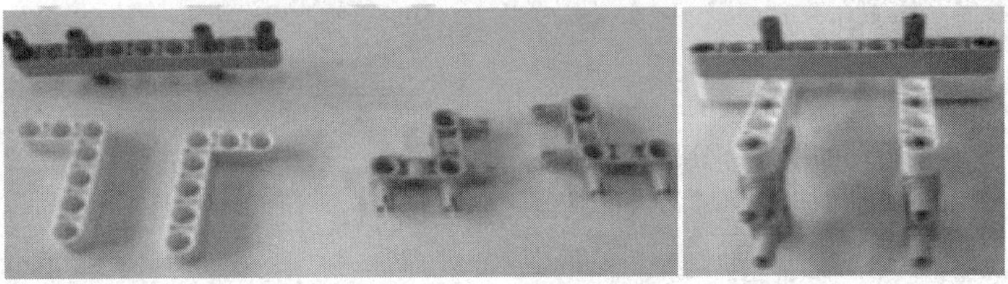

图 7-8　固定连接结构设计

设计固定连接结构用来固定底部，然后准备好一些销子，用来做履带上的支架，如图 7-9 所示。

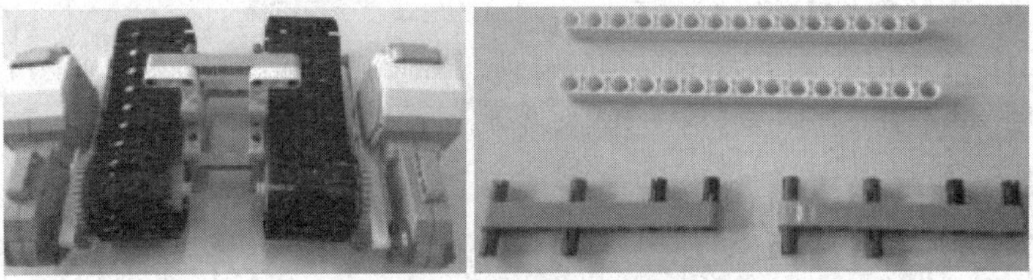

图 7-9　履带固定前销子的准备

在选用销子时，要注意销子穿插的孔数。接下来进行履带支架的固定，如图 7-10 所示。

图 7-10　履带支架的固定

通过这样的连接，盘底部结构就比较稳固了。到此，“巨人”模型中的腿部已经做好。

二、固定 EV3 程序块

固定 EV3 程序块，即制作“巨人”的身体部分，参考设计如图 7-11 所示。

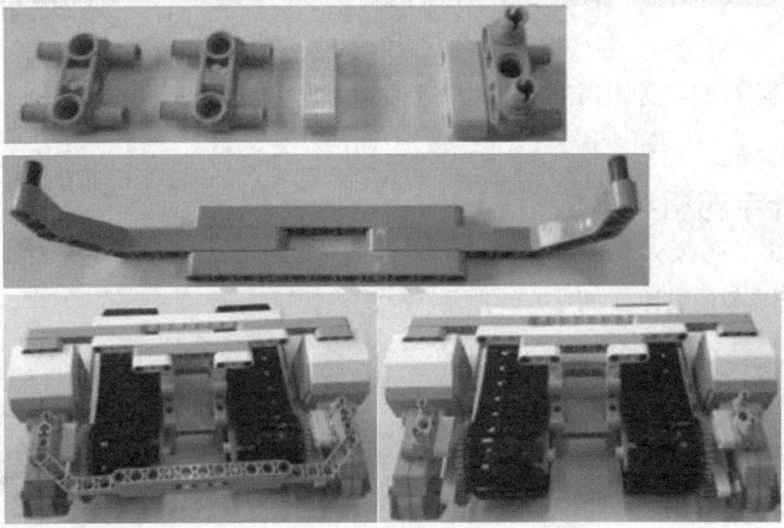

图 7-11　底部结构的加固

通过对底部结构的加固，可以让机器人的底部更加牢固。随后需要在底部添加圆梁，如图 7-12 所示。

图 7-12　底部添加圆梁

底部添加圆梁的目的是方便固定 EV3 程序块，如图 7-13 所示。

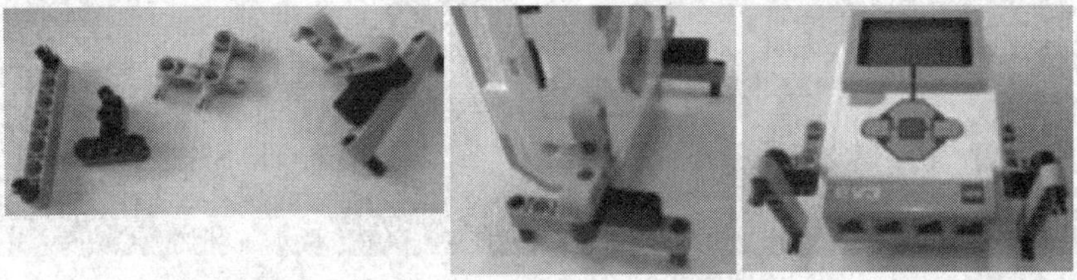

图 7-13　EV3 程序块支架构建

构建好 EV3 程序块支架后，就开始将 EV3 程序块固定在底盘上，如图 7-14 所示。

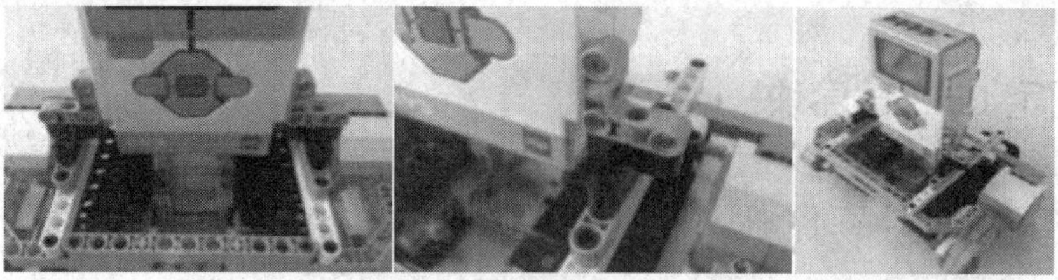

图 7-14　EV3 程序块与底盘的固定

在将 EV3 程序块与底盘固定的过程中需要注意方向。

三、设计手部和头部

先进行头部支架的设计，如图 7-15 所示。

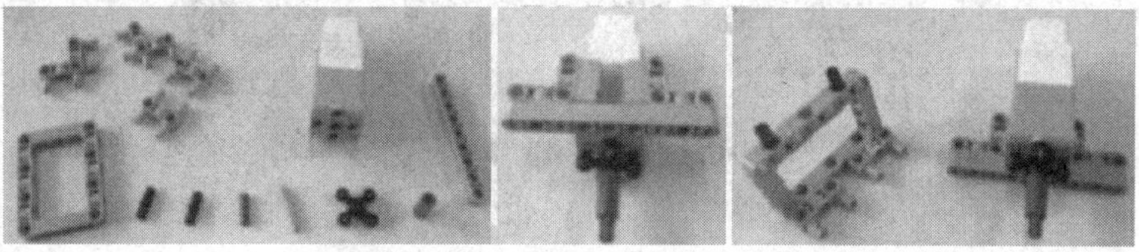

图 7-15　头部支架的设计

在进行头部支架的组装中，要注意把中型电机作为动力输出装置加入支架中。中型电机与机器人主体的连接如图 7-16 所示。

图 7-16　中型电机与 EV3 程序块的连接

在将中型电机固定在 EV3 程序块上之后，需要再次进行加固，如图 7-17 所示。

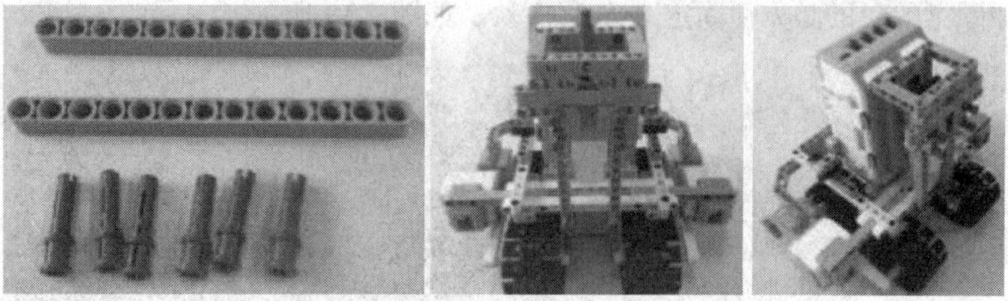

图 7-17　中型电机与 EV3 程序块的加固

再次加固连接后，需要接入一些齿轮传动装置，如图 7-18 所示。

图 7-18　齿轮传动装置的接入

接入过程中需要注意，4 齿齿轮之间进行垂直啮合，外侧安置 40 齿齿轮，同时要注意销子和轴套的固定位置。

头部支架设计完成后，接下来完成手部的设计，手臂的组装如图 7-19 所示。

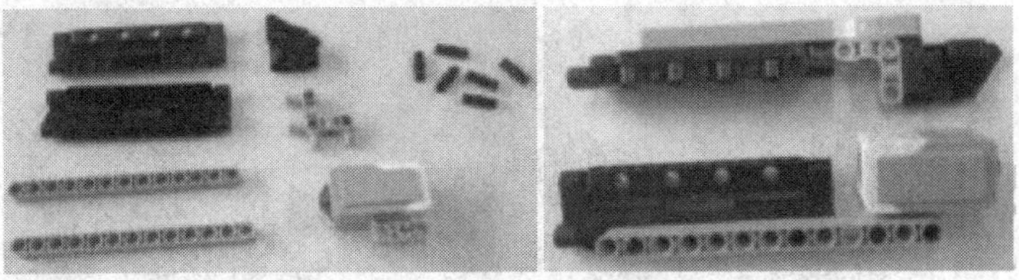

图 7-19　手臂的组装

在模型手臂的组装中，需要用到 3 × 11 单位黑色面板两个。之后，我们就需要将手臂安装在齿轮上，如图 7-20 所示。

图 7-20　手臂与齿轮的连接

在连接过程中，要注意左右手臂幅度不一样。手臂组装完成后，就要进行头部的设计与组装了，如图 7-21 所示。

图 7-21　机器人头部设计组装

设计组装过程中，要利用超声波传感器作为模型头部，并且注意这里利用到了 4 × 4、4 × 6 弯梁等零件。头部设计组装好之后，把头部连接在机器人身体上，如图 7-22 所示。

图 7-22　机器人头部的连接

四、连接网线

把网线连接好后，整个模型最后完成，如图 7-23 所示。

图 7-23　完善机器人

五、程序参考设计

机器人组装完成后，程序较为简单，如图 7-24 所示。

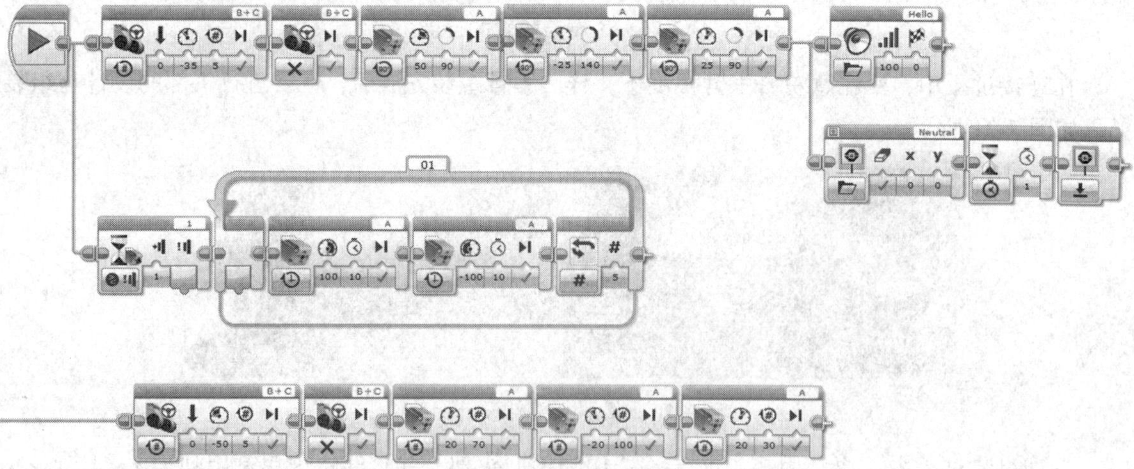

图 7-24　程序参考设计

参考程序中，模型中电机 B、C 逆时针前进 5 圈，然后停止，中型电机 A 左转右转对应角度之后恢复原状。

图 7-25 所示的并列程序能实现电机停止动作之后，模型发出“HELLO”的声音，表示问候。同时，在 EV3 屏幕中显示笑脸，持续 2 s。

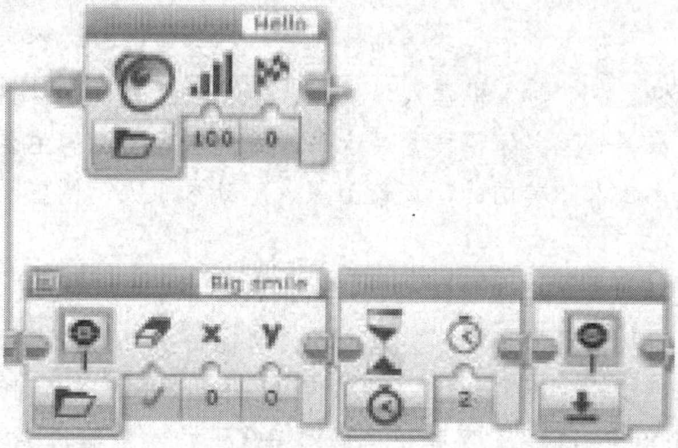

图 7-25　并列程序

图 7-26 所示的循环程序，能实现当触动传感器被按压的时候，中型电机前后摆动持续 5 次，即头部和手部进行摆动。

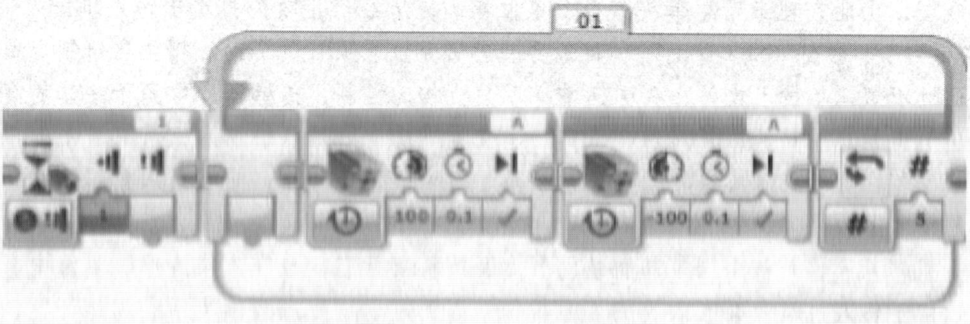

图 7-26　循环程序示例

反思提高

反思：

（1）编写程序的时候，注意中型电机的具体参数，防止手臂和头部摇摆的时候，出现电机卡滞的情况。

（2）底盘腿部固定部分，注意单位的计算，保证底盘稳固坚实。

提高：

（1）超声波传感器在本例中没有实际功能用途，能否在程序中利用其功能，设计某个部分的工作？

（2）是否能不利用履带轨道而采用人型结构来设计腿部，并且保证其能够站立？

知识链接

仿人机器人

研制与人类外观特征类似，具有人类智能，灵活性，并能够与人交流，不断适应环境的仿人机器人一直是人类的梦想之一。仿人机器人集机械、电子、计算机、材料、传感器、控制技术等多门学科于一体，代表着一个国家的科技发展水平，是机器人发展的主要方向。

在仿人机器人领域，日本和美国的研究最为深入。日本的研究侧重于外形仿真，美国则侧重用计算机模拟人脑。

世界上最早的仿人机器人研究组织诞生于日本，1973 年，以早稻田大学加藤一郎教授为首，组成了大学和企业之间的联合研究组织，其目的就是研究仿人机器人。加藤一郎教授突破了仿人机器人研究中最关键的一步——两足步行。1996 年 11 月，本田公司研制出了自己的第一台仿人步行机器人样机 P2。2000 年 11 月，又推出了最新一代的仿人机器人 ASIMO。ASIMO 身高 1.2 米，体重 52 kg。它的行走速度是 0～1.6 km/h。早期的机器人如果直线行走时突然转向，必须先停下来，看起来比较笨拙，而 ASIMO 就灵活得多，它可以实时预测下一个动作并提前改变重心，可以行走自如，进行诸如“8”字形行走、下台阶、弯腰等各种“复杂”动作。此外，ASIMO 还可以握手、挥手，甚至可以随着音乐翩翩起舞。

在我国，由北京理工大学牵头，多个单位参加，历经三年攻关打造出仿人机器人——“汇童”，它得到了科技部“863 计划”和科工委基础研究重点项目的资助。据主要研制者黄强教授介绍，通过短短几年技术攻关，我国已掌握了集机构、控制、传感器、电源于一体的高度集成技术，研制出具有视觉、语音对话、力觉、平衡觉等功能的仿人机器人，具有自主知识产权。而且“汇童”在国际上首次实现了模仿太极拳、刀术等复杂动作，是在仿人机器人复杂动作设计与控制技术上的突破。

仿人机器人不仅是一个国家高科技综合水平的重要标志，也在人类生产、生活中有着广泛的用途。由于仿人机器人具有人类的外观特征，因而可以适应人类的生活和工作环境，代替人类完成各种作业。它不仅可以在有辐射、粉尘、有毒的环境中代替人们作业，而且可以在康复医学上发展出动力型假肢，协助瘫痪病人实现行走的梦想。将来它可以在医疗、生物技术、教育、救灾、海洋开发、机器维修、交通运输、农林水产等多个领域得到广泛应用。目前，我国仿人机器人研究与世界先进水平相比还有差距，我国科技工作者正在为赶超世界先进水平而努力奋斗。

参考文献

[1] 王健婷. 传感器及应用[M]. 北京：机械工业出版社，2014.

[2] 戚玉强，任玲. 传感器与检测技术[M]. 4 版. 北京：北京航空航天大学出版社，2018.

[3] 王煜东. 传感器应用技术[M]. 西安：西安电子科技大学出版社，2006.

[4] 徐文. KUKA 工业机器人编程与实操技巧[M]. 北京：机械工业出版社，2017.

[5] 朱洪前. 工业机器人技术[M]. 北京：机械工业出版社，2018.

[6] 郝巧梅，刘怀兰. 工业机器人技术[M]. 北京：电子工业出版社，2016.

[7] 郭洪江. 工业机器人技术[M]. 3 版. 西安：西安电子科技大学出版社，2019.

[8] 屈金星. 工业机器人技术与应用[M]. 北京：机械工业出版社，2019.

[9] Marziah Carch. 乐高 EV3 机器人搭建与编程[M]. 北京：人民邮电出版社，2016.

[10] 特里・格里芬. 乐高机器人 EV3 程序设计艺术[M]. 北京：人民邮电出版社，2016.